建设工程造价管理

主　编　赵春红　贾松林

副主编　刘　璐　郭丽丽

参　编　赵庆辉　张　帅　蔡婉玉
　　　　于光君

主　审　秦继英　李金妹

北京理工大学出版社
BEIJING INSTITUTE OF TECHNOLOGY PRESS

内 容 提 要

本书结合工程造价专业人才培养目标以及专业教学改革的需要，围绕建设全过程这条主线展开工程造价管理内容的阐述，全面系统地介绍了建设工程造价的构成、计算方法以及建设工程各阶段工程造价管理的内容和方法。全书共分为六章，主要内容包括建设工程造价构成与计算、建设工程决策阶段总投资的预估、建设工程设计阶段工程造价的预测、建设工程发承包阶段工程费用的约定、建设工程施工阶段工程费用的调整、建设工程竣工结（决）算的编制等。

本书可作为高等院校土建类、工程造价管理类相关专业的教材，也可作为电大及工程造价员岗位的培训教材，还可作为相关专业工程技术人员和造价管理人员的参考书。

图书在版编目（CIP）数据

建设工程造价管理/赵春红，贾松林主编.—北京：北京理工大学出版社，2018.2
ISBN 978-7-5682-5346-8

Ⅰ.①建…　Ⅱ.①赵…②贾…　Ⅲ.①建筑造价管理－高等学校－教材　Ⅳ.①TU723.3

中国版本图书馆CIP数据核字(2018)第037495号

出版发行 / 北京理工大学出版社有限责任公司
社　　　址 / 北京市海淀区中关村南大街5号
邮　　　编 / 100081
电　　　话 / (010) 68914775 (总编室)
　　　　　　(010) 82562903 (教材售后服务热线)
　　　　　　(010) 68948351 (其他图书服务热线)
网　　　址 / http://www.bitpress.com.cn
经　　　销 / 全国各地新华书店
印　　　刷 / 北京紫瑞利印刷有限公司
开　　　本 / 787毫米×1092毫米　1/16
印　　　张 / 17　　　　　　　　　　　　　　　　　责任编辑 / 李志敏
字　　　数 / 388千字　　　　　　　　　　　　　　　文案编辑 / 李志敏
版　　　次 / 2018年2月第1版　2018年2月第1次印刷　责任校对 / 周瑞红
定　　　价 / 75.00元　　　　　　　　　　　　　　　责任印制 / 边心超

图书出现印装质量问题，请拨打售后服务热线，本社负责调换

FOREWORD 前言

　　近二十年来，中国建筑业的快速发展态势有力地促进了工程造价行业的发展，工程造价行业的发展呼唤高等院校培养更加优秀的造价人才。2013年以来，国家修订完善了包括《建设工程工程量清单计价规范》（GB 50500—2013）、《建筑安装工程费用项目组成》（建标［2013］44号）、《建筑工程施工发包与承包计价管理办法》（住房城乡建设部令第16号）、《建设工程施工合同（示范文本）》（GF—2017—0201）等在内的一大批与工程造价相关的法律规范，在这一背景下，当前建设工程造价类课程体系和教材内容的调整已经刻不容缓。为了及时将国家最新颁布实施的法规引入教材，作者在总结多年的企业工作、教学实践以及以往教材编写经验的基础上，根据工程造价专业人才培养目标对本课程的教学要求，并结合当前工程造价领域发展的最新动态，充分利用信息化技术，编写了《建设工程造价管理》数字化教材，旨在通过信息化技术形成课程教学资源共享，辅助教师教学，满足新形势下我国对造价类相关专业人才培养的迫切需求。

　　教材编写组邀请了多年来一直在工程造价一线的专家加盟指导编写团队，以建设项目的全过程建设为主线，以实际应用为目的，结合来自于现场一线的典型案例，将教学置身于真实的工程造价管理环境中，强调理论与实践的高度结合，加强对工程造价管理能力的培养，形成了本教材的独特风格。

　　1．课程内容符合职业标准和岗位要求。本教材基于建设工程造价管理的实际工作，采用最新国家标准，充分吸收了全国造价工程师执业资格要求，将职业资格标准融入了教材中。

　　2．知识结构力求与人才培养方案协调统一，避免与其他课程内容冲突。在知识结构上以工程建设基本程序为主线，做到知识内容全面、主线明确、层次分明、结构合理。但弱化其他课程中已有内容，如招投标的流程，招标策划，工程量清单、招标控制价、施工图预算的编制等。

　　3．教学设计力求创新。每章前均有本章核心知识架构，便于学生理清脉络；每个知识点后紧跟教学案例、企业案例和课后巩固练习任务，并在相应位置配备讲解视频和答案解析视频。这样不仅便于学生理解和教师教学，也助于学生将知识向职业能力转化。

　　4．本教材数字化资源分为五类：

　　（1）A类，系列情景剧。本教材学习目的是学生能具备"建设全过程造价管理"的职业能力，以适应造价员岗位需求，为此本课程以主人公王岳负责天宇大楼的建设为主线，通过多个系列小故事，将造价人员主要职业技能及知识点以情景系列剧形式呈现。这样不仅形象直观地展现了建设全过程中建设方、设计、施工、造价咨询、监理等各方的造价管理工作，使学生真正理解不同单位造价员岗位典型工作任务内涵，另一方面将知识与能力融于情景剧中边看边学，寓教于乐，有助于提高学习者兴趣。

（2）B类，知识小课堂。为帮助学生理解与全过程造价管理相关的其他内容，提升职业拓展能力，本教材针对与职业拓展能力相关的主要知识点，配以讲解视频，形成知识小课堂。

（3）C类，企业案例。以强化学生职业核心能力为目的，在编写过程中重在应用能力的人才培养原则，借鉴了大量生动、翔实的企业典型案例，具有应用性和实践性。如第二章和第三章中加入不同类型工程的可行性研究报告、投资估算书、设计概算书等；第四章第五章中摘录大量法院已判决的施工合同和工程造价纠纷案例。

（4）D类，课后巩固练习任务。对每一个练习任务，都配以答案解析，帮助学生巩固所学知识。

（5）E类，难度较高例题的讲解。对每一知识点本教材基本都配有例题，对于计算难度和理解难度较大的例题均配以讲解视频，帮助学生理解。

本教材由赵春红和贾松林担任主编，刘璐和郭丽丽担任副主编，赵庆辉、张帅、蔡婉玉、于光君参加了本教材编写。具体分工为：第一章、第五章由赵春红编写；第二章由刘璐、赵庆辉编写；第三章由刘璐编写；第四章由赵春红、张帅编写；第六章由贾松林和郭丽丽编写；蔡婉玉、于光君提供了案例材料。数字化资源由赵春红、刘璐制作。全书由赵春红、刘璐、郭丽丽统稿和定稿。编写中参考和引用了国内外大量文献资料，在此谨向文献资料作者表示诚挚的谢意！

本教材由河南建筑职业技术学院秦继英和山东省建设监理咨询有限公司李金妹主审，提出了许多宝贵的修改意见，在此表示衷心感谢！

由于时间仓促，书中难免有错误和疏漏之处，敬请读者指正。

编者于2017年10月

CONTENTS 目录

CONTENTS

CONTENTS

CONTENTS

第一章 建设工程造价构成与计算

建设工程造价
管理课程简介

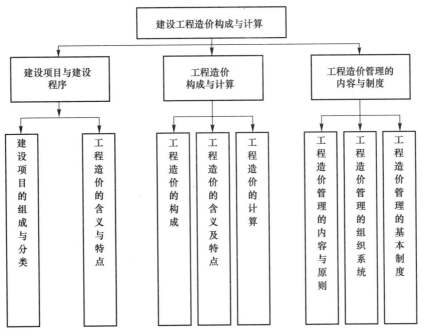

本章核心知识架构图

本章核心知识架构

实施工程造价管理，首先需要明确工程造价的含义、工程造价的构成与计算方法；其次应理解我国工程造价管理的基本制度，包括工程造价专业人员管理制度及工程造价咨询企业资质管理制度。

第一节 建设项目与建设程序

一、建设项目的组成与分类

知识目标

了解建设项目的组成及分类；
理解建设项目各组成部分与现行定额之间的关系。

能正确划分建设项目的各组成部分。

建设项目是指为完成依法立项的新建、扩建、改建等各类工程而进行的，有起止日期、达到规定要求的一组相互关联的受控活动组成的特定过程，包括策划、勘察、设计、采购、施工、试运行、竣工验收和考核评价等。如某水泥厂、某职业学院、某医院、某住宅小区、某学校等均是建设项目。

（一）建设项目的组成

建设项目划分

建设项目一般分为单项工程、单位（子单位）工程、分部（子分部）工程和分项工程，即一个建设项目由若干单项工程组成，一个单项工程由若干单位（子单位）工程组成，一个单位（子单位）工程由若干分部（子分部）工程组成，一个分部（子分部）工程由若干分项工程组成，一个分项工程由若干工序组成，如图1-1-1所示。

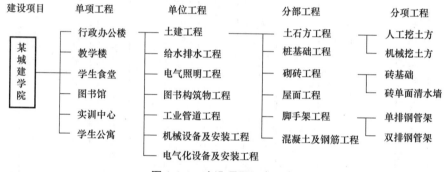

图 1-1-1　建设项目组成示意

一般情况下，预算定额中的章、节、子目分别对应分部工程、分项工程和工序，如《山东省建筑工程消耗量定额》（2016）共分二十章，其中前十三章就是十三个分部（子分部）工程；每章又包括若干节，每一节就是一个分项工程；每节又由若干定额子目组成，每个定额子目可以包含一个或几个工序过程。

1. 单项工程

单项工程是指在一个建设工程项目中，具有独立的设计文件，竣工后可以独立发挥生产能力或效益的一组配套齐全的工程。一个建设工程项目可以仅包括一个单项工程，也可以包括多个单项工程。如某职业学院是一个建设工程项目，由教学楼、实验楼、图书馆、体育馆、学生宿舍、学生食堂、行政办公楼等多个单项工程组成。

2. 单位工程

单位工程是指具备独立施工条件并能形成独立使用功能的建筑物及构筑物。一个单项工程又可分解为一个或多个单位工程。如某职业学院项目中教学楼工程由土建工程、给水排水工程、电气照明工程、电气化设备及安装工程等不同性质的单位工程组成。

3. 分部工程

分部工程应按专业性质、建筑部位确定，一般工业与民用建筑土建工程的分部工程包括：地基与基础工程、主体结构工程、屋面工程、门窗工程等。主体结构工程可按材料种类和施工特点不同分为混凝土结构、砌体结构、钢结构等子分部。如某职业学院教学楼中的土建工程由地基与基础工程、混凝土结构工程、砌体结构工程、屋面工程、门窗工程等分部(子分部)工程组成。

4. 分项工程

分项工程一般按主要工程、材料、施工工艺、设备类别等进行划分，是计算工、料及资金消耗的最基本的构造要素。如某职业学院教学楼土建工程中的地基与基础分部由土方工程、地基处理工程、基础工程等分项工程组成。

【任务1-1-1】

1. 在建设项目的组成中，( )是工程项目施工生产活动的基础，也是计量工程用工用料和机械台班消耗量的基本单元。

A. 分部工程　　 B. 单项工程　　 C. 分项工程　　 D. 单位工程

2. 对于一般工业项目的办公楼而言，下列工程中属于分部工程的是( )。

A. 土方开挖与回填工程　　　　　 B. 通风与空调工程

C. 玻璃幕墙工程　　　　　　　　 D. 门窗制作与安装工程

3. 建设项目工程造价的组合过程是( )。

A. 分部分项工程造价→单位工程造价→单项工程造价→建设项目总造价

B. 单位工程造价→分部分项工程造价→单项工程造价→建设项目总造价

C. 分部分项工程造价→单项工程造价→单位工程造价→建设项目总造价

D. 单项工程造价→分部分项工程单价→单位工程造价→建设项目总造价

课后巩固

任务1-1-1
习题解答

(二)建设项目的分类

建设项目的种类繁多，为了适应科学管理的需要，可以从经济用途、建设性质、建设规模、资金来源和建设过程的不同角度进行分类。

1. 按经济用途划分

(1)生产性基本建设。生产性基本建设是指用于物质生产和直接为物质生产服务的项目的建设。其包括工业建设、建筑业和地质资源勘探事业建设、农林水利建设。

(2)非生产性基本建设。非生产性基本建设是指用于人民物质和文化生活项目的建设。其包括住宅、学校、医院、托儿所、影剧院以及国家行政机关和金融保险业的建设等。

2. 按建设性质划分

(1)新建项目。新建项目是指新开始兴建的项目，或者对原有建设项目重新进行总体设计，经扩大建设规模后，其新增固定资产价值超过原有固定资产价值三倍以上的建设项目。

(2)扩建项目。扩建项目是指在原有固定资产基础上扩大三倍以内规模的建设项目。其目的是扩大原有的生产能力或使用效益。

(3)改建项目。改建项目是原有企业或事业单位，为了提高生产效率，改进产品质量或改进产品方向，对原有设备、工艺流程进行技术改造的项目。另外，为提高综合生产能力，增加一些附属和辅助车间或非生产性工程，也属于改建项目。如某城市由于发展的需要，将原40 m宽的道路拓宽改造为90 m宽集行车、绿化为一体的迎宾大道，就属于改造工程。

(4)迁建项目。原有企业或事业单位，由于各种原因迁到另外的地方建设的项目，不论

知识小课堂

建设项目组
成与分类

其是否维持原有规模，均称为迁建项目。

（5）恢复项目。对因重大自然灾害或战争而遭受破坏的固定资产，按原有规模重新建设或在恢复的同时进行扩建的工程项目。

3. 按建设规模划分

为适应对建设工程项目分级管理的需要，国家规定基本建设项目分为大型、中型、小型三类；更新改造项目分为限额以上和限额以下两类。不同等级标准的工程项目，报建和审批机构及程序不尽相同。划分工程项目等级的原则如下：

（1）按批准的可行性研究报告（初步设计）所确定的总设计能力或投资总额的大小，依据国家颁布的《基本建设项目大中小型划分标准》进行划分。

（2）凡生产单一产品的项目，一般以产品的设计生产能力划分；生产多种产品的项目，一般按其主要产品的设计生产能力划分。

（3）对国民经济和社会发展具有特殊意义的项目，虽然设计能力或全部投资不够大、中型项目标准，经国家批准已列入大、中型计划或国家重点建设工程的项目，也按大、中型项目进行管理。

基本建设项目的大、中、小型和更新改造项目限额的具体划分标准，根据各个时期经济发展和实际工作中的需要而有所变化。

4. 按资金来源划分

（1）国家投资项目。国家投资项目又称财政投资的建设项目，是指国家预算直接安排投资的项目。

（2）自筹建设项目。自筹建设项目是指国家预算以外的投资项目。各地区、各单位按照财政制度提留、管理和自行分配用于固定资产再生产的资金进行建设的项目。它分为地方自筹和企业自筹建设的项目。

（3）外资项目。外资项目是指利用外资进行建设的项目。外资的来源有借用国外资金和吸引外国资本直接投资两种。

（4）贷款项目。贷款项目是指通过银行贷款建设的项目。

5. 按建设过程划分

（1）筹建项目。筹建项目是指在计划年度内正在准备建设还未开工的项目。

（2）施工项目。施工项目是指正在施工的项目。

（3）投产项目。投产项目是指全部竣工，并已投产或交付使用的项目。

(4)收尾项目。收尾项目是指已经验收投产或交付使用，但还有少量扫尾工作的建设项目。

【任务1-1-2】

1. 工程项目按投资作用划分为生产性工程项目和非生产性工程项目，下列属于非生产性工程项目的是（　　）。
   A. 能源建设项目　　　　　　B. 国防项目
   C. 水利项目　　　　　　　　D. 企业管理机关的办公用房
2. 《山东省建筑工程消耗量定额》(2016)的适用范围是山东省行政区域内一般工业与民用建筑的（　　）。
   A. 新建、扩建工程　　　　　B. 改建工程
   C. 国有投资工程　　　　　　D. 迁建工程

课后巩固 任务1-1-2 习题解答

二、建设项目的建设程序

知识目标

> 熟悉建设项目的建设程序；
> 掌握建设过程各阶段中造价管理的主要内容。

能力目标

> 知道建设过程各阶段中造价人员的主要工作。

情景剧视频 建设全过程造价管理任务

建设程序是指建设项目从策划、评估、决策、设计、招标、施工到竣工验收、投入生产或交付使用的整个建设过程中，各项工作必须遵循的先后工作次序。各个国家和国际组织在工程项目建设程序上可能存在着某些差异，但是按照工程项目发展的内在规律，投资建设一个项目都要经过投资决策和建设实施的发展时期。各个发展时期又可分为若干个阶段，各个阶段之间存在严格的先后次序，可以进行合理的交叉，但不能任意颠倒次序。

目前，我国建设项目的建设程序一般分为投资决策阶段、设计阶段、发承包阶段、施工阶段和竣工验收阶段。各阶段造价管理内容如图1-1-2所示。

(一)投资决策阶段

项目投资决策是指投资者在调查分析、研究的基础上，选择和决定投资行动方案的过程，是对拟建项目的必要性和可行性进行技术经济论证，对不同建设方案进行技术经济比较并作出判断和决定的过程。投资决策的正确与否，直接关系到项目建设的成败，关系到工程造价的高低及投资效果的好坏。

1. 该阶段项目建设的工作内容

该阶段主要工作是进行项目策划和项目经济评价，并编制项目建议书和可行性研究报告。项目建议书经批准后，并不表明项目非上不可，还要进行详细的可行性研究工作，形成可行性研究报告。也就是说，批准的项目建议书不是项目的最终决策，可行性研究报告批准后才表明项目通过最终决策，可以进入后续的设计阶段。

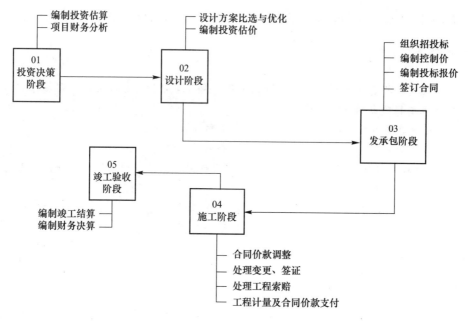

图 1-1-2　建设程序各阶段造价管理内容

（1）项目建议书是建设单位向国家提出的要求建设某一项目的建议文件，是对建设工程项目的轮廓设想。项目建议书的主要作用是推荐一个拟建项目，论述其建设的必要性、建设条件的可行性和获利的可能性，供国家选择并确定是否进行下一步工作。

（2）可行性研究是对工程项目在技术上是否可行和经济上是否合理而进行的科学分析和论证。可行性研究工作完成后，需要编写出反映其全部工作成果的"可行性研究报告"。报告内容一般包括以下几项：

1）建设项目提出的背景、必要性、经济意义和依据；

2）拟建项目规模、建设地点、市场预测；

3）技术工艺、主要设备、建设标准；

4）资源、材料、燃料供应和运输及水、电条件；

5）建设地点、场地布置及项目设计方案；

6）环境保护、防洪等要求；

7）劳动定员及培训；

8）建设工期及进度建议；

9）投资估算及资金筹措方式；

10）经济效益和社会效益分析。

知识拓展

根据《国务院关于投资体制改革的决定》，政府投资项目和非政府投资项目分别实行审批制、核准制或备案制。

（1）政府投资项目。对于采用直接投资和资本金注入方式的政府投资项目，政府需要从投资决策的角度审批项目建议书和可行性研究报告，除特殊情况外不再审批开工报告，同时，还要严格审批其初步设计和概算；对于采用投资补助、转贷和贷款贴息方式的政府投资项目，则只审批资金申请报告。

（2）非政府投资项目。对于企业不使用政府资金投资建设的项目，一律不再实行审批制，区别不同情况实行核准制或登记备案制。

1）核准制。企业投资建设"政府核准的投资项目目录"中的项目时，仅需向政府提交项目申请报告，不再经过批准项目建议书、可行性研究报告和开工报告的程序。

2）备案制。对于"政府核准的投资项目目录"以外的企业投资项目，实行备案制。除国家另有规定外，由企业按照属地原则向地方政府投资主管部门备案。

2. 该阶段造价管理的主要内容

该阶段造价人员的主要工作是：按照有关规定编制和审核投资估算，经有关部门批准后作为项目决策策划的控制造价；基于不同的投资方案进行经济评价，作为项目决策的重要依据。也就是说，可行性研究报告中"投资估算及资金筹措方式"和"经济效益和社会效益分析"两部分需要造价工程师与咨询工程师配合来完成。详见本书第二章。

（二）设计阶段

工程设计是指工程开始施工前，设计者根据已批准的设计任务书，为具体实现拟建项目的技术和经济要求，拟定建筑、安装及设备制造等所需的规划、图纸、数据等技术文件的工作。设计是建设项目由计划变为现实具有决定意义的工作阶段。设计文件是建筑安装施工的依据。这个阶段的产出对总投资的影响，一般工业建设项目的经验数据为20%～30%；对项目使用功能的影响为10%～20%。这表明设计阶段对项目投资和使用功能具有重要的影响。

1. 该阶段项目建设的工作内容

设计阶段的主要工作是根据批准的可行性研究报告，对施工所处区域进行工程地质地形勘察以及设计文件的编制，主要包含初步设计阶段和施工图设计阶段，重大项目和技术复杂项目，可根据需要增加技术设计阶段。

（1）初步设计阶段是根据可行性研究报告的要求所做的具体实施方案，目的是阐明在指定的地点、时间和投资控制数额内，拟建项目在技术上的可行性和经济上的合理性。该阶段的主要工作是按照可行性研究报告及投资估算进行多方案的技术经济比较，确定初步设计方案，并编制设计总概算。如果初步设计提出的总概算超过可行性研究报告总投资估算的10%以上或其他主要指标需要变更时，应说明原因和计算依据，并重新向原审批单位报批可行性研究报告。

（2）技术设计阶段是根据初步设计和更详细的调查研究资料编制，以进一步解决初步设计中的重大技术问题，如工艺流程、建筑结构、设备选型及数量确定等，使工程项目的设计更具体、更完善，技术指标更好。

（3）施工图设计阶段主要通过图纸，将设计者的意图和全部设计结果表达出来，作为施工制作的依据，它是设计和施工工作的桥梁。对于工业项目来说，其包括建设项目各分部工程的详图和零部件、结构件明细表以及验收标准方法等。民用工程施工图设计应形成所有专业的设计图纸：含图纸目录、说明和必要的设备、材料表，并按照要求编制工程预算书。施工图设计文件，应满足设备材料采购、非标准设备制作和施工的需要。

该阶段的主要工作是按照审批的初步设计内容、范围和概算造价进行技术经济评价与分析，确定施工图设计方案。经审定的施工图是编制施工图预算的基础，是进行施工总承包招标的前提条件。

施工图设计文件的审查。根据《房屋建筑和市政基础设施工程施工图设计文件审查管理办法》(住房和城乡建设部令第 13 号)(以下简称《管理办法》)的规定，建设单位应当将施工图送施工图审查机构审查。施工图审查机构按照有关法律、法规，对施工图涉及公共利益、公众安全和工程建设强制性标准的内容进行审查。建设单位可以自主选择审查机构，但是审查机构不得与所审查项目的建设单位、勘察设计企业有隶属关系或者其他利害关系。任何单位或者个人不得擅自修改审查合格的施工图。确需修改的，凡涉及《管理办法》第十一条规定的审查内容的，建设单位应当将修改后的施工图送原审查机构审查。

2. 该阶段造价管理的主要内容

该阶段造价人员的主要工作是通过多方案技术经济分析，优化设计方案；根据初步设计图纸及有关规定编制和审核设计概算；依据施工图和预算定额编制与审核施工图预算。详见本书第三章。

(三)发承包阶段

建设工程发承包既是完善市场经济体制的重要举措，也是维护工程建设市场竞争秩序的有效途径。根据有关法规，对于规定范围和规模标准内的工程项目，建设单位须通过招标方式选择施工单位；对于不适于招标发包的工程项目，建设单位可以直接发包。本书主要讨论施工招标发包阶段的工程造价管理。

1. 该阶段项目建设的工作内容

发承包阶段主要是建设单位组织施工招标投标，择优选定施工单位的过程。其主要工作有施工招标策划、制定招标文件、编制投标文件、开标、评标、定标、签订施工合同等。

(1)施工招标策划是指建设单位及其委托的招标代理机构在准备招标文件前，根据工程项目特点及潜在投标人情况等确定招标方案。招标策划对于施工招标投标过程中的工程造价管理起着关键作用，主要包括施工标段划分、合同计价方式及合同类型选择等内容。详见本书第四章。

(2)招标文件是指导整个招标投标工作全过程的纲领性文件。招标文件由招标人或其委托的咨询机构编制，由招标人发布，它既是投标单位编制投标文件的依据，也是招标人与将来中标人签订工程承包合同的基础。

(3)投标文件是对招标文件提出的实质性要求和条件作出的响应。科学、规范地编制投标文件与合理、策略地提出报价，直接关系到承揽工程项目的中标率。

(4)合同签订是指招标单位与中标单位自中标通知书发出之日起 30 天内，根据招标文件和中标单位的投标文件订立书面合同，不得再行订立背离合同实质性内容的其他协议。由于工程项目施工周期长、施工过程中各方面情况变化大，因此合同条款约定的深度与广度将直接影响施工阶段造价管理的成效。目前，施工合同纠纷中 90% 是因合同条款约定不清晰或不全面而引起的，鉴于此，本书将合同价款的约定作为发承包阶段造价管理的重点内容之一。

2. 该阶段造价管理的主要内容

该阶段造价人员的主要工作是：招标策划中参与选择合同计价方式及合同类型，招标文件编制中负责招标工程量清单和招标控制价的编制，评标前的清标，投标文件编制中负责投标报价的编制及报价策略选择，中标后合同条款的约定与谈判。详见本书第四章。

(四)施工阶段

施工阶段是实现建设工程价值的主要阶段，也是资金投入量最大的阶段。在施工阶段，由于施工组织设计、工程变更、索赔、工程计量方式的差别，以及工程实施中各种不可预见因素的存在，使得施工阶段的造价管理难度加大。

1. 该阶段项目建设的工作内容

在施工阶段，建设方应通过编制资金使用计划，及时进行工程计量与结算，预防并处理好工程变更与索赔，有效控制工程造价。施工单位要做好质量、安全、进度管理，同时，也应做好成本分析及动态监控等工作，综合考虑建造成本、工期成本、质量成本、安全成本、环保成本等要素，有效控制施工成本。

(1)资金使用计划。资金使用计划是在工程项目结构分解的基础上，将工程造价的总目标值逐层分解到各个工作单元，形成各分目标值及各详细目标值，从而可以定期地将工程项目中各个子目标实际支出额与目标值进行比较，以便于及时发现偏差，找出偏差原因并及时采取纠正措施，将工程造价偏差控制在一定范围内。详见本书第五章。

(2)施工成本分析。施工成本分析是施工单位根据施工定额及市场信息价，采取分项成本核算分析的方法，将分部分项工程的承包成本、施工预算(计划)成本按时间顺序绘制成本折线图，然后在成本计划实施过程中将发生的实际成本也绘在折线图中，进行比较分析，找出显著的成本差异，有针对性地采取有效措施，努力降低工程成本。

(3)工程计量及进度款支付。工程计量及进度款支付是对承包人已完成的合格工程进行工程量计算并予以确认，支付进度款，是保证工程顺利实施的重要手段。

(4)合同价款调整。合同价款调整是指施工合同履行过程中出现与签订合同时的预计条件不一致的情况，而需要改变原定施工承包范围内的某些工作内容。合同当事人一方因对方未履行或不能正确履行合同所规定的义务而遭受损失时，可以向对方提出索赔。工程变更与索赔是影响工程价款结算的重要因素，因此，也是施工阶段造价管理的重要内容。

2. 该阶段造价管理的主要内容

该阶段造价人员的主要工作是：编制资金使用计划，进行成本分析，实施工程费用动态监控；工程计量与工程款的支付；合同价款调整；处理工程变更及索赔等。详见本书第五章。

(五)竣工验收阶段

竣工验收由发包人、承包人和项目验收委员会，以项目批准的设计任务书和设计文件，以及国家或有关部门颁发的施工验收规范和质量检验标准为依据，按照一定的程序和手续，在项目建成并试生产合格后(工业生产性项目)，对工程项目的总体进行检验和认证、综合评价和鉴定的活动。建设项目竣工验收，按被验收的对象划分，可分为单位工程验收、单项工程验收及工程整体验收(称为"动用验收")。本书所说的建设项目竣工验收主要是指单项工程竣工验收。

1. 该阶段项目建设的工作内容

不同的建设项目竣工验收的内容可能有所不同，但一般包括工程资料验收和工程内容验收两部分。

工程资料验收包括工程技术资料、工程综合资料两部分，若是动用验收还应包括工程财务资料验收。工程内容验收包括建筑工程验收和安装工程验收。

2. 该阶段造价管理的主要内容

该阶段造价人员的主要工作是整理工程竣工结算资料；编制和审核工程竣工结算；处理竣工后质量保证金等。详见本书第六章。

任务 1-1-3
习题解答

【任务 1-1-3】

1. 根据《国务院关于投资体制改革的决定》，关于项目投资决策审批制度的说法中，下列正确的是（ ）。

   A. 政府投资项目实行审批制和核准制

   B. 采用资本金注入方式的政府投资项目，需要审批项目建议书、可行性研究报告

   C. 对于企业不使用政府投资资金建设的项目，一律实行备案制

   D. 按规定实行备案的项目由企业按属地原则向地方政府投资主管部门备案

2. 下列工作中属于工程项目策划阶段造价管理内容的是（ ）。

   A. 投资方案经济评价　　　　　　B. 编制工程量清单

   C. 审核工程概算　　　　　　　　D. 确定投标报价

3. 编制标底属于工程造价管理中（ ）阶段的内容。

   A. 工程项目策划　　　　　　　　B. 工程设计

   C. 工程发承包　　　　　　　　　D. 工程施工

4. 下列选项中不属于工程施工阶段造价管理工作内容的是（ ）。

   A. 确定承包合同价　　　　　　　B. 进行工程计量

   C. 进行工程款支付管理　　　　　D. 实施工程费用动态监控

第二节　工程造价构成与计算

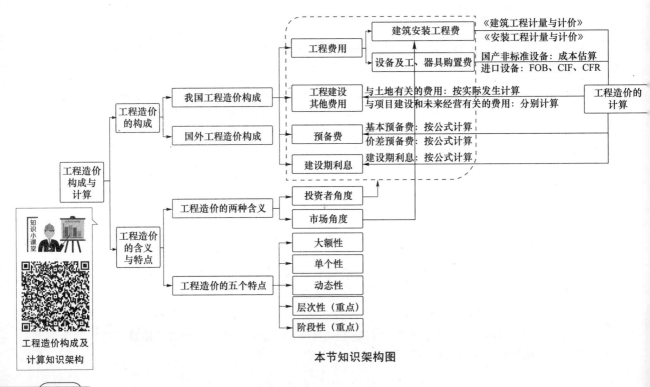

工程造价构成及计算知识架构

本节知识架构图

一、工程造价的构成

工程造价构成

(一)我国建设工程造价构成

根据国家发改委和原建设部发布的《建设项目经济评价方法与参数(第三版)》(发改投资〔2006〕1325号)的规定，我国现行建设项目总投资的构成如图1-2-1所示。其中，固定资产投资

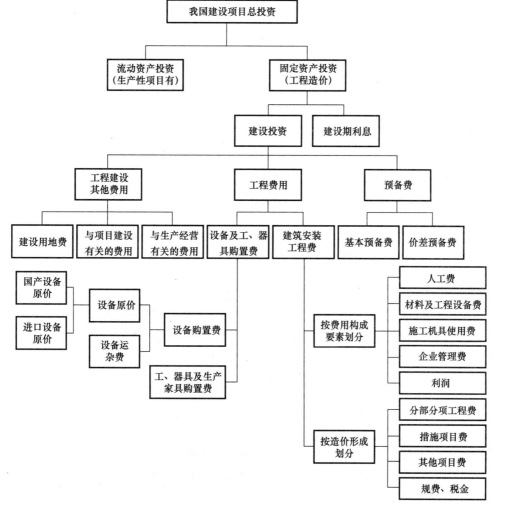

图1-2-1　我国现行建设项目总投资构成

与建设项目的工程造价在量上相等，由建设投资和建设期贷款利息组成。建设投资又包括工程费用、工程建设其他费用和预备费三部分。工程费用是指建设期内直接用于工程建造、设备购置及其安装的建设投资，可分为设备及工、器具购置费和建筑安装工程费；工程建设其他费用是建设期内发生的与土地使用权取得、整个工程项目建设以及未来生产经营有关的构成建设投资但不包括在工程费用中的费用；预备费是在建设期内为各种不可预见因素的变化而预留的可能增加的费用，包括基本预备费和价差预备费。

根据资金时间价值和市场价格运行机制的特点，固定资产投资也可分为静态投资和动态投资。静态投资是以某一基准年、月的建设要素的价格为依据所计算出的建设项目投资的瞬时值，包括工程费用、工程建设其他费用和基本预备费；动态投资是指为完成一个工程项目的建设，预计投资需要量的总和，除包括静态投资外，还包括价差预备费和建设期利息。动态投资概念较为符合市场价格运行机制，使投资的估算、计划、控制更加符合实际。

静态投资和动态投资密切相关。动态投资包含静态投资，静态投资是动态投资最主要的组成部分，也是动态投资的计算基础。

知识拓展

通常所说的工程预算、竣工结算、招标控制价、投标报价、合同价等，实际上指的是工程费用中的建筑安装工程费。在"建筑工程计量与计价""安装工程计量与计价"等课程中主要讲述的就是该费用的计算方法。

课后巩固

任务 1-2-1
习题解答

【任务 1-2-1】

1. 根据我国现行建设项目总投资的构成，建设投资由（　　）三项费用构成。
   A. 工程费用、建设期利息、预备费
   B. 建设费用、建设期利息、流动资金
   C. 工程费用、工程建设其他费用、预备费
   D. 建筑安装工程费、设备及工器具购置费、工程建设其他费用
2. 某建设项目建筑工程费为 2 000 万元，安装工程费为 700 万元，设备购置费为 1 100 万元，工程建设其他费为 450 万元，预备费为 180 万元，建设期贷款利息为 120 万元，流动资金为 500 万元，则该项目的工程造价是多少？
3. 关于我国现行建设项目投资构成的说法中，下列正确的是（　　）。
   A. 生产性建设项目总投资为建设投资和建设期利息之和
   B. 工程造价为工程费用、工程建设其他费用和预备费之和
   C. 固定资产投资为建设投资和建设期利息之和
   D. 工程费用为直接费、间接费、利润和税金之和
4. 下列费用中属于建设工程静态投资的是（　　）。
   A. 基本预备费　　　　　　　B. 涨价预备费
   C. 建设期贷款利息　　　　　D. 建设工程有关税费

5. 为保证工程项目顺利实施，避免在难以预料的情况下造成投资不足而预先安排的费用是（   ）。

    A. 预备费   B. 建设期利息

    C. 不可预见准备金   D. 建设成本上升费用

6. 下列费用中不属于工程造价构成的是（   ）。

    A. 用于支付项目所需土地而发生的费用

    B. 用于建设单位自身进行项目管理所支出的费用

    C. 用于购买安装施工机械所支付的费用

    D. 用于委托工程勘察设计所支付的费用

7. 某项目中建筑安装工程费为 1 500 万元，设备和工、器具购置费为 400 万元，工程建设其他费用为 150 万元，基本预备费为 120 万元，涨价预备费为 60 万元，建设期贷款利息为 60 万元，则静态投资为（   ）万元。

    A. 2 050   B. 2 170   C. 2 230   D. 2 290

8. 静态投资是以（   ）的建设要素价格为依据所计算出的建设项目投资的瞬时值。

    A. 计划投资时   B. 开工日期

    C. 竣工日期   D. 某一基准年、月

(二)国外建设工程造价构成

国外各个国家的建设工程造价构成虽然有所不同，但具有代表性的是世界银行、国际咨询工程师联合会对工程项目总建设成本(相当于我国的工程造价)的统一规定，即工程项目总建设成本包括直接建设成本、间接建设成本、应急费和建设成本上升费等。

1. 项目直接建设成本

项目直接建设成本包括土地征购费、场外设施费用、场地费用、工艺设备费、设备安装费、管道系统费、电气设备费、电气安装费、仪器仪表费、机械的绝缘和油漆费、工艺建筑费、服务性建筑费、工厂普通公共设施费、车辆费和其他当地费。

2. 项目间接建设成本

项目间接建设成本包括项目管理费、开车试车费、业主的行政性费用、生产前费用、运费和保险费、地方税等。

3. 应急费

应急费包括未明确项目的准备金和不可预见准备金。其中，未明确项目的准备金，用于在估算时不可能明确的潜在项目，这些项目是必须完成的，或它们的费用是必定要发生的。它是估算不可缺少的一个组成部分，不是为了支付工作范围以外的，也不是应对天灾、罢工的。不可预见准备金，用于在估算达到了一定的完整性并符合技术标准的基础上，由于物质、社会和经济的变化，导致估算增加的情况。不可预见准备金只是一种储备，可能不动用。

4. 建设成本上升费用

通常，估算中使用的构成工资率、材料和设备价格基础的截止日期就是"估算日期"。必须对该日期或已知成本基础进行调整，用以补充直至工程结束时的未知价格增长。

任务 1-2-2
习题解答

【任务 1-2-2】

1. 根据世界银行对建设工程造价构成的规定，只能作为一种储备可能不动用的费用是（　　）。
   A. 未明确项目准备金　　　　　B. 基本预备费
   C. 不可预见准备金　　　　　　D. 建设成本上升费用
2. 在国外建筑工程造价构成中，反映工程造价估算日期至工程竣工日期之前，工程各个主要组成部分的人工、材料和设备等未知价格增长部分的是（　　）。
   A. 直接建设成本　　　　　　　B. 建设成本上升费
   C. 不可预见准备金　　　　　　D. 未明确项目准备金

二、工程造价的含义与特点

知识目标

掌握建设项目总投资、固定资产投资及工程造价三者之间的关系；
熟悉工程造价的特点；
掌握不同建设阶段造价文件之间的区别与联系。

能力目标

能理顺建设项目总投资、固定资产投资及工程造价之间的关系；
知道不同造价文件之间的关系。

(一)建设项目总投资与固定资产投资的含义

建设项目总投资是指投资主体为获取预期收益，在选定的建设项目上所需投入的全部资金。生产性建设项目总投资包括固定资产投资和流动资产投资两部分；非生产性建设项目总投资只包括固定资产投资，不包含流动资产投资。

固定资产投资是投资主体为达到预期收益的资金垫付行为。我国的固定资产投资包括基本建设投资、更新改造投资、房地产开发投资和其他固定资产投资四种。本书特指基本建设投资。

建设项目固定资产投资也就是建设项目的工程造价，二者在量上是等同的。

(二)工程造价的含义

工程造价本质上属于价格范畴，在市场经济条件下有两种含义，如图1-2-2所示。

1. 第一种含义

从投资者或业主的角度分析，工程造价是指有计划地建设一项工程预期开支或实际开支的全部固定资产投资费用。投资者为了获得投资项目的预期收益，需要对项目进行策划决策及建设实施，直至竣工验收等一系列投资管理活动。在上述活动中所花费的全部费用，就构成了工程造价。从这个意义上讲，建设工程造价就是建设项目固定资产总投资。

工程造价的第一种含义表明，投资者选定一个投资项目，为了获得预期的效益，就要

14

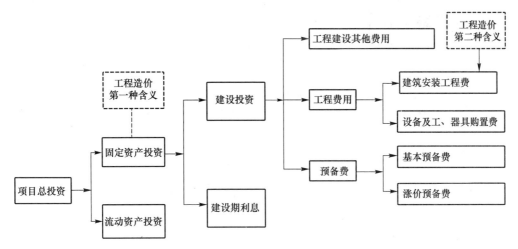

图 1-2-2 工程造价的两种含义

通过项目评估后进行决策，然后进行设计、工程施工，直至竣工验收等一系列投资管理活动。在投资管理活动中，要支付与工程建造有关的全部费用，才能形成固定资产和无形资产。所有这些开支就构成了工程造价。从这个意义上说，工程造价就是工程投资费用。非生产性建设项目的工程总造价就是建设项目固定资产投资的总和，而生产性建设项目的总造价是固定资产投资和铺底流动资金投资的总和。

2. 第二种含义

从市场交易的角度分析，工程造价是指为建成一项工程，预计或实际在工程发承包交易活动中所形成的建筑安装工程费用或建设工程总费用。显然，这种含义是指以建设工程这种特定的商品作为交易对象，通过招标投标或其他交易方式，在进行多次预估的基础上，最终由市场形成的价格。这里所指的交易对象，可以是涵盖范围很大的一个建设项目，也可以是其中的一个单项工程或单位工程，甚至可以是整个建设工程中的某个阶段，如建筑安装工程、装饰装修工程。工程承发包价格是工程造价中一种主要的，也是较为典型的价格交易形式，是在建筑市场通过招标投标，由需求主体（投资者）和供给主体（承包商）共同认可的价格。总之，工程造价的两种含义实质上就是从不同角度把握同一事物的本质。对市场经济条件下的投资者来说，工程造价就是项目投资，是"购买"工程项目要付出的价格；同时，工程造价也是投资者作为市场供给主体"出售"工程项目时确定价格和衡量投资经济效益的尺度。

【任务 1-2-3】

1. 从投资者（业主）角度分析，工程造价是指建设一项工程预期或实际开支的（　　　）。
   A. 全部建筑安装工程费用　　　　B. 建设工程总费用
   C. 全部固定资产投资费用　　　　D. 建设工程动态投资费用
2. 关于工程造价相关概念的说法中，下列正确的是（　　　）。
   A. 工程造价就是建设项目总投资
   B. 生产性建设项目总投资中不包括流动资产投资
   C. 工程造价的两种含义实质上就是从不同角度把握同一事物的本质
   D. 建设项目承发包价格是从投资者角度分析的工程造价

任务 1-2-3
习题解答

知识小课堂

工程造价特点

(三)工程造价的特点

工程建设的性质决定了工程造价具有以下特点。

1. 大额性

任何一项建设工程，不仅实物形态庞大，而且造价高昂，需投资几百万、几千万甚至上亿的资金。工程造价的大额性关系到多方面的经济利益，同时，也对社会宏观经济产生重大的影响。

2. 单个性

任何一项建设工程都有特殊的用途，其功能、用途各不相同。因而，使得每一项工程的结构、造型、平面布置、设备配置和内外装饰都有不同的要求。工程内容和实物形态的个别差异性决定了工程造价的单个性。

3. 动态性

任何一项建设工程从决策到竣工交付使用，都有一个较长的建设期。在这一期间，如工程变更，材料价格、费率、利率、汇率等会发生变化。这种变化必然会影响工程造价的变动，直至竣工决算后才能最终确定工程实际造价。建设周期长，资金的时间价值突出，这体现了建设工程造价的动态性。

4. 层次性

建设项目的组合性决定了工程造价的层次性。一个建设项目往往含有多个单项工程，一个单项工程又是由多个单位工程组成。与此相适应，工程造价也由三个层次相对应，即建设项目总造价、单项工程造价和单位工程造价，如图1-2-3所示。

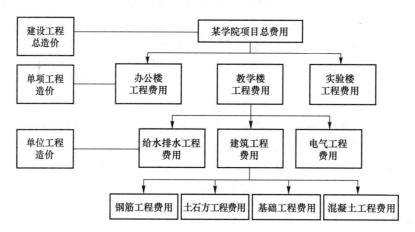

图1-2-3 某学院项目计价组合示意

5. 阶段性(多次性)

建设项目需要按一定的建设程序进行决策和实施。工程计价也需要在不同阶段多次进行，以保证工程计价计算的准确性和控制的有效性。工程造价多次计价是个逐步深化、逐步细化和逐步接近实际造价的过程，工程多次计价过程如图1-2-4所示。

从工程多次计价过程可以看出，工程项目每个建设阶段都对应着不同的造价文件，不同造价文件的区别与联系见表1-2-1。

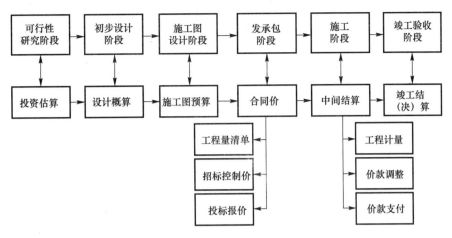

图 1-2-4　工程多次计价过程

　　中国建设工程造价管理协会颁布的造价文件编审规程有《建设项目投资估算编审规程》(CECA/GC 1—2015)、《建设项目设计概算编审规程》(CECA/GC 2—2015)、《建设项目工程结算编审规程》(CECA/GC 3—2010)、《建设项目全过程造价咨询规程》(CECA/GC 4—2017)、《建设项目施工图预算编审规程》(CECA/GC 5—2010)、《建设工程招标控制价编审规程》(CECA/GC 6—2011)、《建设工程造价咨询成果文件质量标准》(CECA/GC 7—2012)、《建设工程造价鉴定规程》(CECA/GC 8—2012)、《建设项目工程竣工决算编制规程》(CECA/GC 9—2013)、《建设工程造价咨询工期标准(房屋建筑工程)》(CECA/GC 10—2014)。

【任务 1-2-4】

课后巩固 ▶

任务 1-2-4
习题解答

　　1. 关于工程造价特点的说法中,下列不正确的是(　　)。

　　　A. 工程造价的大额性使其对宏观经济产生重大影响

　　　B. 产品的个别性取决于工程造价的个别性差异

　　　C. 工程造价在整个建设期中处于不正确的状态,直到竣工决算后才能最终确定工程的最终造价,这体现了工程造价的动态性

　　　D. 建设项目组成的层次性决定了工程造价的层次性,表现在三个层次相对应,即建设项目总造价、单项工程造价和单位工程造价

　　2. 工程造价具有多次性计价特征,其中各阶段与造价对应关系正确的是(　　)。

　　　A. 发承包阶段——合同价　　　　　B. 合同实施阶段——合同价

　　　C. 竣工验收阶段——实际造价　　　D. 施工图设计阶段——预算价

　　　E. 可行性研究阶段——概算造价

表 1-2-1 不同造价文件的区别与联系

可行性研究阶段	初步设计阶段	施工图设计阶段	发承包阶段	施工阶段	竣工验收	名称	涵盖范围	包括内容	编制单位	计价依据
√						投资估算	建设项目	总投资	建设方	类似工程估算指标
	√					设计概算	建设项目	总投资	设计方	类似工程概算指标、概算定额、初步设计图
		√				施工图预算	单项工程	工程费用	建设方、施工方	预算定额、市场价格、施工图
			√			工程量清单	单项或单位工程	工程费用	建设方	清单工程计算规范、施工图
			√			招标控制价	单项或单位工程	工程费用	建设方	预算定额或企业定额、市场价、施工图
			√			投标报价	单项或单位工程	工程费用	施工方	预算定额、信息价、施工图
			√			合同价	单项或单位工程	工程费用	建设方、施工方	中标通知书、合同条款、施工图
				√		合同价调整	单项工程	工程费用	施工方	施工合同、建设工程工程量清单计价规范、签证、变更单、索赔报告、施工图、其他规范文件
					√	竣工结算	单项工程	工程费用	施工方	施工合同、建设工程工程量清单计价规范、签证、变更单、索赔报告、竣工图、其他规范文件
					√	竣工决算	建设项目	总投资	建设方	竣工结算、财务账簿、可行性研究报告、竣工图

建设过程对应的造价文件　　　造价文件

三、工程造价的计算

工程造价计算顺序及工程费计算

知识目标

掌握工程造价的计算方法。

能力目标

会计算工程造价。

由于工程造价与固定资产投资在量上相等，因此工程造价计算实质就是对固定资产投资的计算。固定资产投资包括建设投资和建设期利息。建设投资由工程费用(建筑工程费，安装工程费，设备及工、器具购置费)、工程建设其他费用和预备费(基本预备费和价差预备费)组成。其中，建筑工程费和安装工程费又统称为建筑安装工程费。

根据《建设项目经济评价方法与参数(第三版)》(发改投资〔2006〕1325号)、《关于印发〈建筑安装工程费用项目组成〉的通知》(建标〔2013〕44号)等规定，固定资产投资计算见表1-2-2，计算步骤如图1-2-5所示。

表 1-2-2　固定资产投资计算

序号	费用名称	计算方法
	固定资产投资	一＋二
一	建设投资	(一)＋(二)＋(三)
(一)	工程费用	1＋2
1	建筑安装工程费	(1)＋(2)＋(3)＋(4)＋(5)＋(6)＋(7)或(1)＋(2)＋(3)＋(4)
按费用构成要素	(1)人工费	$\sum$(工日消耗量×日工资单价)
	(2)材料及工程设备费	材料费＝$\sum$(材料消耗量×材料单价) 工程设备费＝$\sum$(工程设备量×工程设备单价)
	(3)施工机具使用费	施工机械费＝机械台班消耗量×机械台班单价 仪器仪表使用费＝工程使用的仪器仪表摊销费＋维修费
	(4)企业管理费	取费基数×企业管理费费率
	(5)利润	根据企业自身需求并结合市场实际自主确定
	(6)规费	根据当地造价管理部门的规定计算
	(7)税金	税前造价×综合税率(％)
按造价形成	(1)分部分项工程费	$\sum$(分部分项工程量×综合单价)
	(2)措施项目费	应予计量：$\sum$(措施项目工程量×综合单价) 不宜计量：$\sum$(计算基数×措施费费率)
	(3)其他项目费	①＋②＋③
	①暂列金额	由建设单位根据工程特点按有关计价规定估算
	②计日工	由建设单位和施工企业按施工过程中的签证计价
	③总承包服务费	建设单位在招标控制价中根据总包服务范围和有关计价规定编制，施工企业投标时自主报价，施工过程中按签约合同价执行
	(4)规费、税金	同"按费用构成要素"

序号	费用名称	计算方法
2	设备及工、器具购置费	(1)＋(2)
(1)	设备购置费	①＋②
①	设备原价	
国产	标准设备原价	根据供应商的报价、询价、合同价确定
	非标准设备原价	{[(材料费＋加工费＋辅助材料费)×(1＋专用工具费费率)×(1＋废品损失费)＋外购配套件费]×(1＋包装费费率)－外购配套件费}×(1＋利润率)＋销项税额＋非标准设备设计费＋外购配套件费
进口	设备原价	货价(FOB)＋国际运费＋国际运输保险费＋银行财务费＋外贸手续费＋进口关税＋增值税＋消费税＋车辆购置附加费
②	设备运杂费	设备原价×设备运杂费费率
(2)	工、器具及家具购置费	设备购置费×定额费费率
(二)	工程建设其他费用	1＋2＋3
1	建设用地费	按实际支出计算
2	与项目建设有关的费用	$\sum$ (1)~(11)
(1)	建设管理费	工程费用×建设单位管理费费率
(2)	可行性研究费	依据合同或参照《进一步放开建设项目专业服务价格的通知》(发改价格[2015]299号)
(3)	研究试验费	按照设计单位根据本工程项目的需要提出的研究试验内容和要求计算
(4)	勘察设计费	参照《进一步放开建设项目专业服务价格的通知》(发改价格[2015]299号)
(5)	环境影响评价费	参照《进一步放开建设项目专业服务价格的通知》(发改价格[2015]299号)
(6)	劳动安全卫生评价费	按实际支出计算
(7)	场地准备及临时设施费	新建项目按实际工程量估算或按工程费用的比例计算，改建、扩建项目一般只计拆除费用
(8)	引进技术和设备其他费	按实际情况或相关规定列支
(9)	工程保险费	不同类别工程的建筑安装工程费×保险费费率
(10)	特殊设备安全监督检验费	按建设项目所在地安全监察部门的规定标准计算。无具体规定时按受检设备现场安装费的比例估算
(11)	市政公用设施费	按工程所在地人民政府规定标准计列
3	与生产经营有关的费用	(1)＋(2)＋(3)
(1)	联合试运转费	试运转支出费用－试运转生产产品收入费用
(2)	专利及专有技术使用费	按实际情况或相关规定列支
(3)	生产准备及开办费	设计定员×生产设备费指标(元/人)
(三)	预备费	1＋2
1	基本预备费	(工程费用＋工程建设其他费用)×基本预备费费率
2	价差预备费	$\sum_{t}^{n} I_t[(1+f)^m(1+f)^{0.5}(1+f)^{t-1}-1]$ n——建设期年份； f——年涨价率； m——建设前期年限； I_t——建设期内第 t 年的静态投资额

序号	费用名称	计算方法
二	建设期利息	$\sum\limits_{j=1}^{n}\left(P_{j-1}+\dfrac{1}{2}A_j\right)\cdot i$ P_{j-1}——建设期第$(j-1)$年末累计贷款本金与利息之和； A_j——建设期第j年贷款金额； i——年利率

注：1. 建筑安装工程费具体计算一般在单独开设的建筑安装工程计量与计价课程中详细学习。

2. 建筑安装工程费中人工工日消耗量、材料消耗量和机械台班消耗量详见现行预算定额，日工资单价一般在合同中约定，材料单价一般由造价管理部门发布的信息价或双方确认的市场价格确定，机械台班单价一般由造价管理部门发布的台班单价确定。

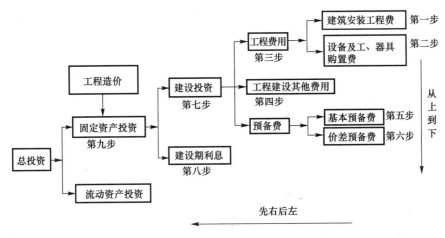

图 1-2-5　工程造价计算步骤

(一)建筑安装工程费

【说明】目前很多院校在"建筑工程计量与计价"课程中已学习了建筑安装工程费的计算，因此，该部分内容授课时可根据情况进行取舍。

建筑安装工程费是指进行建筑安装工程的建设所需费用，包括建筑工程费和安装工程费。根据《关于印发〈建筑安装工程费用项目组成〉的通知》(建标〔2013〕44号)，我国现行建筑安装工程费用项目有两种不同的划分方式，即按费用构成要素和工程造价形成划分，如图 1-2-6 所示。

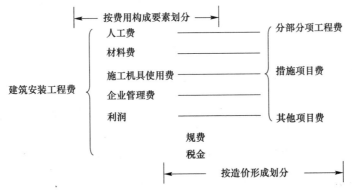

图 1-2-6　建筑安装工程费用项目组成

1. 按费用构成要素划分

按费用构成要素划分,建筑安装工程费用由人工费、材料费、施工机具使用费、企业管理费、利润、规费和税金组成。

(1)人工费。人工费是指按工资总额构成规定,支付给直接从事建筑安装工程施工作业的生产工人的各项费用。其计算公式如下:

$$人工费=\sum(人工工日消耗量×日工资单价) \tag{1-2-1}$$

1)人工工日消耗量,是指在正常生产条件下,完成规定计量单位的建筑安装产品所消耗的生产工人的工日数量。人工工日消耗量=工程量×每定额单位的人工消耗数量,式中,工程量是按照现行国家或地方颁发的预算定额(或消耗量定额)工程量计算规则计算的定额工程量;每定额单位的人工消耗数量可查阅预算定额(或消耗量定额)得到。

2)人工日工资单价,是指直接从事建筑安装工程施工的生产工人在每个法定工作日的工资、津贴及奖金等。一般由双方在建设工程施工合同中约定。各地工程造价管理机构会定期发布当地人工日工资标准。

(2)材料费。材料费是指工程施工过程中耗费的各种原材料、半成品、构配件、工程设备等的费用,以及周转材料(如模板、脚手架、临时设施)等的摊销、租赁费用。包括材料费和工程设备费。其计算公式如下:

$$材料费=\sum(材料消耗量×材料单价) \tag{1-2-2}$$

$$工程设备费=\sum(工程设备量×工程设备单价) \tag{1-2-3}$$

1)材料消耗量,是指在正常施工生产条件下,完成规定计量单位的建筑和安装产品所消耗的各类材料的净用量和不可避免的损耗量。材料消耗量=工程量×每定额单位的材料消耗数量。工程量含义同上。

2)材料单价,是指建筑材料从其来源地运到施工工地仓库直至出库形成的综合平均单价。其由材料原价、运杂费、运输损耗费、采购及保管费组成,当一般纳税人采用一般计税方法时,材料原价、运杂费等均应扣除增值税进项税额。主要材料单价由各地工程造价管理机构定期发布的信息价或双方确认的市场价格确定。

3)工程设备,是指构成或计划构成永久工程一部分的机电设备、金属结构设备、仪器装置及其他类似的设备和装置。工程设备量由图纸计算得到,工程设备单价由双方确认的市场价格确定。

(3)施工机具使用费。施工机具使用费是指施工作业所发生的施工机械、仪器仪表使用费或其租赁费。其计算公式如下:

$$施工机械使用费=\sum(施工机械台班消耗量×机械台班单价) \tag{1-2-4}$$

$$仪器仪表使用费=\sum(仪器仪表台班消耗量×仪器仪表台班单价) \tag{1-2-5}$$

1)施工机械台班消耗量,是指在正常施工生产条件下,完成规定计量单位的建筑安装产品所消耗的施工机械台班的数量。机械台班消耗量=工程量×每定额单位的机械消耗数量。工程量含义同上。

2)施工机械台班单价,是指折合到每台班的施工机械使用费,通常由折旧费、检修费、维护费、安拆费及场外运费、人工费、燃料动力费和其他费用组成。一般由工程造价管理机构发布的施工机械台班单价确定,如《山东省建设工程施工机械台班费用编制规则》,见表1-2-3。

表 1-2-3　山东省建设工程施工机械台班费用编制规则

编码	机械名称	性能规格	新旧年限	预算价格	残值率	年工作台班	耐用总台班	检维次数	一次检维费	一次安拆费及场外运费	年平均安拆次数	K 值
			年	元	%	台班	台班	次	元	元	次	
990101005			50	61 200	5	200	2 250	2	13 070			2.60
990101010			60	69 300	5	200	2 250	2	14 790			2.60
990101015			75	190 000	5	200	2 250	2	40 550			2.60
990101020			90	251 600	5	200	2 250	2	50 390			2.60
990101025	履带式推土机	功率/kW	105	287 900	5	200	2 250	2	57 660			2.60
990101030			120	367 100	5	200	2 250	2	73 530			2.60
990101035			135	407 200	5	200	2 250	2	81 550			2.60
990101040			165	569 200	5	200	2 250	2	114 000			2.60
990101045			240	775 800	5	200	2 250	2	155 380			2.01
990101050		~	320	957 800	5	200	2 250	2	191 820			1.85

3)仪器仪表台班单价，通常由折旧费、维护费、校验费和动力费组成。一般由工程造价管理机构发布的仪器仪表台班单价确定。如《山东省建设工程施工仪器仪表台班费用编制规则》，见表 1-2-4。

表 1-2-4　山东省建设工程施工仪器仪表台班费用编制规则

编码	仪器仪表名称	性能规格	原值	折旧年限	残值率	耐用总台班	年工作台班	年使用率	年维护费	年检验费	台班耗电量
			元	年	%	台班	台班	%	元	元	kW·h
870110	温度仪表										
870110001	数字温度计	量程：−250 ℃～1 767 ℃	3 590	5	5	875	175	70	179.49	323.08	0.24
870110005	专业温度表	量程：−200 ℃～1 372 ℃	2 118	5	5	875	175	70	105.90	190.62	0.24
870110009	接触式测温仪	量程：−200 ℃～750 ℃，精度：±0.014%	24 359	5	5	875	175	70	733.97	1 321.15	0.24
870110010	接触式测温仪	量程：−250 ℃～1 372 ℃	2 308	5	5	875	175	70	115.38	207.69	0.24
870110014	记忆式温度计	量程：−200 ℃～1 372 ℃	1 709	5	5	875	175	70	85.47	153.85	0.24
870110018	单通道温度仪	量程：−50 ℃～300 ℃	3 897	5	5	875	175	70	197.87	250.77	0.24

（4）企业管理费。企业管理费是指建筑安装企业组织施工生产和经营管理所需的费用。其包括管理人员工资、办公费、差旅交通费、固定资产使用费、工具用具使用费、劳动保险和职工福利费、劳动保护费、检验试验费、工会经费、职工教育经费、财产保险费、财务费、税金、其他14项费用。其计算公式如下：

企业管理费 = 取费基数 × 企业管理费费率（%）　　　　(1-2-6)

式中，取费基数有三种，分别是分部分项工程费、人工费和机械费合计、人工费。具体用哪一种由各省市工程造价管理机构下发的取费程序为准。

企业管理费费率（%）一般可查阅各省市工程造价管理机构下发的计价定额得到。如《山东省建设工程费用项目组成及计算规则》中企业管理费费率见表1-2-5。

表 1-2-5　企业管理费费率查询表(一般计税法下)　　　　　　　%

专业名称		企业管理费		
		Ⅰ	Ⅱ	Ⅲ
建筑工程	建筑工程	43.4	34.7	25.6
	构筑物工程	34.7	31.3	20.8
	单独土石方工程	28.9	20.8	13.1
	桩基础工程	23.2	17.9	13.1
	装饰工程	66.2	52.7	32.2
安装工程	民用安装工程	55		
	工业安装工程	51		

◄))知识拓展

　　企业管理费中的税金是指企业按规定缴纳的房产税、非生产性车船使用税、土地使用税、印花税、城市维护建设税、教育费附加、地方教育费附加等各项税费。

　　(5)利润。利润是指施工单位从事建筑安装工程所获得的盈利。施工企业投标报价时,要根据企业自身需求并结合建筑市场实际自主确定,列入报价中。造价咨询机构或建设单位在编制招标控制价时,常以工程造价管理机构下发的计价定额中的利润率为准。如《山东省建设工程费用项目组成》中利润率见表1-2-6。

表 1-2-6　利润率查询表(一般计税法下)　　　　　　　%

专业名称		利润		
		Ⅰ	Ⅱ	Ⅲ
建筑工程	建筑工程	35.8	20.3	15.0
	构筑物工程	30.0	24.2	11.6
	单独土石方工程	22.3	16.0	6.8
	桩基础工程	16.9	13.1	4.8
	装饰工程	36.7	23.8	17.3
安装工程	民用安装工程	32		
	工业安装工程	32		

　　工程造价管理机构在确定计价定额中利润时,应以定额人工费或(定额人工费＋定额机械费)作为计算基数,其费率根据历年工程造价积累的资料,并结合建筑市场实际确定,以单位(单项)工程测算,利润在税前建筑安装工程费的比重可按不低于5%且不高于7%的费率计算。

　　(6)规费。规费是指按国家法律、法规规定,由省级政府和省级有关权力部门规定必须缴纳或计取，应计入建筑安装工程造价的费用。其主要包括社会保险费、住房公积金和工程排污费三部分，具体以各地方政府规定为准，如图1-2-7所示。

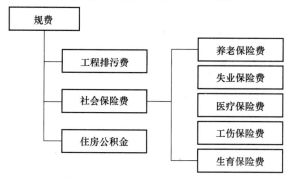

图 1-2-7　规费内容

(7)税金。税金是指按照国家税法规定的应计入建筑安装工程造价内的增值税额，按税前造价乘以增值税税率确定。

1)采用一般计税方法时。

$$增值税＝税前造价×增值税税率(11\%)\tag{1-2-7}$$

式中，税前造价为人工费、材料费、施工机具使用费、企业管理费、利润和规费之和，各费用项目均以不包含增值税可抵扣进项税额的价格计算。

2)采用简易计税方法时。

$$增值税＝税前造价×增值税税率(3\%)\tag{1-2-8}$$

式中，税前造价为人工费、材料费、施工机具使用费、企业管理费、利润和规费之和，各费用项目均以包含增值税进项税额的含税价格计算。

📢 知识拓展

　　根据《营业税改征增值税试点实施办法》以及《营业税改增值税试点有关事项的规定》的规定，简易计税方法主要适用于以下几种情况：

　　(1)小规模纳税人发生应税行为适用简易计税方法计税。小规模纳税人通常是指纳税人提供建筑服务的年应征增值税销售额未超过500万元，并且会计核算不健全，不能按规定报送有关税务资料的增值税纳税人。年应税销售额超过500万元，但不经常发生应税行为的单位也可选择按照小规模纳税人计税。

　　(2)一般纳税人以清包工方式提供的建筑服务，可以选择适用简易计税方式计税。以清包工方式提供建筑服务，是指施工方不采购建筑工程所需的材料或只采购辅助材料，并收取人工费、管理费或者其他费用的建筑服务。

　　(3)一般纳税人为甲供工程提供的建筑服务，可以选择适用简易计税方法计税。甲供工程，是指全部或部分设备、材料、动力由工程发包方自行采购的建筑工程。

　　(4)一般纳税人为建筑工程老项目提供的建筑服务，可以选择适用简易计税方法计税。建筑工程老项目，是指《建筑工程施工许可证》注明的合同开工日期在2016年4月30日前的建筑工程项目；未取得《建筑工程施工许可证》的，建筑工程承包合同注明的开工日期在2016年4月30日前的建筑工程项目。

很多建筑企业认为简易征收的增值税税率为 3%，而一般计税方法征收的增值税税率为 11%，所以简易征收更划算，其实未必。简易征收计税会给企业带来以下两个方面的负面影响：

一是增加了施工企业的管理难度。因为施工企业会同时运作很多工程，有些工程采取一般计税方式，有些工程采取简易计税方式，这就要求建筑施工企业要做到项目层面的核算。如果没有做到项目层面的核算，施工企业将难以有凭证证明哪些采购项属于一般计税的工程，哪些采购项属于简易计税的工程，将会导致税务机关部门按照较高的增值税税率要求企业纳税，即类似于甲供工程也可能采取 11% 的增值税税率，导致企业税负加重。

二是采取简易计税方式缴纳的税赋有可能更重。通过一个简单的例子来说明。某项基础设施工程造价（不含税）为 1 300 万元，甲供材料的价值为 300 万。根据增值税有关制度，该项目可选择简易计税方式计税。若采取一般计税方法纳税，增值税交纳额＝当期销售额×11%－当前进项税额；若采取简易计税方式纳税，增值税交纳额＝当期销售额×3%，并且增值税有关制度规定了当期销售额为纳税人发生应税行为取得的全部价款和价外费用。据此可以得出，由于甲供材料的 300 万不需要支付给施工单位，因此可以认为该项目工程的销售额为 1 000 万元（不含税）。假定钢材、水泥等大宗物资采购成本约为工程合同造价的 60%，即为 600 万元。为了计算方便，暂不考虑分包情况，也不考虑其他采购项对增值税的影响。可以算出：若采取简易计税方式，其需要交纳的增值税为 1 000×3%＝30（万元）。若采取一般计税方法，其需要交纳的增值税为 1 000×11%－600×17%＝8（万元）。采取简易计税方式比一般计税方式需要多交纳 30－8＝22（万元）的增值税。从上例中可以看出，采取简易征收计税方式不一定更划算。另外，通过测算可以得出，只有当钢筋、设施设备、水泥等大宗物资采购金额小于合同价款的 47% 时，采取简易计税方法缴纳增值税才划算。

2. 按造价形成划分

建筑安装工程费由分部分项工程费、措施项目费、其他项目费、规费、税金组成。

(1)分部分项工程费。分部分项工程费是指各专业工程的分部分项工程应予列支的各项费用。专业工程是指按现行国家计量规范划分的房屋建筑与装饰工程、仿古建筑工程、通用安装工程、市政工程、园林绿化工程、矿山工程、构筑物工程、城市轨道交通工程、爆破工程等各类工程。分部分项工程是指按现行国家计量规范对各专业工程划分的项目，如房屋建筑与装饰工程划分的土石方工程、地基处理与桩基工程、砌筑工程、钢筋及钢筋混凝土工程等。其计算公式如下：

$$分部分项工程费＝\sum（分部分项工程量×综合单价） \tag{1-2-9}$$

式中，分部分项工程量是按照现行国家或地方的计量规范计算的清单工程量，如《房屋建筑与装饰工程工程量计算规范》(GB 50854—2013)、《山东省建筑工程工程量清单计价规则》等；综合单价包括人工费、材料费、施工机具使用费、企业管理费和利润以及一定范围的风险费用。

(2)措施项目费。措施项目费是指为完成建设工程施工，发生于该工程施工准备和施工过程中的技术、生活、安全、环境保护等方面的费用。措施项目费及其包含的内容应遵循各类专业工程的现行国家或行业工程量计算规范，以《房屋建筑与装饰工程工程量计算规范》(GB 50854—2013)中的规定为例，措施项目组成及计算见表1-2-7。

表 1-2-7　措施项目组成及计算

应予计量的措施项目		不宜计量的措施项目	
∑（措施项目工程量×综合单价）		计算基数×措施项目费费率(%)	
综合单价计算同"分部分项工程费"		费率见工程造价管理机构下发的计价定额	
项目名称	工程量	项目名称	计算基数
脚手架费	按建筑面积或垂直投影面积按 m² 计算	安全文明施工费	定额基价、定额人工费或定额人工费与机械费之和
混凝土模板及支架费	按模板与现浇混凝土构件的接触面积以 m² 计算	夜间施工增加费	定额人工费或定额人工费与定额机械费之和
垂直运输费	按建筑面积以 m² 为单位；或按照施工工期日历天数以天为单位计算	非夜间施工照明费	
超高施工增加费	按照建筑物超高部分的建筑面积以 m² 为单位计算	二次搬运费	
大型机械进出场及安拆	按照机械设备的使用数量以台次为单位计算	冬雨期施工增加费	
施工排水、降水费	成井费用通常按照设计图示尺寸以钻孔深度按 m 计算	地上、地下设施、建筑物的临时保护	
	排水、降水费用通常按照排、降水日历天数按昼夜计算	已完工程及设备保护费	

（3）其他项目费。其他项目费包括暂列金额、计日工、总承包服务费三项内容。

1）暂列金额，是指建设单位在工程量清单中暂定并包括在工程合同价款中的一笔款项。用于施工合同签订时尚未确定或者不可预见的所需材料、工程设备、服务的采购，施工中可能发生的工程变更、合同约定调整因素出现时的工程价款调整以及发生的索赔、现场签证确认等的费用。

暂列金额由建设单位根据工程特点，按有关计价规定估算。施工过程中由建设单位掌握使用，扣除合同价款调整后如有余额，归建设单位。

2）计日工，是指在施工过程中，施工单位完成建设单位提出的工程合同范围以外的零星项目或者工作，按照合同中约定的单价计价形成的费用。

计日工由建设单位和施工单位按施工过程中形成的有效签证来计价。

3）总承包服务费，是指总承包人为配合、协调建设单位进行了专业工程发包，对建设单位自行采购的材料、工程设备等进行保管以及施工现场管理、竣工资料汇总整理等服务所需的费用。

总承包服务费由建设单位在招标控制价中根据总包范围和有关计价规定编制，施工单位投标时自主报价，施工过程中按签约合同价执行。

（4）规费、税金。构成内容和计算方法同"按费用构成要素划分"。

(二)设备及工、器具购置费

设备及工、器具购置费是由设备购置费和工具、器具及生产家具购置费组成的，是固定资产投资中的积极部分。在生产性工程建设中，设备及工、器具购置费占工程造价比重的增大，意味着生产技术的进步和资本有机构成的提高。设备及工、器具购置费构成如图 1-2-8 所示。

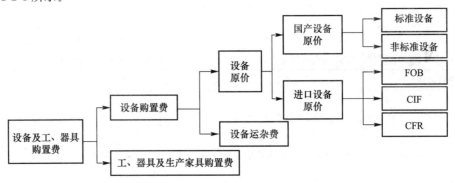

图 1-2-8　设备及工、器具购置费构成

1. 设备购置费

设备购置费是指购置或自制的达到固定资产标准的设备、工具、器具及生产家具等所需的费用。所谓固定资产标准，是指使用年限在一年以上，单位价值在国家或各主管部门规定的限额以上。其计算公式如下：

$$设备购置费＝设备原价＋设备运杂费 \tag{1-2-10}$$

式中，设备原价是指国内采购设备的出厂价，或国外采购设备的抵岸价格，设备原价通常包含备品备件费在内；设备运杂费是指除设备原价之外的关于设备采购、运输、途中包装及仓库保管等方面支出费用的总和。

(1)国产设备原价。国产设备原价一般是指设备制造厂的交货价或订货合同价，即出厂价。通常根据生产厂或供应商的询价、报价、合同价确定，或采用一定的方法计算确定。国产设备原价分为国产标准设备原价和国产非标准设备原价。

1)国产标准设备，是指按照主管部门颁布的标准图纸和技术要求，由国内设备生产厂批量生产的，符合国家质量检测标准的设备。国产标准设备一般有完善的设备交易市场，因此，可通过查询相关交易市场价格或向设备生产厂家询价得到。

2)国产非标准设备，是指国家尚无定型标准，各设备生产厂不可能在工艺过程中采用批量生产，只能按订货要求并根据具体的设计图纸制造的设备。非标准设备由于单件生产、无定型标准，所以无法获取市场交易价格，只能按其成本构成或其他相关技术参数估算其价格。

非标准设备原价有多种不同的计算方法，如成本计算估价法、系列设备插入估价法、分部组合估价法、定额估价法等，其中成本计算估价法是一种比较常用的估算。具体计算如下：

$$材料费＝材料净重×(1＋加工损耗系数)×每吨材料综合单价 \tag{1-2-11}$$

$$加工费＝设备总质量(吨)×设备每吨加工费 \tag{1-2-12}$$

加工费包括生产工人工资和工资附加费、燃料动力费、设备折旧费、车间经费等。

$$辅助材料费＝设备总质量×辅助材料费指标(包括焊条、焊丝、氧气、氩气、油漆、电石等费用) \tag{1-2-13}$$

$$专用工具费＝(材料费＋加工费＋辅助材料费)×专用工具费费率(\%) \tag{1-2-14}$$

$$废品损失费＝(材料费＋加工费＋辅助材料费＋专用工具费)×废品损失费费率(\%) \tag{1-2-15}$$

$$外购配套件费＝外购配套件相应价格＋运杂费 \tag{1-2-16}$$

$$包装费＝(材料费＋加工费＋辅助材料费＋专用工具费＋废品损失费＋外购配套件费)×包装费费率(\%) \tag{1-2-17}$$

利润＝（材料费＋加工费＋辅助材料费＋专用工具费＋废品损失费＋包装费）×利润率（％）　　　　　　　　　　　　　　　　　　　　　　　　　　　　　　　（1-2-18）

当期销项税额＝（材料费＋加工费＋辅助材料费＋专用工具费＋废品损失费＋外购配套件费＋包装费＋利润）×适用增值税税率　　　　　　　　　　　　（1-2-19）

非标准设备设计费，按国家规定的设计费收费标准计算。

综上所述，单台非标准设备原价计算公式为

单台非标准设备原价＝{［（材料费＋加工费＋辅助材料）×（1＋专用工具费费率）×（1＋废品损失费）＋外购配套件费］×（1＋包装费费率）－外购配套件费}×（1＋利润率）＋销项税额＋设计费＋外购配套件费　　　　　　　　　　　　　　　　　　　　　　　（1-2-20）

需要注意，在非标准设备原价计算中，外购配套件费只记取包装费和税金，不计取利润；设计费不计取利润和税金。

【例 1-2-1】 某工程采购一台国产非标准设备，制造厂生产该设备的材料费、加工费和辅助材料费合计 20 万元，专用工具费费率为 2％，废品损失率为 8％，利润率为 10％，增值税税率为 17％。假设不再发生其他费用，则该设备的销项增值税为多少万元？

解：（材料费＋加工费＋辅助材料费＋专用工具费＋废品损失费＋外购配套件费＋包装费＋利润）×增值税税率＝20×（1＋2％）×（1＋8％）×（1＋10％）×17％＝4.12（万元）。

【任务 1-2-5】

1. 关于设备及工、器具购置费的说法中，下列正确的是（　　）。
 A. 它是由设备购置费和工具、器具及生活家具购置费组成
 B. 它是固定资产投资中的消极部分
 C. 在工业建筑中，它占工程造价比重的增大意味着生产技术的进步
 D. 在民用建筑中，它占工程造价比重的增大意味着资本有机构成的提高
2. 根据我国现行工程造价构成，下列属于固定资产投资中积极部分的是（　　）。
 A. 建筑安装工程费　　　　　　　　B. 设备及工、器具购置费
 C. 建设用地费　　　　　　　　　　D. 可行性研究

任务 1-2-5
习题解答

（2）进口设备原价。进口设备原价是指进口设备抵岸价，即抵达买方边境、港口或车站，且交完各种手续费、税费后形成的价格。

抵岸价通常由进口设备到岸价（CIF）和进口从属费构成；到岸价是指设备抵达买方边境港口或边境车站所形成的价格；进口从属费用是指进口设备在办理进口手续过程中发生的应计入设备原价的银行财务费、外贸手续费、进口关税、消费税、进口环节增值税及进口车辆的车辆购置税等。进口设备原价（图 1-2-9）计算公式为

进口设备原价＝抵岸价＝到岸价＋进口从属费用　　　　　　　　　（1-2-21）

进口设备的
采购过程

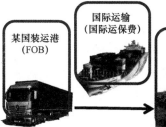

图 1-2-9　进口设备原价的组成

1)进口设备的交易价格。在国际贸易中，交易双方所使用的交货类别不同，则交易价格的构成内容也有所差异。目前较为广泛使用的交易价格术语有 FOB、CFR、CIF，如图 1-2-10 所示。

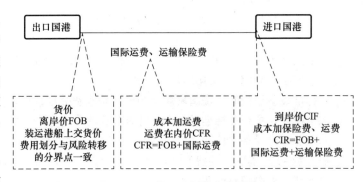

图 1-2-10　进口设备的交易价格

① FOB(Free On Board)，意为装运港船上交货，也称离岸价格。其是指当货物在装运港被装上指定船时，卖方即完成交货义务。风险转移，以在指定的装运港货物被装上指定船时为分界点。费用划分与风险转移的分界点一致。

② CFR(Cost And Freight)，意为成本加运费，也称运费在内价。其是指货物在装运港被装上指定船时，卖方即完成交货，卖方必须支付将货物运至指定的目的港所需的运费和费用，但交货后货物灭失或损坏的风险，以及由于各种事件造成的任何额外费用，即由卖方转移到买方。与 FOB 价格相比，CFR 的费用划分与风险转移的分界点是不一致的。即货物越过船舷，卖方完成交货，风险转移，但卖方需要支付海上运费。

③ CIF(Cost Insueance And Freight)，意为成本加保险费、运费，习惯称到岸价。在 CIF 术语中，卖方除负有与 CRF 相同的义务外，还应办理货物在运输途中最低险别的海运保险，并支付保险费。如买方需要更高的保险险别，则需要与卖方明确地达成协议，或者自行作出额外的保险安排。除保险这项义务外，买方的义务与 CFR 相同。

FOB、CIF、CFR 三者的区别与联系见表 1-2-8。

表 1-2-8　FOB、CIF、CFR 三者的区别与联系

项目	FOB	CIF	CFR
租船订舱	买方	卖方	卖方
运费	买方	卖方	卖方
保险费	买方	卖方	买方
风险转移	装运港船舷	装运港船舷	装运港船舷

【任务 1-2-6】

任务 1-2-6
习题解答

1. 采用 FOB 方式进口设备，抵岸价构成中的国际运费是指(　　)。

　　A. 从出口国生产厂起到我国建设项目工地仓库止的运费

　　B. 从出口国生产厂起到我国抵达港(站)止的运费

　　C. 从装运港(站)起到我国抵达港(站)止的运费

　　D. 从装运港(站)起到我国建设项目工地仓库止的运费

2. 在国际贸易中，CFR 交货方式下买方的基本义务有(　　)。

　　A. 负责租船订舱

　　B. 承担货物在装运港装上指定船只以后的一切风险

　　C. 承担运输途中因遭遇风险引起的额外费用

　　D. 在合同约定的装运港领受货物

　　E. 办理进口清关手续

2）进口设备到岸价的计算。

$$进口设备到岸价(CIF)=离岸价格(FOB)+国际运费+运输保险费$$
$$=运费在内价(CFR)+运输保险费 \qquad (1\text{-}2\text{-}22)$$

①进口设备货价，一般FOB价格，分为原币货价和人民币货价，按有关生产厂商询价、报价、订货合同价计算。原币货价一律折算为美元表示，人民币货价按原币货价乘以外汇市场美元兑换人民币汇率中间价确定。人民币汇率中间价是指中国人民银行根据每天的人民币对外币汇率的卖出价和买入价所给出的一个汇率中间价。

②国际运费，是指从装运港（站）到达我国目的地港（站）的运费。我国进口设备大部分采用海洋运输，小部分采用铁路运输，个别采用航空运输。其计算公式如下：

$$国际运费=原币货价(FOB)\times 运费率$$
$$=单位运价\times 运输量 \qquad (1\text{-}2\text{-}23)$$

式中，运费率或单位运价参照有关部门或进口公司的规定执行。

③运输保险费，是一种财产保险，其计算公式为

$$运输保险费=\frac{原币货价(FOB)+国外运费}{1-保险费费率}\times 保险费费率 \qquad (1\text{-}2\text{-}24)$$

式中，保险费费率按保险公司规定的进口货物保险费费率计算。

3）进口设备从属费用的计算。

$$从属费=银行财务费+外贸手续费+关税+消费税+进口环节增值税+车辆购置税$$
$$\qquad (1\text{-}2\text{-}25)$$

$$银行财务费=离岸价格(FOB)\times 人民币外汇汇率\times 银行财务费费率 \qquad (1\text{-}2\text{-}26)$$

$$外贸手续费=到岸价格(CIF)\times 人民币外汇汇率\times 外贸手续费费率 \qquad (1\text{-}2\text{-}27)$$

$$关税=到岸价格(CIF)\times 人民币外汇汇率\times 进口关税税率 \qquad (1\text{-}2\text{-}28)$$

$$消费税=\frac{到岸价格(CIF)\times 人民币汇率+关税}{1-消费税税率}\times 消费税税率 \qquad (1\text{-}2\text{-}29)$$

$$进口环节增值税=(CIF+关税+消费税)\times 增值税税率 \qquad (1\text{-}2\text{-}30)$$

$$车辆购置税=(CIF+关税+消费税)\times 车辆购置税税率 \qquad (1\text{-}2\text{-}31)$$

◄)) 知识拓展

（1）消费税仅对部分进口设备（如轿车、摩托车等）征收。

（2）到岸价（CIF）作为关税的计征基数时，通常又可称为关税完税价格。进口关税税率分为优惠税税率和普通税税率两种。优惠税税率适用于与我国签订关税互惠条款的贸易条约或协定的国家的进口设备；普通税税率适用于与我国未签订关税互惠条款的贸易条约或协定的国家的进口设备。

【例1-2-2】 某进口设备到岸价为80万美元，进口关税税率为15%，增值税税率为17%，银行外汇牌价为6.3，试计算进口环节增值税额。

解：组成计税价格＝到岸价＋关税＝80×6.3+80×6.3×15%＝579.6（万元）

进口环节增值税＝组成计税价格×增值税税率
$$=579.6\times 17\%=98.53（万元）$$

【例1-2-3】 从某国进口应纳消费税的设备，质量为1 000 t，装运港船上交货价为400万美元，工程建设项目位于国内某省会城市。如果国际运费标准为300美元/t，海上运输保险费费率为3‰，银行财务费费率为5‰，外贸手续费费率为1.5%，关税税率为22%，增值税税率为17%，消费税

例题1-2-3讲解

税率为10%，银行外汇牌价为1美元＝6.3元人民币，试对该设备的原价进行估算。

解：进口设备 FOB＝400×6.3＝2 520（万元）

国际运费＝300×1 000×6.3＝189（万元）

海运保险费＝$\dfrac{2\ 520+189}{1-3‰}$×3‰＝8.15（万元）

CIF＝2 520＋189＋8.15＝2 717.15（万元）

银行财务费＝2 520×5‰＝12.6（万元）

外贸手续费＝2 717.15×1.5%＝40.76（万元）

关税＝2 717.15×22%＝597.77（万元）

消费税＝$\dfrac{2\ 717.15+597.77}{1-10\%}$×10%＝368.32（万元）

增值税＝（2 717.15＋597.77＋368.32）×17%＝626.15（万元）

进口从属费＝12.6＋40.76＋597.77＋368.32＋626.15＝1 645.6（万元）

进口设备原价＝2 717.15＋1 645.6＝4 362.75（万元）

【任务 1-2-7】

任务 1-2-7
习题解答

1. 进口设备的原价是指进口设备的（　　）。
   A. 到岸价　　　B. 抵岸价　　　C. 离岸价　　　D. 运费在内价

2. 某进口设备通过海洋运输，到岸价为 972 万元，国际运费为 88 万元，海上运输保险费费率为 3‰，则离岸价为（　　）万元。
   A. 881.08　　　B. 883.74　　　C. 1 063.18　　　D. 1 091.90

3. 某批进口设备离岸价为 1 000 万元人民币，国际运费为 100 万元人民币，运输保险费费率为 1%。则该批设备的关税完税价格应为（　　）万元人民币。
   A. 1 100.00　　　B. 1 110.00　　　C. 1 111.00　　　D. 1 111.11

4. 关于进口设备外贸手续费的计算，下列公式中正确的是（　　）。
   A. 外贸手续费＝FOB×人民币外汇汇率×外贸手续费费率
   B. 外贸手续费＝CIF×人民币外汇汇率×外贸手续费费率
   C. 外贸手续费＝$\dfrac{FOB×人民币外汇汇率}{1-外贸手续费费率}$×外贸手续费费率
   D. 外贸手续费＝$\dfrac{CIF×人民币外汇汇率}{1-外贸手续费费率}$×外贸手续费费率

5. 下列费用项目中，以"到岸价＋关税＋消费税"为基数，乘以各自给定费（税）率进行计算的有（　　）。
   A. 外贸手续费　　　B. 关税　　　C. 消费税　　　D. 增值税
   E. 车辆购置税

6. 已知某进口设备到岸价格为 80 万美元，进口关税税率为 15%，增值税税率为 17%，银行外汇牌价为 1 美元＝6.3 元人民币。按以上条件计算的进口环节增值税额是（　　）万元人民币。
   A. 72.83　　　B. 85.68　　　C. 98.53　　　D. 118.71

7. 某项目进口一批工艺设备，其银行财务费为 4.25 万元，外贸手续费为 18.9 万元，关税税率为 20%，增值税税率为 17%，抵岸价格为 1 792.19 万元。该批设备无消费税、海关监管手续费，则进口设备的到岸价格为多少？（计算结果保留两位小数）

(3)设备运杂费。设备运杂费是指国内采购设备自来源地、国外采购设备自到岸港运至工地仓库或指定堆放地点发生的采购、运输、运输保险、保管、装卸等费用。通常由下列各项费用构成:

1)运费和装卸费,是指国产设备由设备制造厂交货地点起至工地仓库(或施工组织设计指定的需要安装设备的堆放地点)止所发生的运费和装卸费;进口设备由我国到岸港口或边境车站起至工地仓库(或施工组织设计指定的需安装设备的堆放地点)止所发生的运费和装卸费。

2)包装费,是指在设备原价中没有包含的,为运输而进行的包装支出费用。

3)设备供销部门的手续费,按有关部门规定的统一费率计算。

4)采购与仓库保管费,是指采购、验收、保管和收发设备所发生的各种费用,包括设备采购人员、保管人员和管理人员的工资、工资附加费、办公费、差旅交通费、设备供应部门办公和仓库所占固定资产使用费、工具用具使用费、劳动保护费、检验试验费等。这些费用可按主管部门规定的采购与保管费率计算。设备运杂费计算公式如下:

$$设备运杂费 = 设备原价 \times 设备运杂费费率 \tag{1-2-32}$$

式中,设备运杂费费率按各部门及省、市有关规定计取。

【任务 1-2-8】

课后巩固

任务 1-2-8
习题解答

1. 下列费用中应计入设备运杂费的有(　　)。

    A. 设备保管人员的工资

    B. 设备采购人员的工资

    C. 设备自生产厂家运至工地仓库的运费、装卸费

    D. 运输中的设备包装支出

    E. 设备仓库所占用的固定资产使用费

2. 关于设备运杂费的构成及计算的说法中,下列正确的有(　　)。

    A. 运费和装卸费是由设备制造厂交货地点至施工安装作业面所发生的费用

    B. 进口设备运杂费是由我国到岸港口或边境车站至工地仓库所发生的费用

    C. 原价中没有包含的、为运输而进行包装所支出的各种费用应计入包装费

    D. 采购与仓库保管费不含采购人员和管理人员的工资

    E. 设备运杂费为设备原价与设备运杂费费率的乘积

2. 工、器具及生产家具购置费

工、器具及生产家具购置费是指新建或扩建项目初步设计规定的,保证初期正常生产必须购置的不够固定资产标准的设备、仪器、工卡模具、器具、生产家具和备品备件的费用。其计算公式如下:

$$工、器具及生产家具购置费 = 设备购置费 \times 定额费费率 \tag{1-2-33}$$

式中,定额费费率按照行业或部门规定的工具、器具及生产家具费费率计算。

课后巩固

任务 1-2-9
习题解答

【任务 1-2-9】

1. 关于设备购置费的构成和计算的说法中，下列正确的有(   )。
   A. 国产标准设备的原价中，一般不包含备件的价格
   B. 成本计算估价法适用于非标准设备原价的价格
   C. 进口设备原价是指进口设备到岸价
   D. 国产非标准设备原价中包含非标准设备设计费
   E. 达到固定资产标准的工、器具，其购置费用应计入设备购置费中
2. 下列费用项目中，属于工、器具及生产家具购置费计算内容的是(   )。
   A. 未达到固定资产标准的设备购置费
   B. 达到固定资产标准的设备购置费
   C. 引进设备时备品备件的测绘费
   D. 引进设备的专利使用费

知识小课堂

工程建设
其他费计算

(三)工程建设其他费用

工程建设其他费用，是指在建设期发生的与土地使用权取得、整个工程项目建设以及未来生产经营有关的构成建设投资但不包括在工程费用中的费用。其包括建设用地费、与项目建设有关的其他费用、与未来生产经营有关的其他费用三项，具体如图 1-2-11 所示。

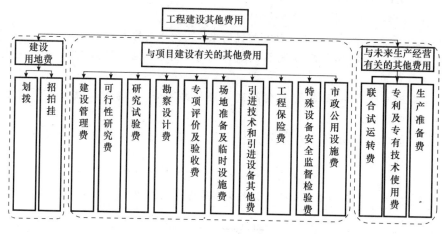

图 1-2-11 工程建设其他费组成

1. 建设用地费

建设用地费是指为获得工程项目建设土地的使用权而在建设期内发生的各项费用。其包括通过划拨方式取得土地使用权而支付的土地征用及迁移补偿费，或者通过土地使用权出让方式取得土地使用权而支付的土地使用权出让金。

建设用地的取得，实质是依法取得国有土地的使用权。目前获取国有土地使用权的基本方式有：一是出让；二是划拨；三是租赁和转让。通过出让方式获取土地使用权的具体方式有：一是通过招标、拍卖、挂牌等竞争出让方式；二是通过协议出让方式。国有土地使用权划拨仅适用于以下情况：国家机关用地和军事用地；城市基础设施用地和公益事业用地；国家重点扶持的能源、交通、水利等基础设施用地；法律行政法规规定的其他用地。

2. 与项目建设有关的其他费用

与项目建设有关的其他费用包括建设管理费、可行性研究费、研究试验费、勘察设计费、专项评价及验收费、场地准备及临时设施费、引进技术和引进设备其他费、工程保险费、特殊设备安全监督检验费及市政公用设施费10项费用。

(1)建设管理费。建设管理费是指建设单位为组织完成工程项目建设，在建设期内发生的各类管理性费用。其包括建设单位管理费、工程监理费、工程总承包管理费。计算公式如下：

$$建设管理费＝工程费用×建设单位管理费费率 \qquad (1-2-34)$$

式中，工程费用包括建筑安装工程费和设备及工、器具购置费。建设单位管理费费率按照建设项目的不同性质、不同规模确定，有的项目按照建设工期和规定的金额计算建设单位管理费。如采用监理，建设单位部分管理工作量转移至监理单位，可适当降低建设单位管理费费率；如建设管理采用工程总承包方式，其总包管理费由建设单位与总包单位根据总包工作范围在合同中商定，从建设管理费中支出。

建设单位管理费，是指建设单位发生的管理性质的开支。其包括工作人员工资、工资性补贴、施工现场津贴、职工福利费、住房基金、基本养老保险费、基本医疗保险费、失业保险费、工伤保险费、办公费、差旅交通费、劳动保护费、工具用具使用费、固定资产使用费、必要的办公及生活用品购置费、必要的通信设备及交通工具购置费、零星固定资产购置费、招募生产工人费、技术图书资料费、业务招待费、设计审查费、工程招标费、合同契约公证费、法律顾问费、咨询费、完工清理费、竣工验收费、印花税和其他管理性质的开支。

(2)可行性研究费。可行性研究费是指在工程项目投资决策阶段，依据调研报告对有关建设方案、技术方案或生产经营方案进行的技术经济论证，以及编制、评审可行性研究报告所需的费用。此项费用应依据前期研究委托合同计列，按照国家发改委关于《进一步放开建设项目专业服务价格的通知》(发改价格〔2015〕299号)规定，此项费用实行市场调节价。

(3)研究试验费。研究试验费是指为建设项目提供或验证设计数据、资料等进行必要的研究试验及按照相关规定在建设过程中必须进行试验、验证所需的费用。该费用按照设计单位根据本工程项目的需要提出的研究试验内容和要求计算，在计算时要注意不应包括以下项目：应由科技三项费用(新产品试制费、中间试验费和重要科学研究补助费)开支的项目；应在建筑安装费用中列支的施工企业对建筑材料、构件和建筑物进行一般鉴定、检查所发生的费用及技术革新的研究试验费；应由勘察设计费或工程费用中开支的项目。

（4）勘察设计费。勘察设计费是指对工程项目进行工程水文地质勘察、工程设计所发生的费用。其包括工程勘察费、初步设计费、施工图设计费、设计模型制作费。按照国家发改委关于《进一步放开建设项目专业服务价格的通知》（发改价格〔2015〕299号）规定，此项费用实行市场调节价。

（5）专项评价及验收费。专项评价及验收费包括环境影响评价费、安全预评价及验收费、职业病危害预评价及控制效果评价费、地震安全性评价费、地质灾害危险性评价费、水土保持评价及验收费、压覆矿产资源评价费、节能评估及评审费、危险与可操作性分析及安全完整性评价费以及其他专项评价及验收费。按照国家发改委关于《进一步放开建设项目专业服务价格的通知》（发改价格〔2015〕299号）规定，此项费用实行市场调节价。

🔊 知识拓展

（1）环境影响评价费是指在工程项目投资决策过程中，对其进行环境污染或影响评价所需的费用。其包括编制环境影响报告书、环境影响报告表和评估等所需的费用，以及建设项目竣工验收阶段环境保护验收调查和环境监测、编制环境保护验收报告的费用。

（2）安全预评价及验收费是指为预测和分析建设项目存在的危害因素种类和危险危害程度，提出先进、科学、合理可行的安全技术和管理对策，而编制评价大纲、编制安全评价报告书和评估等所需的费用，以及在竣工阶段验收时所发生的费用。

（3）职业病危害预评价及控制效果评价费是指建设项目因可能产生职业病危害，而编制职业病危害预评价书、职业病危害控制效果评价书和评估所需的费用。

（4）地震安全性评价费是指通过对建设场地和场地周围的地震活动与地震、地质环境的分析，而进行的地震活动环境评价、地震地质构造评价、地震地质灾害评价，编制地震安全评价报告书和评估所需的费用。

（5）地质灾害危险性评价费是指在灾害易发区对建设项目可能诱发的地质灾害和建设项目本身可能遭受的地质灾害危险程度的预测评价，编制评价报告书和评估所需的费用。

（6）水土保持评价及验收费是指对建设项目在生产建设过程中可能造成水土流失进行预测，编制水土保持方案和评估所需的费用，以及在施工期间的监测、竣工阶段验收时所发生的费用。

（7）压覆矿产资源评价费是指对需要压覆重要矿产资源的建设项目，编制压覆重要矿床评价和评估所需的费用。

（8）节能评估及评审费是指对建设项目的能源利用是否科学合理进行分析评估，并编制节能评估报告以及评估所发生的费用。

（9）危险与可操作性分析及安全完整性评价费是指对应用于生产具有流程性工艺特征的新建、改建、扩建项目进行工艺危害分析和对安全仪表系统的设置水平及可靠性进行定量评估所发生的费用。

（10）其他专项评价及验收费是指根据国家法律法规，建设项目所在省、直辖市、自治区人民政府有关规定，以及行业规定需进行的其他专项评价、评估、咨询和验收所需的费用。如重大投资项目社会稳定风险评估、防洪评价等。

（6）场地准备及临时设施费。其包括建设项目场地准备费和建设单位临时设施费两部分。

1)建设项目场地准备费是指为使工程项目的建设场地达到开工条件，由建设单位组织进行的场地平整等准备工作而发生的费用。

2)建设单位临时设施费是指建设单位为满足工程项目建设、生活、办公的需要，用于临时设施建设、维修、租赁、使用所发生或摊销的费用。其不同于已列入建筑安装工程费用中的施工单位临时设施费用。

新建项目的场地准备和临时设施费应根据实际工程量估算，或按工程费用的比例计算，改建、扩建项目一般只计拆除清理费。其计算公式如下：

$$场地准备和临时设施费＝工程费用×费率＋拆除清理费 \qquad (1-2-35)$$

式中，拆除清理费可按新建同类工程造价或主材费、设备费的比例计算。凡可回收材料的拆除工程采用以料抵工方式冲抵拆除清理费。

(7)引进技术和引进设备其他费。引进技术和引进设备其他费是指引进技术和设备发生的但未计入设备购置费中的费用。一般包括以下几项费用：

1)图纸资料翻译复制费：按引进项目的具体情况计列或按引进货价(FOB)的比例估列。

2)备品备件测绘费：按具体情况估列。

3)出国人员费用：包括买方人员出国设计联络、出国考察、联合设计、监造、培训等所发生的差旅费、生活费等。依据合同或协议规定的出国人次、期限以及相应的费用标准计算。差旅费按中国民航公布的票价计算，生活费按财政部、外交部规定的现行标准计算。

4)来华人员费用：包括卖方来华工程技术人员的现场办公费用、往返现场交通费用、接待费用等。依据引进合同或协议有关条款及来华技术人员派遣计划进行计算。来华人员接待费用可按每人次费用指标计算。引进合同条款中已包括的费用内容不得重复计算。

5)银行担保及承诺费：指引进项目由国内外金融机构出面承担风险和责任担保所发生的费用，以及支付贷款机构的承诺费用。应按担保或承诺协议计取，投资估算和概算编制时可以担保金额或承诺金额为基数乘以费率计算。

(8)工程保险费。工程保险费是指为转移工程项目建设的意外风险，在建设期内对建筑工程、安装工程、机械设备和人身安全进行投保而发生的费用。其包括建筑安全工程一切险、引进设备财产保险和人身意外伤害险等。其计算公式如下：

$$工程保险费＝建筑安装工程费×工程保险费费率 \qquad (1-2-36)$$

式中，工程保险费费率根据不同的工程类别确定：民用建筑为2‰～4‰，其他建筑为3‰～6‰，安装工程为3‰～6‰。

(9)特殊设备安全监督检验费。特殊设备安全监督检验费是指安全监察部门对在施工现场组装的锅炉及压力容器、压力管道、消防设备、燃气设备、电梯等特殊设备和设施实施安全检验收取的费用。此项费用按照建设项目所在省(市、自治区)安全监察部门的规定标准计算。无具体规定的，在编制投资估算和概算时可按受检设备现场安装费的比例估算。

(10)市政公用设施费。市政公用设施费是指使用市政公用设施的工程项目，按项目所在地省级人民政府有关规定建设或缴纳的市政公用设施建设配套费用，以及绿化工程补偿费用。此项费用按工程所在地人民政府规定标准计列。

综上所述，与项目建设有关的10项费用计算可归为4类，具体如图1-2-12所示。

3. 与未来生产经营有关的其他费用

与未来生产经营有关的其他费用包括联合试运转费、专利及专有技术使用费、生产准备费三项费用。

(1)联合试运转费。联合试运转费是指新建或新增加生产能力的工程项目，在交付生产前按照设计文件规定的工程质量标准和技术要求，对整个生产线或装置进行负荷联合试运

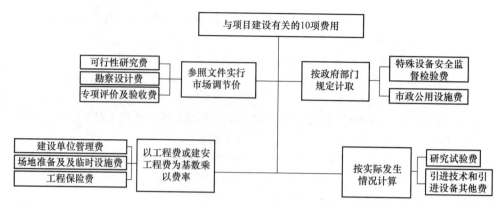

图 1-2-12　与项目建设有关的 10 项费用计算汇总

转所发生的费用净支出(试运转支出大于收入的差额部分费用)。不包括应由设备安装工程费用开支的调试及试车费用，以及在试运转中暴露出来的因施工原因或设备缺陷等发生的处理费用。

(2)专利及专有技术使用费。专利及专有技术使用费是指在建设期内为取得专利、专有技术、商标权、商誉、特许经营权等发生的费用。其包括国外设计及技术资料费、引进有效专利、专有技术使用费和技术保密费，国内有效专利、专有技术使用费，商标权、商誉和特许经营权费等。该项费用依据合同计列。

(3)生产准备费。生产准备费是指在建设期内建设单位为保证项目正常生产而发生的人员培训费、提前进厂费以及投产使用必备的办公、生活家具用具及工器具等的购置费用。其计算公式如下：

$$生产准备费＝设计定员×生产准备费指标(元/人)　　　　(1-2-37)$$

式中，生产准备费指标可采用综合的生产准备费指标计算，也可按费用内容的分类指标计算。

【任务 1-2-10】

任务 1-2-10
习题解答

1. 关于工程建设其他费用的说法中，下列正确的是(　　)。
   A. 建设单位管理费一般按建筑安装工程费乘以相应费率计算
   B. 研究试验费包括新产品试制费
   C. 改建、扩建项目的场地准备及临时设施费一般只计拆除清理费
   D. 不拥有产权的专用通信设施投资，列入市政公用设施费

2. 下列费用项目中，应在研究试验费中列支的是(　　)。
   A. 为验证设计数据而进行必要的研究试验所需的费用
   B. 新产品试验费
   C. 施工企业技术革新的研究试验费
   D. 设计模型制作费

3. 下列费用中，属于"与项目建设有关的其他建设费用"的有(　　)。
   A. 建设单位管理费　　　　　　B. 工程监理费
   C. 建设单位临时设施费　　　　D. 施工单位临时设施费
   E. 市政公用设施费

(四)预备费

预备费是指在建设期内因各种不可预见因素的变化而预留的可能增加的费用。其包括基本预备费和价差预备费。

预备费计算

1. 基本预备费

基本预备费是指在投资估算或工程概算阶段预留的,由于工程实施中不可预见的工程变更及洽商、一般自然灾害处理、地下障碍物处理、超规超限设备运输等可能增加的费用,也称工程建设不可预见费。其计算公式如下:

$$基本预备费=(工程费用+工程建设其他费用)\times 基本预备费费率 \quad (1-2-38)$$

式中,基本预备费费率的取值应执行国家及部门的有关规定。

2. 价差预备费

价差预备费是指为在建设期内利率、汇率或价格等因素的变化而预留的可能增加的费用,也称价格波动不可预见费。其包括人工、材料、施工机械、设备的价差费,建筑安装工程费及工程建设其他费用调整,利率、汇率调整等增加的费用。其计算公式如下:

$$PF = \sum_{t=1}^{n} I_t \left[(1+f)^m (1+f)^{0.5} (1+f)^{t-1} - 1 \right] \quad (1-2-39)$$

式中 PF——价差预备费;

n——建设期年份;

I_t——建设期中第 t 年的静态投资额,包括工程费用、工程建设其他费用及基本预备费;

f——年涨价率;

m——建设前期年限(从编制估算到开工建设,单位:年)。

式中,建设期与建设前期年限的区别如图 1-2-13 所示。

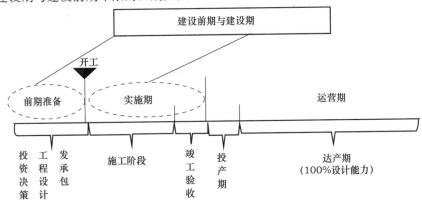

从项目的全寿命周期角度分析

图 1-2-13　建设期与建设前期年限的区别

🔊 **知识拓展**

　　汇率的影响,主要是指一种货币相对于另一种货币的升值或贬值,会影响投资额的增加或减少。

（1）外币对人民币升值。项目从国外市场购买设备材料所支付的外币金额不变，但换算成人民币的金额增加；从国外借款、本息所支付的外币金额不变，但换算成人民币的金额增加。

（2）外币对人民币贬值。项目从国外市场购买设备材料所支付的外币金额不变，但换算成人民币的金额减少；从国外借款、本息所支付的外币金额不变，但换算成人民币的金额减少。

【例1-2-4】 某工程投资中，设备购置费、建筑安装费和工程建设其他费用分别为600万元、1 000万元、400万元，基本预备费费率为10%。建设前期为1年，建设期为2年，各年投资额相等。预计年均投资价格上涨5%，则该工程的价差预备费是多少？（结果保留两位小数）

例题1-2-4讲解

解：基本预备费＝（600＋1 000＋400）×10%＝200（万元）

静态投资＝600＋1 000＋400＋200＝2 200（万元）

第一年静态投资＝2 200×50%＝1 100（万元）

第一年年末涨价预备费：

$$1 100×[(1+5\%)(1+5\%)^{0.5}(1+5\%)^{1-1}-1]=83.52（万元）$$

第二年静态投资＝2 200×50%＝1 100（万元）

第二年年末涨价预备费：

$$1 100×[(1+5\%)(1+5\%)^{0.5}(1+5\%)^{2-1}-1]=142.70（万元）$$

该工程价差预备费＝83.52＋142.70＝226.22（万元）

【任务1-2-11】
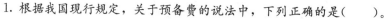

1. 根据我国现行规定，关于预备费的说法中，下列正确的是（　　　）。
   A. 基本预备费以工程费用为计算基数
   B. 实行工程保险的工程项目，基本预备费应适当降低
   C. 涨价预备费以工程费用和工程建设其他费用之和为计算基数
   D. 涨价预备费不包括利率、汇率调整增加的费用

2. 在我国建设项目投资构成中，超规超限设备运输增加的费用属于（　　　）。
   A. 设备及工、器具购置费　　　　B. 基本预备费
   C. 工程建设其他费用　　　　　　D. 建筑安装工程费

3. 某建设项目建安工程费为1 500万元，设备购置费为400万元，工程建设其他费用为300万元。已知基本预备费费率为5%，项目建设前期年限为0.5年，建设期为2年，每年完成投资的50%，年均投资价格上涨率为7%，则该项目的预备费为（　　　）万元。
   A. 273.11　　　　B. 336.23　　　　C. 346.39　　　　D. 358.21

4. 某建设项目建筑安装工程费为6 000万元，设备购置费为1 000万元，工程建设其他费用为2 000万元，建设期利息为500万元。若基本预备费费率为5%，则该建设项目的基本预备费为（　　　）万元。
   A. 350　　　　B. 400　　　　C. 450　　　　D. 475

5.某建设项目建安工程费为 5 000 万元，设备购置费为 3 000 万元，工程建设其他费用为 2 000 万元。已知基本预备费费率为 5%，项目建设前期年限为 1 年，建设期为 3 年，各年投资计划额为：第一年完成投资的 20%，第二年 60%，第三年 20%。年均投资价格上涨率为 6%，求建设项目建设期间的价差预备费。（计算结果保留两位小数）

(五)建设期利息

建设期利息主要是指在建设期内发生的为工程项目筹措资金的融资费用及债务资金利息。计算建设期利息时，为简化计算，通常假定借款在每年的年中支用，借款当年按半年计息，其余各年按全年计息。其计算公式如下：

$$q_j = \left(P_{j-1} + \frac{1}{2}A_j\right) \cdot i \qquad (1\text{-}2\text{-}40)$$

式中　q_j——建设期第 j 年应计利息；

　　　P_{j-1}——建设期第 $(j-1)$ 年末累计贷款本金与利息之和；

　　　A_j——建设期第 j 年贷款金额；

　　　i——年利率。

需要注意的是，估算建设期利息，应注意名义利率和有效年利率的换算。

【例 1-2-5】 某工程贷款为 6 000 万元，建设期为 3 年，第一年贷款 3 000 万元，第二年贷款 2 000 万元，第三年贷款 1 000 万元，贷款年利率为 7.00%。则建设期利息是多少？

解：$q_1 = (3\ 000/2) \times 7\% = 105$（万元）

　　　$q_2 = (2\ 000/2 + 3\ 000 + 105) \times 7\% = 287.35$（万元）

　　　$q_3 = (1\ 000/2 + 3\ 000 + 105 + 2\ 000 + 287.35) \times 7\% = 412.46$（万元）

　　　建设期利息 $q = 105 + 287.35 + 412.46 = 804.81$（万元）

【任务 1-2-12】

1.某项目建设期为 2 年，第一年贷款 3 000 万元，第二年贷款 2 000 万元，贷款年内均衡发放，年利率为 8%，建设期内只计息不付息。项目建设期利息为（　　　）万元。

　　A.366.4　　　　　　　　　　　B.449.6

　　C.572.8　　　　　　　　　　　D.659.2

2.某项目共需要贷款资金为 900 万元，建设期为 3 年，按年度均衡筹资，第一年贷款为 300 万元，第二年贷款为 400 万元，建设期内只计利息但不支付，年利率为 10%，则第 2 年的建设期利息应为（　　　）万元。

　　A.50.0　　　　　　　　　　　B.51.5

　　C.71.5　　　　　　　　　　　D.86.65

3.某新建项目，建设期为 3 年，分年均衡进行贷款，第一年贷款为 300 万元，第二年贷款为 600 万元，第三年贷款为 400 万元，年利率为 12%，建设期内利息只计息不支付，试计算建设期利息。（计算结果保留两位小数）

第三节 工程造价管理的内容与制度

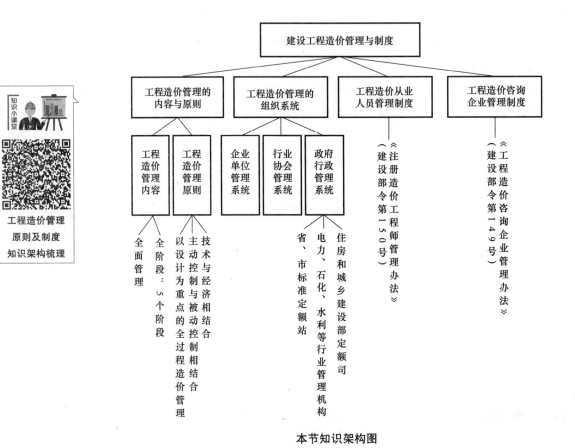

知识小课堂

工程造价管理
原则及制度
知识架构梳理

建设工程造价管理与制度

工程造价管理的内容与原则 —— 工程造价管理的组织系统 —— 工程造价从业人员管理制度 —— 工程造价咨询企业管理制度

工程造价管理内容 —— 工程造价管理原则 —— 企业单位管理系统 —— 行业协会管理系统 —— 政府行政管理系统 —— 《注册造价工程师管理办法》（建设部令第150号） —— 《工程造价咨询企业管理办法》（建设部令第149号）

全面管理 —— 全阶段：5个阶段 —— 以设计为重点的全过程造价管理 —— 主动控制与被动控制相结合 —— 技术与经济相结合 —— 省、市标准定额站 —— 电力、石化、水利等行业管理机构 —— 住房和城乡建设部定额司

本节知识架构图

一、工程造价管理的内容与原则

知识目标

熟悉建设工程全面造价管理的内容；
了解我国工程造价管理的组织系统。

能力目标

知道全面造价管理的内涵；
知道我国造价管理的组织系统。

工程造价管理是指综合运用管理学、经济学和工程技术等方面的知识和技能，对工程造价进行预测、计划、控制、核算、分析和评价等的过程。工程造价管理既涵盖了政府宏观层次的工程建设投资管理，也涵盖了微观层次的工程项目费用管理。本书主要是从微观层次对工程造价的预测、计划、控制、核算进行阐述。

(一)建设工程全面造价管理

按照国际造价管理联合会(ICEC)给出的定义，全面造价管理(Total Cost Management，TCM)是指有效地利用专业知识与技术，对资源、成本、盈利和风险进行筹划和控制。建设工程全面造价管理的内容包括全寿命造价管理、全过程造价管理、全要素造价管理和全方位造价管理，如图 1-3-1 所示。

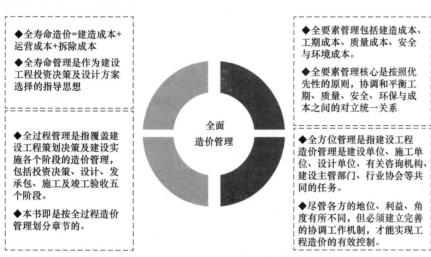

图 1-3-1　建设工程全面造价管理的内容

(二)工程造价管理基本原则

实现有效的工程造价管理，应遵循三项基本原则，如图 1-3-2 所示。

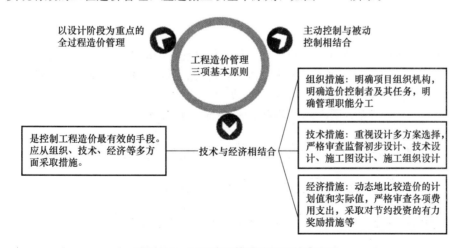

图 1-3-2　工程造价管理的三项基本原则

但在实践中却存在许多问题，具体见表 1-3-1。

表 1-3-1　工程造价管理三项基本原则实践中存在的问题

工程造价管理基本原则	长期以来的管理方法	现在倡导的管理方法
以设计阶段为重点的全过程造价管理	将主要精力放在施工阶段,侧重于审核施工图预算、竣工结算,对项目决策阶段的造价控制重视不够	要有效地控制工程造价,应将管理重点转到项目策划和设计阶段
主动控制与被动控制相结合	把控制理解为目标值与实际值的比较,以及当实际值偏离时分析其产生偏差原因,并确定下一步的对策。但这样只能发现偏离,不能预防可能发生的偏离	不仅要反映投资决策、设计、发包和施工,被动地控制工程造价,更要能动地影响投资决策、设计、发包和施工,主动地控制工程造价
技术与经济相结合	计划经济下,片面强调技术,不重视经济	技术与经济相结合是控制工程造价最有效的手段。通过技术比较、经济分析和效果评价,力求在技术先进条件下的经济合理,在经济合理基础上的技术先进,将控制工程造价观念渗透到各项设计和施工技术措施中

【任务 1-3-1】

1. 建设工程项目投资决策后,控制工程造价的关键在于(　　)。
   A. 工程设计　　B. 工程施工　　C. 材料设备采购　　D. 施工招标
2. 要有效地控制工程造价,应从组织、技术、经济等多方面采取措施,(　　)相结合是控制工程造价最有效的手段。
   A. 管理与技术　　B. 组织与经济　　C. 组织与技术　　D. 技术与经济

课后巩固

任务 1-3-1
习题解答

二、工程造价管理的组织系统

工程造价管理的组织系统,是指履行工程造价管理职能的有机群体。为实现工程造价管理目标而开展有效的组织活动,我国设置了多部门、多层次的工程造价管理机构,并规定了各自的管理权限和职责范围,如图 1-3-3 所示。

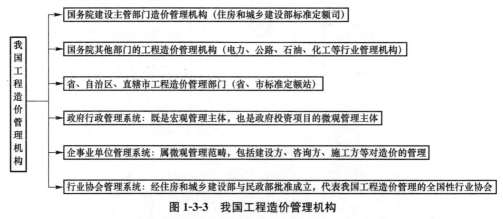

我国工程造价管理机构
- 国务院建设主管部门造价管理机构(住房和城乡建设部标准定额司)
- 国务院其他部门的工程造价管理机构(电力、公路、石油、化工等行业管理机构)
- 省、自治区、直辖市工程造价管理部门(省、市标准定额站)
- 政府行政管理系统:既是宏观管理主体,也是政府投资项目的微观管理主体
- 企事业单位管理系统:属微观管理范畴,包括建设方、咨询方、施工方等对造价的管理
- 行业协会管理系统:经住房和城乡建设部与民政部批准成立,代表我国工程造价管理的全国性行业协会

图 1-3-3　我国工程造价管理机构

📢 知识拓展

(1)国务院建设主管部门造价管理机构主要职责：组织制定工程造价管理有关法规、制度并组织贯彻实施，如颁布《建设工程工程量清单计价规范》(GB 50500—2013)；组织制定全国统一经济定额并监督指导其实施；制定和负责全国工程造价咨询企业的资质标准及其资质管理；制定全国工程造价管理人员(注册造价师)执业资格准入标准并监督执行。

(2)国务院其他部门的工程造价管理机构主要职责：修订、编制和解释相应的工程建设标准定额，有的还担负本行业大型或重点建设项目的概算审批、概算调整等职责。

(3)省、自治区、直辖市工程造价管理部门主要职责：修编、解释当地定额、收费标准和计价制度等；审核国家投资工程的招标控制价(标底)、结算，处理合同纠纷等。

【任务1-3-2】

任务1-3-2
习题解答

1. 建设工程全要素造价管理是指要实现( )的集成管理。
   A. 人工费、材料费、施工机具使用费
   B. 直接成本、间接成本、规费、利润
   C. 工程成本、工期、质量、安全、环境
   D. 建筑安装工程费用、设备器具费用、工程建设其他费用

2. 建设工程造价管理不仅仅是业主和承包单位的任务，而应该是政府建设主管部门、行业协会、建设单位、设计单位、施工单位以及有关咨询机构的共同任务，这体现的是( )。
   A. 全寿命造价管理   B. 全过程造价管理
   C. 全方位造价管理   D. 全要素造价管理

3. 我国工程造价管理组织的三个系统是( )。
   A. 政府行政管理系统、企事业单位管理系统、行业协会管理系统
   B. 国务院建设行政管理系统、省级行政管理系统、行业协会管理系统
   C. 国务院建设行政管理系统、省级行政管理系统、企事业单位管理系统
   D. 政府行政管理系统、省级行政管理系统、行业协会管理系统

三、工程造价管理的基本制度

✳ 知识目标

掌握造价工程师注册与执业的相关知识；
了解工程造价咨询企业的资质分类标准；
熟悉工程造价咨询企业的业务范围。

知道造价工程师职业资格管理流程；

知道造价咨询企业的业务范围。

(一)工程造价从业人员管理制度

知识小课堂

工程造价人员
管理制度

根据《注册造价工程师管理办法》(建设部令第 150 号)，造价工程师是指通过全国造价工程师执业资格统一考试，或者通过资格认定或资格互认，取得中华人民共和国造价工程师执业资格，按有关规定进行注册并取得中华人民共和国造价工程师注册证书和执业印章，从事工程造价活动的专业人员。

我国实行造价工程师注册执业管理制度。取得造价工程师执业资格的人员，必须经过注册方能以注册造价工程师的名义进行执业。

《注册造价工程师管理办法》(建设部令第 150 号)及《造价工程师继续教育实施办法》《造价工程师职业道德行为准则》等文件的陆续颁布与实施，确立了我国造价工程师执业资格制度体系框架。我国造价师执业资格管理流程如图 1-3-4 所示。

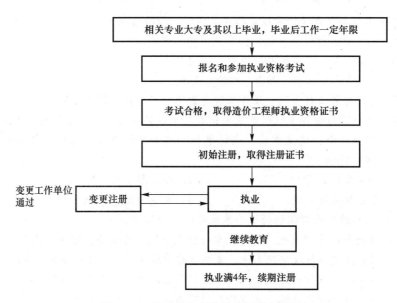

图 1-3-4 我国造价师执业资格管理流程

1. 造价工程师素质要求

造价工程师的职责关系到国家和社会公众利益，对其专业和身体素质的要求应包括以下几个方面：

(1)造价工程师是复合型的专业管理人才。作为工程造价管理者，造价工程师应是具备工程、经济和管理知识与实践经验的高素质复合型专业人才。

(2)造价工程师应具备技术技能。技术技能是指能使用由经验、教育及培训的知识、方法、技能及设备，来达到特定任务的能力

(3)造价工程师应具备人文技能。人文技能是指与人共事的能力和判断力。造价工程师应具有高度的责任心与协作精神，善于与业务有关的各方面人员沟通、协作，共同完成对

项目目标的控制或管理。

(4)造价工程师应具备观念技能。观念技能是指了解整个组织及自己在组织中地位的能力，使自己不仅能按本身所属的群体目标行事，而且能按整个组织的目标行事。同时，造价工程师应有一定的组织管理能力，具有面对机遇与挑战积极进取、勇于开拓的精神。

(5)造价工程师应有健康的体魄。健康的心理和较好的身体素质是造价工程师适应紧张、繁忙工作的基础。

2. 造价工程师职业道德

造价工程师的职业道德又称职业操守，通常是指在职业活动中所遵守的行为规范的总称，是专业人士必须遵从的道德标准和行业规范。

为提高造价工程师整体素质和职业道德水准，维护和提高造价咨询行业的良好信誉，促进行业的健康持续发展，中国建设工程造价管理协会制订和颁布了《造价工程师职业道德行为准则》，其具体要求如下：

(1)遵守国家法律、法规和政策，执行行业自律性规定，珍惜职业声誉，自觉维护国家和社会公共利益。

(2)遵守"诚信、公正、精业、进取"的原则，以高质量的服务和优秀的业绩，赢得社会和客户对造价工程师职业的尊重。

(3)勤奋工作，独立、客观、公正、正确地出具工程造价成果文件，使客户满意。

(4)诚实守信，尽职尽责，不得有欺诈、伪造、作假等行为。

(5)尊重同行，公平竞争，搞好同行之间的关系，不得采取不正当的手段损害、侵犯同行的权益。

(6)廉洁自律，不得索取、收受委托合同约定以外的礼金和其他财物，不得利用职务之便谋取其他不正当的利益。

(7)造价工程师与委托方有利害关系的应当主动回避；同时，委托方也有权要求其回避。

(8)对客户的技术和商务秘密负有保密义务。

(9)接受国家和行业自律组织对其职业道德行为的监督检查。

3. 造价工程师执业范围

(1)建设项目建议书、可行性研究投资估算的编制和审核，项目经济评价，工程概算、预算、结算、竣工结(决)算的编制和审核。

(2)工程量清单、标底(或者控制价)、投标报价的编制和审核，工程合同价款的签订及变更、调整，工程款支付与工程索赔费用的计算。

(3)建设项目管理过程中设计方案的优化、限额设计等工程造价分析与控制，工程保险理赔的核查。

(4)工程经济纠纷的鉴定。

4. 造价工程师权利

(1)使用注册造价工程师名称。

(2)依法独立执行工程造价业务。

(3)在本人执业活动中形成的工程造价成果文件上签字并加盖执业印章。

(4)发起设立工程造价咨询企业。

(5)保管和使用本人的注册证书和执业印章。

(6)参加继续教育。

5. 造价工程师义务

(1)遵守法律、法规、有关管理规定，恪守职业道德。

(2)保证执业活动成果的质量。

(3)接受继续教育，提高执业水平。

(4)执行工程造价计价标准和计价方法。

(5)与当事人有利害关系的，应当主动回避。

(6)保守在执业中知悉的国家秘密和他人的商业、技术秘密。

注册造价工程师应当在本人承担的工程造价成果文件上签字并盖章。修改经注册造价工程师签字盖章的工程造价成果文件，应当由签字盖章的注册造价工程师本人进行。注册造价工程师本人因特殊情况不能进行修改的，应当由其他注册造价工程师修改，并签字盖章；修改工程造价成果文件的注册造价工程师对修改部分承担相应的法律责任。

【任务 1-3-3】

任务 1-3-3
习题解答

1. 根据《注册造价工程师管理办法》，造价工程师初始注册的有效期为（　　）年。

　　A. 2　　　　　　B. 3　　　　　　C. 4　　　　　　D. 5

2. 根据《注册造价工程师管理办法》，注册造价工程师注册有效期满需继续执业的，应申请延续注册，延续注册的有效期为（　　）年。

　　A. 2　　　　　　B. 3　　　　　　C. 4　　　　　　D. 5

3. 根据《注册造价工程师管理办法》，注册造价工程师应在其执业活动中形成的工程造价成果文件上（　　）。

　　A. 加盖人名章和执业印章　　　　B. 签字并加盖单位公章

　　C. 加盖执业印章和单位公章　　　　D. 签字并加盖执业印章

(二)工程造价咨询企业管理制度

1. 工程造价咨询企业资质管理

工程造价咨询
企业管理制度

工程造价咨询企业是指接受委托，对建设工程造价的确定与控制提供专业咨询服务的企业。工程造价咨询企业可以为政府部门、建设单位、施工单位、设计单位提供相关专业技术服务，这种以造价咨询业务为核心的服务有时是单项或分阶段的，有时覆盖工程建设全过程。

(1)工程造价咨询企业资质根据专业人员数量、注册资本、营业收入等标准分为甲级、乙级两类。资质等级标准见表1-3-2。

表1-3-2　工程造价咨询企业资质

名称	甲级资质	乙级资质
出资人中造价师人数	不低于出资人总人数的60%	
出资人中造价师出资额	不低于企业注册资本总额的60%	
技术负责人	注册造价工程师，具有工程或工程经济类高级专业技术职称，且从事造价专业工作15年以上	注册造价工程师，具有工程或工程经济类高级专业技术职称，且从事造价专业工作10年以上

名称	甲级资质	乙级资质
专职专业的人员	不少于 20 人，具有工程或工程经济类中级以上专业技术职称人员不少于 16 人，注册造价师不少于 10 人，其他人员均需具有从事造价专业工程的经历	不少于 12 人，具有工程或工程经济类中级以上专业技术职称人员不少于 8 人，注册造价师不少于 6 人，其他人员均需具有从事造价专业工程的经历
劳动合同	企业与专职专业人员签订劳动合同	
专职专业人员人事档案关系	由国家认可的人事代理机构代为管理	
企业注册资本金	不少于人民币 100 万元	不少于人民币 50 万元
造价咨询营业收入	近 3 年累计不低于人民币 500 万元	暂定期内不低于 50 万元
办公场所	固定办公场所，人均办公建筑面积不少于 10 m²	
社会基本养老保险	企业为专职专业人员办理的手续齐全	
违规行为	在申请核定资质等级之日前 3 年内无违规	在申请核定资质等级之日前无违规
其他	技术档案管理制度、质量控制制度、财务管理制度齐全	

(2)工程造价咨询企业资质许可程序如图 1-3-5、图 1-3-6 所示。

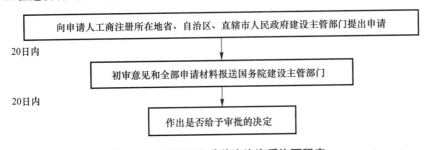

图 1-3-5　甲级工程造价咨询资质许可程序

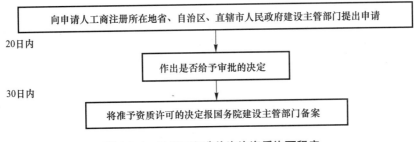

图 1-3-6　乙级工程造价咨询资质许可程序

2. 工程造价咨询企业业务管理

工程造价咨询企业应当依法取得工程造价咨询企业资质，并在其资质等级许可的范围内从事工程造价咨询活动，不受行政区域限制。其中，甲级工程造价咨询企业可以从事各类建设项目的工程造价咨询业务，乙级工程造价咨询企业可以从事工程造价 5 000 万元人民币以下的各类建设项目的工程造价咨询业务。

工程造价咨询业务范围包括以下几项：

（1）建设项目建议书及可行性研究投资估算、项目经济评价报告的编制和审核。

（2）建设项目概预算的编制和审核，并配合设计方案比选、优化设计、限额设计等工作进行工程造价分析与控制。

（3）建设项目合同价款的确定（包括招标工程量清单和招标控制价、投标报价的编制和审核）；合同价款的签订与调整（包括工程变更、工程洽商和索赔费用的计算）与工程款支付，工程结算、竣工结算和决算报告的编制与审核等。

（4）工程造价经济纠纷的鉴定和仲裁的咨询。

（5）提供工程造价信息服务等。

同时，工程造价咨询企业可以对建设项目的组织实施进行全过程或者若干阶段的管理和服务。

【任务 1-3-4】

任务 1-3-4
习题解答

1. 根据《工程造价咨询单位管理办法》，甲级工程造价咨询单位的资质标准之一是：专职专业人员和取得造价工程师注册证书的专业人员分别不少于（　　）人。

　A.12 和 4　　　　B.12 和 6　　　　C.20 和 8　　　　D.20 和 10

2. 根据《工程造价咨询企业管理办法》，乙级工程造价咨询企业中，注册造价工程师应不少于（　　）人。

　A.6　　　　　　B.8　　　　　　C.10　　　　　　D.12

3. 工程造价咨询企业的资质有效期是（　　）年，届满延续注册，资质有效期延续（　　）年。

　A.1，3　　　　B.3，3　　　　C.3，4　　　　D.4，4

第二章　建设工程决策阶段总投资的预估

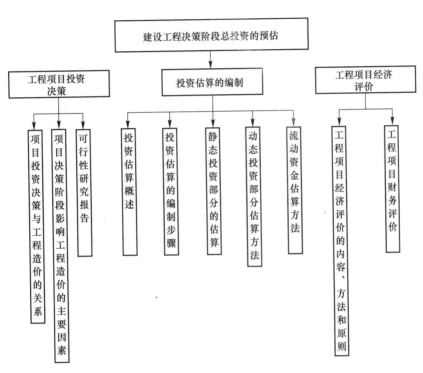

本章核心知识架构

本章核心知识架构图

　　项目投资决策是指投资者在调查分析、研究的基础上，选择和决定投资行动方案的过程，是对拟建项目的必要性和可行性进行技术经济论证，对不同建设方案进行技术经济比较并作出判断和决定的过程。项目投资决策的正确与否，直接关系到项目建设的成败，关系到工程造价的高低及投资效果的好坏。总之，项目投资决策是投资行动的准则，正确的项目投资行动来源于正确的项目投资决策，正确的决策是正确估算和有效控制工程造价的前提。

第一节　工程项目投资决策

一、项目投资决策与工程造价的关系

知识目标

　　熟悉项目决策与工程造价的关系。

知道投资决策对工程造价的重要性。

(1)项目决策的正确性是工程造价合理性的前提。项目决策正确，意味着对项目建设作出科学的决断，优选出最佳投资行动方案，达到资源的合理配置，在此基础上合理地估算工程造价，并且在实施最优投资方案过程中，有效控制工程造价。项目决策失误，例如，项目选择的失误、建设地点的选择错误，或者建设方案的不合理等，会带来不必要的资金投入，甚至造成不可弥补的损失。因此，为达到工程造价的合理性，事先就要保证项目决策的正确性，避免决策失误。

(2)项目决策的内容是决定工程造价的基础。决策阶段是项目建设全过程的起始阶段，决策阶段的工程计价对项目全过程的造价起着宏观控制的作用。决策阶段各项技术经济决策，对该项目的工程造价具有重大的影响，特别是建设标准的确定、建设地点的选择、工艺的评选、设备的选用等，直接关系到工程造价的高低。据有关资料统计，在项目建设各阶段中，投资决策阶段影响工程造价的程度最高，达到70%~90%。因此，决策阶段是决定工程造价的基础阶段。

(3)项目决策的深度影响投资估算的精确度。项目投资决策是一个由浅入深、不断深化的过程，不同阶段决策的深度不同，投资估算的精度也不同。例如，在投资机会研究和项目建议书阶段，投资估算的误差率为±30%左右；而在详细可行性研究阶段，误差率为±10%以内。在项目建设的各个阶段，通过工程造价的确定与控制，形成相应的投资估算、设计概算、施工图预算、合同价、结算价和竣工决算价，各造价形式之间存在着前者控制后者，后者补充前者的相互作用关系。因此，只有加强项目决策的深度，采用科学的估算方法和可靠的数据资料，合理地计算投资估算，才能保证其他阶段的造价被控制在合理范围，避免"三超"现象的发生，继而实现投资控制目标。

(4)工程造价的数额影响项目决策的结果。项目决策影响着项目造价的高低以及拟投入资金的多少；反之亦然。项目决策阶段形成的投资估算是进行投资方案选择的重要依据之一，同时，也是决定项目是否可行及主管部门进行项目审批的参考依据。因此，项目投资估算的数额，从某种程度上也影响着项目决策。

【任务 2-1-1】

课后巩固

任务 2-1-1
习题解答

1. 关于项目决策与工程造价关系的说法中，下列不正确的是(　　)
   A. 项目决策的深度影响投资估算的精确度
   B. 项目决策的深度影响工程造价的控制效果
   C. 工程造价合理性是项目决策正确性的前提
   D. 项目决策的内容是决定工程造价的基础

2. 关于项目决策和工程造价的关系的说法中，下列正确的是(　　)。
   A. 工程造价的正确性是项目决策合理性的前提
   B. 项目决策的内容是决定工程造价的基础
   C. 投资估算的深度影响项目决策的精确度
   D. 投资决策阶段对工程造价的影响程度不大

二、项目决策阶段影响工程造价的主要因素

知识目标

熟悉决策阶段影响造价的主要因素;
掌握确定建设规模的盈亏平衡产量分析法。

能力目标

会选择建设规模和建设地点;
能确定技术方案、设备方案、工程方案及环保措施的选择原则。

在项目决策阶段,影响工程造价的主要因素包括建设规模、建设地区及建设地点(厂址)、技术方案、设备方案、工程方案、环境保护措施等。

(一)建设规模

建设规模也称项目生产规模,是指项目在其设定的正常生产营运年份可能达到的生产能力或者使用效益。在项目决策阶段应选择合理的建设规模,以达到规模经济的要求。建设规模的确定,就是要合理选择拟建项目的生产规模,解决"生产多少"的问题。但规模扩大所产生的效益不是无限的,它受到技术进步、管理水平、项目经济技术环境等多种因素的制约。

1. 制约项目规模合理化的主要因素

制约项目规模合理化的主要因素包括市场因素、技术因素以及环境因素等几个方面。合理地处理好这几个方面之间的关系,对确定项目合理的建设规模,从而控制好投资十分重要。

(1)市场因素。市场因素是确定建设规模需考虑的首要因素。其包括以下几个方面:

1)市场需求状况是确定项目生产规模的前提。主要通过对产品市场需求的科学分析与预测,在准确把握市场需求状况、及时了解竞争对手情况的基础上,最终确定项目的最佳生产规模。一般情况下,项目的生产规模应以市场预测的需求量为限,并根据项目产品市场的长期发展趋势作相应调整,确保所建项目在未来能够保持合理的盈利水平和持续发展的能力。

2)原材料市场、资金市场、劳动力市场等对建设规模的选择起着不同程度的制约作用。例如,项目规模过大可能导致原材料供应紧张和价格上涨,造成项目所需投资资金的筹集困难和资金成本上升等,将制约项目的规模。

3)市场价格分析是制定营销策略和影响竞争力的主要因素。市场价格预测应综合考虑影响预期价格变动的各种因素,对市场价格作出合理的预测。根据项目具体情况,可选择采用回归法或比价法进行预测。

4)市场风险分析是确定建设规模的重要依据。在可行性研究中,市场风险分析是指对未来某些重大不确定因素发生的可能性及其对项目可能造成的损失进行的分析,并提出风险规避措施。市场风险分析可采用定性分析或定量分析的方法。

(2)技术因素。先进、适用的生产技术及技术装备是项目规模效益赖以存在的基础,而相应的管理技术水平则是实现规模效益的保证。若与经济规模生产相适应的先进技术及其

装备的来源没有保障，或获取技术的成本过高，或管理水平跟不上，不仅达不到预期的规模效益，还会给项目的生存和发展带来危机，导致项目投资效益低下、工程造价支出严重浪费。

（3）环境因素。项目的建设、生产和经营都离不开一定的社会经济环境，项目规模确定中需考虑的主要环境因素有政策因素、燃料动力供应、协作及土地条件、运输及通信条件。其中，政策因素包括产业政策、投资政策、技术经济政策，以及国家、地区与行业经济发展规划等。特别是为了取得较好的规模效益，国家对部分行业的新建项目规模作了下限规定，选择项目规模时应予以遵照执行。不同行业、不同类型项目确定建设规模，还应分别考虑以下因素：

1）对于煤炭、金属与非金属矿山、石油、天然气等矿产资源开发项目，在确定建设规模时，应充分考虑资源合理开发利用要求和资源可采储量、赋存条件等因素。

2）对于水利水电项目，在确定建设规模时，应充分考虑水的资源量、可开发利用量、地质条件、建设条件、库区生态影响、占用土地以及移民安置等因素。

3）对于铁路、公路项目，在确定建设规模时，应充分考虑建设项目影响区域内一定时期运输量的需求预测，以及该项目在综合运输系统和本系统中的作用等，确定线路等级、线路长度和运输能力等因素。

4）对于技术改造项目，在确定建设规模时，应充分研究建设项目生产规模与企业现有生产规模的关系；新建生产规模属于外延型还是外延内含复合型，以及利用现有场地、公用工程和辅助设施的可能性等因素。

2. 建设规模方案比选

在对以上三个方面因素进行充分考核的基础上，应确定相应的产品方案、产品组合方案和项目建设规模。不同行业、不同类型项目再确定、再研究确定其建设规模时，还应充分考虑其自身特点。项目合理建设规模常用的确定方法是盈亏平衡产量分析法。

盈亏平衡产量分析法，主要是通过分析项目产量与项目费用和收入的变化关系，找出项目的盈亏平衡点，以探求项目合理的建设规模。盈亏平衡产量分析是盈亏平衡分析的一种。所谓盈亏平衡分析是指通过计算项目达产年的盈亏平衡点（Break Even Point，BEP），分析项目成本与收入的平衡关系，判断项目对产出品数量、销售价格、成本等变化的适应能力和抗风险能力，为投资决策提供科学依据。根据成本、产量、收入、利润的关系可统一一个数学模型（即量本利模型），也称为基本损益方程式。其计算公式如下：

利润(B)＝销售收入－总成本－销售税金　　　　　　　　　　　　(2-1-1)

销售收入＝单位售价(p)×销量或生产量(Q)　　　　　　　　　(2-1-2)

总成本＝变动成本＋固定成本

＝单位变动成本(C_v)×销量或生产量(Q)＋固定成本(C_F)　(2-1-3)

销售税金＝单位产品销售税金及附加(t)×销售或生产量(Q)　(2-1-4)

将以上数值代入后，基本损益方程式又可表达为

$$B＝pQ－C_vQ－C_F－tQ \qquad\qquad (2\text{-}1\text{-}5)$$

该基本损益方程式明确表达了产销量、成本、利润之间的数量关系，包含有相互联系的 6 个变量，给定其中 5 个，便可求出另一个变量的值。

当利润＝0时，可得 $Q＝\dfrac{C_F}{P－C_v－t}$，表明项目在此产销量下，总收入扣除销售税金及附加后与总成本相等，既无利润也不亏损。在此基础上，增加销售量，销售收入超过总成本，项目盈利；反之，项目亏损。因此，该产量称为产量盈亏平衡点。该方法即为盈亏平衡产量分析法。

项目盈亏平衡点(BEP)的表达形式有多种,如产量盈亏平衡点 $BEP(Q)$、生产能力利用率盈亏平衡点 $BEP(\%)$、销售单价盈亏平衡点 $BEP(p)$ 等。其中以 $BEP(Q)$ 和 $BEP(\%)$ 应用最为广泛。

(1)生产能力利用率盈亏平衡点是指盈亏平衡点产销量占项目正常产量的比重。所谓正常产量,是指达到设计生产能力的产销数量。其计算公式如下:

$$BEP(\%)=\frac{盈亏平衡点销售量}{正常产销量}\times100\%$$
$$=\frac{年固定总成本}{年销售收入-年可变成本-年销售税金及附加}\times100\% \qquad (2\text{-}1\text{-}6)$$
$$BEP(Q)=BEP(\%)\times设计生产能力$$

(2)根据基本损益公式:$B=pQ-C_VQ-C_F-tQ$,当 $B=0$ 时,可得

$$BEP(p)=\frac{C_F}{Q}+C_v+t \qquad (2\text{-}1\text{-}7)$$

【例 2-1-1】 某项目设计生产能力为年产 50 万件产品,根据资料分析,单位产品价格为 100 元,单位产品可变成本为 80 元,固定成本为 300 万元,试用生产能力利用率、产量、单位产品价格分别表示项目的盈亏平衡点。已知该产品销售税金及附加的合并税率为 5%。

解:(1)$BEP(\%)=\dfrac{盈亏平衡点销售量}{正常产销量}\times100\%$

$$=\frac{300}{(100-80-100\times5\%)\times50}\times100\%=40\%$$

(2)$BEP(Q)=BEP(\%)\times设计生产能力=40\%\times500\,000=200\,000(件)$

(3)$BEP(p)=\dfrac{C_F}{Q}+C_v+t$

$$=\frac{300}{50}+80+BEP(p)\times5\%=86+BEP(p)\times5\%$$

$$BEP(P)=\frac{86}{1-5\%}=90.53(元)$$

【企业案例 2-1】 某垃圾发电厂项目建设规模分析。(扫描二维码)

【任务 2-1-2】

1. 确定项目建设规模需要考虑的政策因素有( )。
   A. 国家经济发展规划   B. 产业政策
   C. 生产协作条件   D. 地区经济发展规划
   E. 技术经济政策
2. 制约工业项目建设规模合理化的环境因素有( )。
   A. 国家经济社会发展规划   B. 原材料市场价格
   C. 项目产品市场份额   D. 燃料动力供应条件
   E. 产业政策

某垃圾发电厂项目
建设规模分析

任务 2-1-2
习题解答

（二）建设地区及建设地点（厂址）

一般情况下，确定某个建设项目的具体地址（或厂址），需要经过建设地区选择和建设地点选择（厂址选择）两个不同层次、相互联系又相互区别的工作阶段，二者之间是一种递进关系。其中，建设地区选择是指在几个不同地区之间对拟建项目适宜配置的区域范围的选择；建设地点选择是对具体坐落位置的选择。

1. 建设地区的选择

建设地区选择的合理与否，在很大程度上决定着拟建项目的命运，影响着工程造价的高低、建设工期的长短、建设质量的好坏，还影响到项目建成后的经营状况。因此，建设地区的选择要充分考虑各种因素的制约，具体需考虑以下因素：

（1）要符合国民经济发展战略规划、国家工业布局总体规划和地区经济发展规划的要求。

（2）要根据项目的特点和需要，充分考虑原材料条件、能源条件、水源条件、各地区对项目产品需求及运输条件等。

（3）要综合考虑气象、地质、水文等建厂的自然条件。

（4）要充分考虑劳动力来源、生活环境、协作、施工力量、风俗文化等社会环境因素的影响。

因此，在综合考虑上述因素的基础上，建设地区的选择应遵循以下两个基本原则：

（1）靠近原料、燃料提供地和产品消费地的原则。满足这一原则，在项目建成后，可避免原料、燃料和产品的长期运输，减小费用，降低生产成本，并且缩短流通时间，加快流动资金的周转速度。

（2）工业项目适当聚集的原则。在工业布局中，通常是一系列相关的项目聚成适当规模的工业基地和城镇，从而有利于发挥"集聚效益"，对各种资源和生产要素充分利用，便于形成综合生产能力，便于统一建设比较齐全的基础结构设施，避免重复建设，节约投资。另外，还能为不同类型的劳动者提供多种就业机会。

但当工业聚集超越客观条件时，也会带来诸多弊端，促使项目投资增加，经济效益下降。这主要是因为：各种原料、燃料需要量大增，原料、燃料和产品的运输距离延长，流通过程中的劳动耗费增加；城市人口相应集中，形成对各种农副产品的大量需求，势必增加城市农副产品供应的费用；生产和生活用水量大增，在本地水源不足时，需要开辟新水源，远距离引水，耗资巨大；大量生产和生活排泄物集中排放，势必造成环境污染、生态平衡破坏，为保持环境质量，不得不增加环保费用。当工业集聚带来的"外部不经济性"的总和超过生产聚集带来的利益时，综合经济效益反而下降，这就表明集聚程度已超过经济合理的界限。

2. 建设地点（厂址）的选择

建设地点的选择是一项极为复杂的技术、经济综合性很强的系统工程，它不仅涉及项目建设条件、产品生产要素、生态环境和未来产品销售等重要问题，受社会、政治、经济、国防等多因素的制约；而且还直接影响到项目的建设投资、建设速度和施工条件，以及未来企业的经营管理及所在地点的城乡建设规划与发展。因此，必须从国民经济和社会发展的全局出发，运用系统观点和方法分析决策。

（1）选择建设地点应满足以下要求：

1）节约土地，少占耕地，降低土地补偿费。

2）减少拆迁移民数量。项目选址应尽可能不靠近、不穿越人口密集的城镇或居民区，减少或不发生拆迁安置房，降低工程造价。

3）应尽量选在工程地质、水文地质条件较好的地段，土壤耐压力应满足拟建厂的要求，禁止选在断层、熔岩、流沙层与有用矿床上以及洪水淹没区、已采矿塌陷区、滑坡区。建设地点（厂址）的地下水水位应尽可能低于地下建筑物的基准面。

4）要有利于厂区合理布置和安全运行。厂区地形力求平坦而略有坡度（一般以5%～10%为宜），以减少平整土地的土方工程量，节约投资，又便于地面排水。

5）应尽量靠近交通运输条件和水电供应等条件好的地方。建设地点（厂址）应靠近铁路、公路、水路，以缩短运输距离，减少建设投资和未来的运营成本；建设地点（厂址）应设在供电、供热和其他协作条件便于取得的地方，有利于施工条件的满足和项目运营期间的正常运作。

6）应尽量减少对环境的污染。对于排放大量有害气体和烟尘的项目，不能建在城市的上风口，以免对整个城市造成污染；对于噪声大的项目，建设地点（厂址）应远离居民集中区，同时要设置一定宽度的绿化带，以减弱噪声的干扰；对于生产或使用易燃、易爆、辐射产品的项目，建设地点（厂址）应远离城镇和居民密集区。

上述条件能否满足，不仅关系到建设工程造价的高低和建设期限，对项目投产后的运营状况也有很大的影响。因此，在确定厂址时，也应进行方案的技术经济分析比较，选择最佳厂址。

（2）建设地点（厂址）选择时的费用分析。在进行厂址多方案技术经济分析时，除比较上述建设地点（厂址）条件外，还应具有全寿命周期的理念，从以下两个方面进行分析：

1）项目投资费用。包括土地征购费、拆迁补偿费、土石方工程费、运输设施费、排水及污水处理设施费、动力设施费、生活设施费、临时设施费、建材运输费等。

2）项目投产后生产经营费用比较。包括原材料、燃料运入及产品运出费用，给水、排水、污水处理费用、动力供应费用等。

【企业案例2-2】 某垃圾发电厂项目建厂条件分析。（扫描二维码）

【任务2-1-3】

某垃圾发电厂项目
建厂条件分析

任务2-1-3
习题解答

1. 对于铁矿石、大豆等矿产品或农产品的初步加工项目，在进行建设地区选择时应遵循的原则是（　　）。
   A. 靠近大中城市　　　　　　B. 靠近燃料提供地
   C. 靠近产品消费地　　　　　D. 靠近原料产地

2. 建设地点选择时需进行费用分析，下列费用中应列入项目投资费用比较的是（　　）。
   A. 动力供应费　　　　　　　B. 燃料运入费
   C. 产品运出费　　　　　　　D. 建材运输费

3. 在选择建设地点（厂址）时，应尽量满足下列（　　）需求。
   A. 节约土地，尽量少占耕地，降低土地补偿费用
   B. 建设地点（厂址）的地下水水位应与地下建筑物的基准面持平
   C. 尽量选择人口相对稀疏的地区，减少拆迁移民数量
   D. 尽量选择在工程地质、水文地质较好的地段
   E. 厂区地形力求平坦，避免山地

(三) 技术方案

技术方案选择的基本原则是先进适用、安全可靠、经济合理。

1. 生产方法选择

生产方法直接影响生产工艺流程的选择。一般在选择生产方法时，从以下几个方面着手：

(1)采用先进适用的生产方法。

(2)研究拟采用的生产方法是否与采用的原材料相适应。

(3)研究拟采用生产方法的技术来源的可得性，若采用引进技术或专利，应比较所需费用。

(4)研究拟采用生产方法是否符合节能和清洁的要求。

2. 工艺流程方案选择

选择工艺流程方案的具体内容包括以下几个方面：

(1)研究工艺流程方案对产品质量的保证程度。

(2)研究工艺流程各工序间的合理衔接，工艺流程应通畅、简捷。

(3)研究选择先进合理的物料消耗定额，提高收效和效率。

(4)研究选择主要工艺参数。

(5)研究工艺流程的柔性安排。

【企业案例2-3】 某垃圾发电厂项目技术方案选择。(扫描二维码)

某垃圾发电厂项目
技术方案选择

(四)设备方案

在设备选用中，应注意处理好以下问题：

(1)要尽量选用国产设备。

(2)要注意进口设备之间以及国内外设备之间的衔接配套问题。

(3)要注意进口设备与原有国产设备、厂房之间的配套问题。

(4)要注意进口设备与原材料、备品备件及维修能力之间的配套问题。

(五)工程方案

工程方案选择应满足的基本要求包括以下几项：

(1)满足生产使用功能要求。

(2)适应已选定的场址(线路走向)。

(3)符合工程标准规范要求。

(六)环境保护措施

环境保护措施应坚持以下原则：

(1)符合国家环境保护法律、法规和环境功能规划的要求。

(2)坚持污染物排放总量控制和达标排放的要求。

(3)坚持"三同时"原则，即环境治理措施应与项目的主体工程同时设计、同时施工、同时投产使用。

(4)力求环境效益与经济效益相统一。

(5)注重资源综合利用，对环境治理过程中项目产生的废气、废水、固体废弃物，应提出回水处理和再利用方案。

三、可行性研究报告

知识目标

熟悉可行性研究报告的内容。

能力目标

会进行可行性研究报告分析。

可行性研究
报告内容

可行性研究是在20世纪随着社会生产和经济管理科学的发展而产生的。1936年，美国开发田纳西河流域工程时，美国国会通过了一项《控制河水法案》，提出将可行性研究作为流域开发规则的重要阶段并纳入开发程序。通过引入可行性研究，使工程得以顺利进行，取得了良好的经济效益，并逐渐在世界上推广应用开来。

建设项目可行性研究报告的内容可概括为三大部分：第一是市场研究，包括产品的市场调查和预测研究，这是项目可行性研究的前提和基础，其主要任务是要解决项目的"必要性"问题；第二是技术研究，即技术方案和建设条件研究，这是项目可行性研究的技术基础，它要解决项目在技术上的"可行性"问题；第三是效益研究，即经济效益的分析和评价，这是项目可行性研究的核心部分，主要解决项目在经济上的"合理性"问题。一般工业建设项目的可行性研究应包含以下几个方面内容：

（1）总论：主要包括项目概况，包括项目名称、建设单位、项目拟建地区和地点；承担可行性研究工作的单位和法人代表、研究工作依据；项目提出的背景、投资环境、工作范围和要求、研究工作情况、可行性研究的主要结论和存在的问题与建议；主要技术经济指标。

（2）产品的市场需求和拟建规模：重点阐述市场需求预测、价格分析，并确定建设规模。主要内容包括：国内外市场近期需求状况，未来市场趋势预测，国内现有生产能力估计、销售预测、价格分析，产品的市场竞争能力分析及进入国际市场的前景，拟建项目的产品方案和建设规模，主要的市场营销策略，产品方案和发展方向的技术经济论证比较等。

（3）资源、原材料、燃料及公用设施情况：主要包括原料、辅助材料和燃料的种类、数量、来源及供应可能；所需公用设施的数量、供应方式和供应条件。

（4）建厂条件和厂址选择：在初步可行性研究或者项目建议书中规划选址已确定的建设地区和地点范围内，进行具体坐落位置选择。具体包括建厂地区的地理位置，与原材料产地和产品市场的距离，对建厂的地理位置、气象、水文、地质、地形条件、地震、洪水情况和社会经济现状进行调查研究，收集基础资料，熟悉交通运输、通信设施及水、电、气、热的现状和发展趋势；厂址面积、占地范围，厂区总体布置方案，建设条件、地价，拆迁及其他工程费用情况。

（5）项目设计方案：主要包括多方案的比较和选择，确定项目的构成范围、主要单项工程（车间）的组成、厂内外主体工程和公用辅助工程的方案比较论证；项目土建工程总量的估算，土建工程布置方案的选择，包括场地平整、主要建筑和构筑物与厂外工程的规划；采用技术和工艺方案的论证、技术来源、工艺路线和生产方法，主要设备选型方案和技术工艺的比较；引进技术、设备的必要性及其来源国别的选择比较；设备的国外采购或与外商合作制造方案设想；以及必要的工艺流程。

(6)环境保护与劳动安全：对项目建设地区的环境状况进行调查，分析拟建项目废气、废水、废渣的种类、成分和数量，并预测其对环境的影响，提出治理方案的选择和回收利用的情况；对环境影响进行评价，提出劳动保护、安全生产、城市规划、防震、防洪、防风、文物保护等要求以及采取相应的措施方案。

(7)企业组织和劳动定员：确定企业组织机构、劳动定员总数、劳动力来源以及相应的人员培训计划。具体包括：企业组织形式、生产管理体制、机构的设置；工程技术和管理人员的素质和数量要求；劳动定员的配备方案；人员的培训规划和费用估算。

(8)项目实施进度安排：指建设项目确定到正常生产这段时间内，实施项目准备、筹集资金、勘察设计和设备订货、施工准备、施工和生产准备、试运转直到竣工验收和交付使用等各个工作阶段的进度计划安排，选择整个工程项目实施方案和总进度，用横道图和网络图来表述最佳实施方案。

(9)投资估算和资金筹措：这是项目可行性研究内容的重要组成部分，包括估算项目所需要的投资总额，分析投资的筹措方式，制订用款计划。估算项目实施的费用，包括建设单位管理费、生产筹备费、生产职工培训费、办公和生活家具购置费、勘察设计费等。资金筹措是研究落实资金的来源渠道和项目筹资方案，从中选择条件优惠的资金。在这两个方面的基础上编制资金使用与借款偿还计划。

(10)经济评价和风险分析：通过对不同的方案进行财务、经济效益评价，比选推荐出优秀的建设方案。包括估算生产成本和销售收入，分析拟建项目预期效益及费用，计算财务内部收益率、净现值、投资回收期、借款偿还期等评价指标，以判别项目在财务上是否可行；从国家整体的角度考察项目对国民经济的贡献，运用影子价格、影子汇率、影子工资和社会折现率等经济参数评价项目在经济上的合理性；对项目进行不确定性分析、社会效益和社会影响分析等。

(11)可行性研究结论与建议：运用各项数据综合评价建设方案，从技术、经济、社会、财务等各个方面论述建设项目的可行性，提出一个或几个方案供决策参考，对比选择方案，说明各种方案的优缺点，给出建议方案及理由，并提出项目存在的问题以及结论性意见和改进建议。市场研究、技术研究和效益研究共同构成项目可行性研究的三大支柱。

【企业案例2-4】 某学校工程可行性研究报告。(扫描二维码)

【任务2-1-4】

某学校可行性
研究报告

任务2-1-4
习题解答

1. 建设项目投资决策阶段，在技术方案中选择生产方法时应重点关注(　　)。

　A. 是否选择了合理的物料消耗定额

　B. 是否符合工艺流程的柔性安排

　C. 是否使工艺流程中的工序合理衔接

　D. 是否符合节能清洁要求

2. 关于生产技术方案的选择的说法中，下列正确的是(　　)。

　A. 应结合市场需求确定建设规模

　B. 生产方法应与拟采用的原材料相适应

　C. 工艺流程宜具有刚性安排

　D. 应选择最先进的生产方法

3. 关于生产技术方案选择的基本原则的说法中，下列错误的是(　　)。

　A. 先进适用　　B. 节约土地　　C. 安全可靠　　D. 经济合理

4. 选择工艺流程方案，需研究的问题有(   )。

    A. 工艺流程方案对产品质量的保证程度

    B. 工艺流程各工序间衔接的合理性

    C. 拟采用生产方法的技术来源的可得性

    D. 工艺流程的主要参数

    E. 是否有利于厂区合理布置

5. 项目决策阶段进行设备选用时，应处理好的问题包括(   )。

    A. 进口设备与国产设备费用的比例关系问题

    B. 进口设备的备件供应与维修能力问题

    C. 设备间的衔接配套问题

    D. 设备与原有厂房之间的配套问题

    E. 进口设备与原材料之间的配套问题

第二节　投资估算的编制

一、投资估算概述

知识目标

了解投资估算的概念、作用；
掌握投资估算的内容、编制依据及精度要求。

能力目标

能编制投资估算。

(一)投资估算的概念

投资估算是指在投资决策阶段，以方案设计或可行性研究文件为依据，按照规定的程序、方法和依据，对拟建项目所需总投资及其构成进行的预测和估计，是在研究并确定项目的建设规模、产品方案、技术方案、工艺技术、设备方案、厂址方案、工程建设方案以及项目进度计划等的基础上，依据特定的方法，估算项目从筹建、施工直至建成投产所需全部建设资金总额，并测算建设期各年资金使用计划的过程。投资估算书是项目建议书和可行性研究报告的重要组成部分，是项目决策的重要依据之一。

投资估算的准确与否，不仅影响到可行性研究工作的质量和经济评价效果，而且直接关系到下一阶段设计概算和施工图预算的编制，以及建设项目的资金筹措方案。因此，全面、准确地估算建设项目的工程造价，是可行性研究乃至整个决策阶段造价管理的重要任务。

(二)投资估算的作用

(1)项目建议书阶段的投资估算,是项目主管部门审批项目建议书的依据之一,并对项目的规划、规模起参考作用。

(2)项目可行性研究阶段的投资估算,是项目投资决策的重要依据,也是研究、分析、计算项目投资经济效果的重要条件。

(3)项目投资估算对工程设计概算起控制作用,设计概算不得突破批准的投资估算额,并应控制在投资估算额以内。

(4)项目投资估算可作为项目资金筹措及制订建设贷款计划的依据,建设单位可根据批准的项目投资估算额,进行资金筹措和向银行申请贷款。

(5)项目投资估算是核算建设项目固定资产投资需要额和编制固定资产投资计划的重要依据。

(三)投资估算的阶段划分与精度要求

投资估算是进行建设项目技术经济评价和投资决策的基础,在项目建议书、预可行性研究、可行性研究、方案设计阶段以及项目申请报告中应编制投资估算。投资估算的准确性不仅影响可行性研究工作的质量和经济评价结果,还直接关系到下一阶段设计概算和施工图预算的编制。因此,应全面、准确地对建设总投资进行投资估算,尤其是前三个阶段的投资估算显得尤为重要。

1. 项目建议书阶段的投资估算

在项目建议书阶段,是按项目建议书中的产品方案、项目建设规模、产品主要生产工艺、企业车间组成、初选建厂地点等,估算建设项目所需要的投资额。此阶段项目投资估算是初步明确项目方案,为项目进行技术经济论证提供依据,同时是判断是否进行可行性研究的依据,其对投资估算精度的要求为误差控制在±30%以内。

2. 预可行性研究阶段的投资估算

预可行性研究阶段,是在掌握更详细、更深入的资料条件下,估算建设项目所需的投资额。其对投资估算精度的要求为误差控制在±20%以内。

3. 可行性研究阶段的投资估算

可行性研究阶段的投资估算至关重要,是对项目进行较详细的技术经济分析,决定项目是否可行,并比选出最佳投资方案的依据。此阶段的投资估算经审查批准后,即是工程设计任务书中所规定的项目投资额,对工程设计概算起控制作用。其对投资估算精度的要求为误差控制在±10%以内。

(四)投资估算的内容

1. 投资估算分类

根据《建设项目投资估算编审规程》(CECA/GC 1—2015)的规定,投资估算按照编制估算的工程对象划分,包括建设项目投资估算、单项工程投资估算和单位工程投资估算等。

(1)建设项目投资估算,是指以整个建设项目为对象编制的投资估算。其包括汇总各单项工程估算、工程建设其他费用、基本预备费、价差预备费、建设期利息等,即项目总投资估算。具体内容详见第一章第二节。

(2)单项工程投资估算,是指以单项工程为对象编制的投资估算。其应按建设项目划分的各个单项工程分别计算组成工程费用的建筑工程费、设备及工器具购置费和安装工程费。

(3)单位工程投资估算,是指以单位工程为对象编制的投资估算。其应按建设项目划分的各个单位工程分别计算组成土建工程、装饰装修工程、给水排水工程、电气工程、消防工程、通风空调工程、采暖工程等费用。

2. 投资估算文件组成

投资估算文件一般由封面、签署页、编制说明、投资估算分析、总投资估算表、单位工程估算表、主要技术经济指标等内容组成。

(1)投资估算编制说明。一般包括以下内容：

1)工程概况。

2)编制范围。说明建设项目总投资估算中包括的和不包括的工程项目和费用，如有几个单位共同编制时，说明分工编制的情况。

3)编制方法。

4)编制依据。

5)主要技术经济指标，包括投资、用地和主要材料用量指标。当设计规模有远、近期不同的考虑时，或者土建与安装的规模不同时，应分别计算后再综合。

6)有关参数、率值选定的说明。如征地拆迁、供水供电、考察咨询等费用的费率标准选用情况。

7)特殊问题的说明(包括采用新技术、新材料、新设备、新工艺)；必须说明的价格的确定；进口材料、设备、技术费用的构成与技术参数；采用特殊结构的费用估算方法；安全、节能、环保、消防等专项投资占总投资的比重；建设项目总投资中未计算项目或费用的必要说明等。

8)采用限额设计的工程还应对投资限额和投资分解作进一步说明。

9)采用方案必选的工程还应对方案比选的估算和经济指标作进一步说明。

10)资金筹措方式。

(2)投资估算分析。投资估算分析应包括以下内容：

1)工程投资比例分析。一般民用项目要分析土建及装修、给水排水、消防、采暖、通风空调、电气等主体工程和道路、广场、围墙、大门、室外管线、绿化等室外附属工程占建设项目总投资的比例；一般工业项目要分析主要生产系统、辅助生产系统、公用工程(给水排水、供电和通信、供气、总图运输等)、服务性工程、生活福利设施、厂外工程等占建设项目总投资的比例。

2)各类费用构成占比分析。分析设备及工、器具购置费、建筑工程费、安装工程费、工程建设其他费用、预备费占建设项目总投资的比例；分析引进设备费用占全部设备费用的比例等。

3)分析影响投资的主要因素。

4)与类似工程项目的比较，对投资总额进行分析。

【企业案例 2-5】 某研究院工程的投资估算报告。(扫描二维码)

某研究院工程
投资估算报告

【企业案例 2-6】 某垃圾发电厂项目投资分析与编制依据。(扫描二维码)

某垃圾发电厂项目
投资分析与编制
依据

(五)投资估算编制依据

建设项目投资估算编制依据是指在编制投资估算时所遵循的计量规则、市场价格、费用标准及工程计价有关参数、率值等基础资料。其主要有以下几个方面：

(1)国家、行业和地方政府的有关法律法规和规定，政府有关部门、金融机构等发布的价格指数、利率、汇率、税率等有关参数。

(2)行业部门、项目所在地工程造价管理机构或行业协会等编制的投资估算指标、概算指标(定额)、工程建设其他费用定额(规定)、综合单价、价格指数和有关造价文件等。

(3)类似工程的各种技术经济指标和参数。

(4)工程所在地同期的人工、材料、机具市场价格，建筑、工艺及附属设备的市场价格和有关费用。

(5)与建设项目有关的工程地质资料、设计文件、图纸或有关设计专业提供的主要工程量和主要设备清单等。

(6)委托单位提供的其他技术经济资料。

(六)投资估算编制要求

(1)应委托有相应工程造价咨询资质的单位编制。投资估算编制单位应在投资估算成果文件上签字和盖章，对成果质量负责并承担相应责任；工程造价人员应在投资估算编制的文件上签字和盖章，并承担相应责任。由几个单位共同编制投资估算时，委托单位应指定主编单位，并由主编单位负责投资估算编制原则的制定、汇编总估算，其他参编单位负责所承担的单项工程等的投资估算编制。

(2)应根据主体专业设计的阶段和深度，结合各自行业的特点，所采用生产工艺流程的成熟性，以及编制单位所掌握的国家与地区、行业或部门和部门相关投资估算基础资料、数据的合理、可靠、完整程度，采用合适的方法，对建设项目投资估算进行编制。

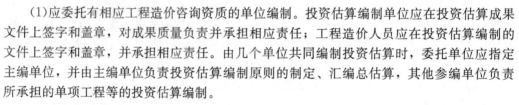

> **知识拓展**
>
> 合适的投资估算编制方法是指根据项目特点、估算的编制阶段、设计方案深度、基础资料是否全面等条件，选择合适的估算编制方法。投资估算方法主要有单位生产能力法、生产能力指数法、比例法、系数法、指标估算法等，具体见本节后述。

(3)应做到工程内容和费用构成齐全，不漏项，不提高或降低估算标准，计算合理，不少算，不重复计算。

(4)应充分考虑拟建项目设计的技术参数和投资估算所采用的估算系数、估算指标，在质和量方面所综合的内容，应遵循口径一致的原则。

(5)投资估算应参考相应工程造价管理部门发布的投资估算指标，依据工程所在地市场价格水平，结合项目实体情况及科学合理的建造工艺，全面反映建设项目建设前期和建设期的全部投资。对于建设项目的边界条件，如建设用地费和外部交通、水、电、通信条件，或市政基础设施配套条件等差异所产生的与主要生产内容投资无必然关系的费用，应结合建设项目的实际情况进行修正。

(6)应对影响造价变动的因素进行敏感性分析，分析市场的变动因素，充分估计物价上涨因素和市场供求情况给项目造价的影响，确保投资估算的编制质量。

敏感性分析

无论采用哪种投资估算编制方法，其所采用的数据大部分来自预测和估算，具有一定程度的不确定性，因此，应对投资估算进行不确定性分析，分析不确定性因素变化对造价的影响，估计项目可能承担的风险，为投资决策服务。不确定性分析包括盈亏平衡分析和敏感性分析。盈亏平衡分析见本章第一节，敏感性分析如下：

敏感性分析是指通过分析不确定性因素发生增减变化时，对造价或财务评价指标的影响，并计算敏感度系数和临界点，找出敏感因素，确定评价指标对该因素的敏感程度和项目对其变化的承受能力。敏感性分析有单因素敏感性分析和多因素敏感性分析两种，通常只进行单因素敏感性分析。

所谓单因素敏感性分析是对单一不确定因素变化的影响进行分析，即假设各不确定性因素之间相互独立，每次只考察一个因素，其他因素保持不变，以分析这个可变因素对造价和经济评价指标的影响程度和敏感性程度。具体步骤如下：

(1)确定敏感性分析的对象，也就是确定要分析的评价指标。往往以净现值、内部收益率或投资回收期为分析对象。

(2)选择需要分析的不确定性因素。一般取总投资、销售收入或经营成本为影响因素。

(3)计算各个影响因素对评价指标的影响程度。这一步主要是根据现金流量表进行的。首先计算各影响因素的变化所造成的现金流量的变化，再计算出所造成的评价指标的变化。

(4)确定敏感因素。敏感因素是指对评价指标产生较大影响的因素。具体做法是：分别计算在同一变动幅度下各个影响因素对评价指标的影响程度，其中影响程度大的因素就是敏感因素。

(5)通过分析和计算敏感因素的影响程度，确定项目可能存在的风险的大小及风险影响因素。

敏感性分析主要是计算敏感度系数和临界点。

敏感度系数(SAF)是指项目评价指标变化率与不确定性因素变化率之比，可按下式计算：

$$SAF=\frac{\Delta A/A}{\Delta F/F} \tag{2-2-1}$$

式中　$\Delta F/F$——不确定性因素 F 的变化率；

　　　$\Delta A/A$——不确定性因素 F 发生 ΔF 变化时，评价指标 A 的相应变化率。

临界点是指不确定性因素的变化使项目由可行变为不可行的临界数值，一般采用不确定性因素相对基本方案的变化率或其对应的具体数值表示。临界点可通过敏感性分析图得到近似值，也可采用试算法求解。

敏感性分析的计算，结果应采用敏感性分析表和敏感性分析图表示。

例题 2-2-1 讲解

【例 2-2-1】　某投资方案设计年生产能力为 10 万台，计划项目投产时总投资为 1 200 万元，其中建设投资为 1 150 万元，流动资金为 50 万元；预计产品价格为 39 元/台；销售税金及附加为销售收入的 10%；年经营成本为 140 万元；方案寿命期为 10 年；到期时预计固定资产余值为 30 万元，基准折现率为 10%，试就投资额、单位产品价格、经营成本等影响因素对该投资方案进行敏感性分析。

解: 绘制的现金流量图如图 2-2-1 所示。

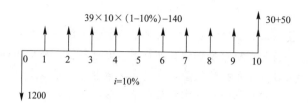

图 2-2-1 现金流量图

选择净现值为敏感性分析的对象,根据净现值的计算公式,可计算出项目在初始条件下的净现值。

$$NPV_0 = -1\,200 + [39 \times 10 \times (1-10\%) - 140] \times (P/A, 10\%, 10) + 80 \times (P/F, 10\%, 10)$$

$$= 127.475 (万元)$$

由于 $NPV_0 > 0$,该项目是可行的。

对项目进行敏感性分析。取定三个因素:投资额、产品价格和经营成本,然后令其逐一在初始值的基础上按±10%、±20%的变化幅度变动。分别计算相对应的净现值的变化情况,得出结果见表 2-2-1 和图 2-2-2 所示。

表 2-2-1 单因素敏感性分析表 万元

变化幅度 项目	−20%	−10%	0	+10%	+20%	平均+1%	平均−1%
投资额	367.475	247.475	127.475	7.475	−112.525	−9.414%	+9.414%
产品价格	−303.904	−88.215	127.475	343.165	558.854	+16.92%	−16.92%
经营成本	299.535	213.505	127.475	41.445	−44.585	−6.749%	+6.749%

由表 2-2-1 和图 2-2-2 可以看出,在各个变量因素变化率相同的情况下,产品价格每下降 1%,净现值下降 16.92%,且产品价格下降幅度超过 5.91% 时,净现值将由正变负,也即项目由可行变为不可行;投资额每增加 1%,净现值将下降 9.414%,当投资额增加的幅度超过 10.62% 时,净现值由正变负,项目变为不可行;经营成本每上升 1%,净现值下降 6.749%,当经营成本上升幅度超过 14.82% 时,净现值由正变负,项目变为不可行。由此可见,按净现值对各个因素的敏

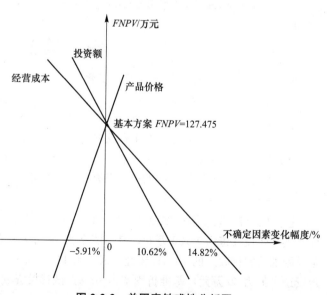

图 2-2-2 单因素敏感性分析图

感程度来排序，依次是：产品价格、投资额、经营成本，最敏感的因素是产品价格。因此，从方案决策的角度来讲，应该对产品价格进行进一步更准确的测算。因为从项目风险的角度来讲，如果未来产品价格发生变化的可能性较大，则意味着这一投资项目的风险性也较大。

敏感性分析也有其局限性，它不能说明不确定因素发生变动的情况的可能性大小，也就是没有考虑不确定因素在未来发生变动的概率，而这种概率是与项目的风险大小密切相关的。

投资估算精度应能满足控制初步设计概算要求，并尽量减少投资估算的误差。

【任务 2-2-1】

1. 项目建议书阶段是初步决策的阶段，投资估算的误差率在(　　)左右。
   A. ±10%　　　　B. ±20%　　　　C. ±30%　　　　D. ±40%
2. 可行性研究阶段投资估算的精确度的要求为误差控制在(　　)%以内。
   A. ±5　　　　　B. ±10　　　　　C. ±15　　　　　D. ±20
3. 项目投资估算精度要求在±20%的阶段是(　　)。
   A. 项目建议书　　　　　　　　B. 预可行性研究
   C. 可行性研究　　　　　　　　D. 方案设计阶段

课后巩固

任务 2-2-1
习题解答

二、投资估算的编制步骤

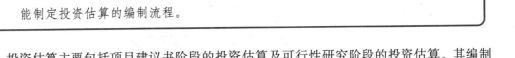

知识目标

掌握投资估算的编制步骤。

能力目标

能制定投资估算的编制流程。

知识小课堂

投资估算编制流程

投资估算主要包括项目建议书阶段的投资估算及可行性研究阶段的投资估算。其编制一般包含静态投资部分、动态投资部分与流动资金估算三部分。其主要步骤如下：

(1)分别估算各单项工程所需建筑工程费，设备及工、器具购置费，安装工程费，在汇总各单项工程费用的基础上，估算工程建设其他费用和基本预备费，完成工程项目静态投资静态部分的估算。

(2)在静态投资部分的基础上，估算价差预备费和建设期利息，完成工程项目动态投资部分的估算。

(3)估算流动资金。

(4)估算建设项目总投资。

投资估算编制的具体流程如图 2-2-3 所示。

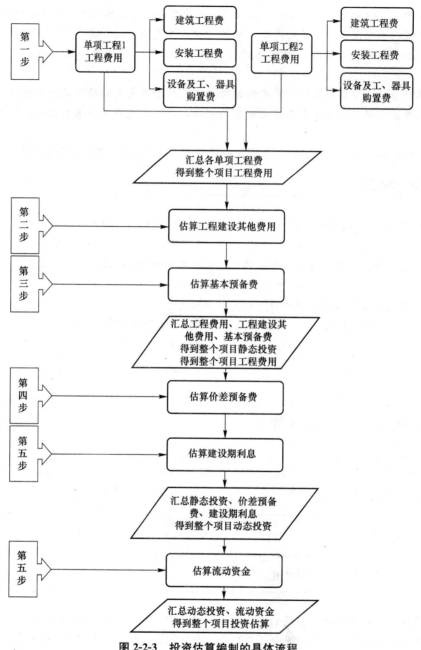

图 2-2-3 投资估算编制的具体流程

【任务 2-2-2】

1. 投资估算的主要工作包括：①估算预备费；②估算工程建设其他费用；③估算工程费用；④估算设备购置费。其正确的工作步骤是（　　）。
   A. ③④②①　　　　B. ③④①②　　　　C. ④③②①　　　　D. ④③①②
2. 可行性研究阶段的投资估算编制所包含的内容，不包括下列（　　）。
   A. 静态投资部分　B. 动态投资部分　C. 流动资金估算　D. 建设期利息

三、静态投资部分的估算

静态投资部分估算的方法很多，各有其适用的条件和范围，而且误差程度也不相同。一般情况下，应根据项目的性质、占有的技术经济资料和数据的基本情况，选用适宜的估算方法。在项目建议书阶段，投资估算的精度要求较低，可采用简单的匡算法，如生产能力指数法、系数估算法、比例估算法或混合法等，在条件允许时也可采用指标估算法；在可行性研究阶段，投资估算精度要求高，需采用相对详细的投资估算方法，即指标估算法，如图 2-2-4 所示。

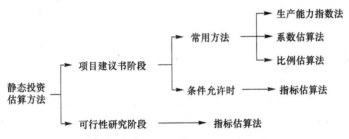

图 2-2-4 静态投资部分估算方法汇总

项目建议书阶段
投资估算编制

(一)生产能力指数法

生产能力指数法又称指数估算法，是根据已建成的类似项目生产能力和投资额来粗略估算同类但生产能力不同的拟建项目静态投资额的方法。其计算公式为

$$C_2 = C_1 \times \left(\frac{Q_2}{Q_1}\right)^x \times f \quad (2\text{-}2\text{-}2)$$

式中 C_1——已建成类似项目的静态投资额；

C_2——拟建项目的静态投资额；

Q_1——已建类似项目的生产能力；

Q_2——拟建项目的生产能力；

x——生产能力指数；

f——不同时期、不同地点的定额、单价、费用和其他差异的综合调整系数。

可行性研究阶段
投资估算编制

式(2-2-2)表明，造价与规模(或容量)呈非线性关系，且单位造价随工程规模(或容量)的增大而减小。生产能力指数法的关键是生产能力指数 x 的确定，一般要结合行业特点确定。正常情况下，$0 \leqslant x \leqslant 1$，在不同生产率水平的国家和不同性质的项目中，$x$ 的取值是不

相同的。若已建类似项目规模和扩建项目规模的比值为 0.5~2 时，x 的取值近似为 1；若已建类似项目规模与拟建项目规模的比值为 2~50，且拟建项目生产规模的扩大仅靠增大设备规模来达到时，则 x 的取值为 0.6~0.7；若是靠增加相同规格设备的数量达到时，x 的取值为 0.8~0.9。

【例 2-2-2】 某地 2016 年拟建一年产 20 万吨的化工产品项目。根据调查，该地区 2014 年建设的年产 10 万吨相同产品的已建项目的投资额为 5 000 万元。生产能力指数为 0.6，2014—2016 年工程造价每年递增 10%。试估算该项目的建设投资。（计算结果保留两位小数）

解： 拟建项目的建设投资 $= 5\,000 \times \left(\dfrac{20}{10}\right)^{0.6} \times (1 + 10\%)^2 = 9\,170.09$（万元）

知识拓展

生产能力指数法误差可控制在 ±20% 以内。该方法主要应用于设计深度不足，拟建项目与类似建设项目的规模不同，设计定型并系列化，行业内相关指数和系数等基础资料完备的情况。

采用该方法，一般拟建项目与已建类似项目生产能力比值 $\left(\dfrac{Q_2}{Q_1}\right)$ 不宜大于 50，以在 10 倍内效果较好，否则误差就会增大。另外，尽管该方法估价误差仍较大，但有它独特的好处，即这种估价方法不需要详细的工程设计资料，只需要知道工艺流程及规模就可以，在总承包工程报价时，承包商大都采用这种方法。

【任务 2-2-3】

任务 2-2-3
习题解答

1. 某地拟于 2017 年新建一年产 60 万吨产品的生产线。该地区 2015 年建设的年产 50 万吨相同产品的已建项目的投资额为 5 000 万元，2015—2017 年工程造价平均每年递增 5%。用生产能力指数法估算该生产线的建设投资为（　　）万元。
   A. 6 000　　　　B. 6 300　　　　C. 6 600　　　　D. 6 615

2. 2014 年已建成年产 20 万吨的某化工厂，2017 年拟建年产 100 万吨相同产品的新项目，并采用增加相同规格设备数量的技术方案。若应用生产能力指数法估算拟建项目投资额，则生产能力指数取值的适宜范围是（　　）。
   A. 0.4~0.5　　　B. 0.6~0.7　　　C. 0.8~0.9　　　D. 0.9~1

3. 2008 年已建成年产 50 万吨的某化肥厂，其投资额为 10 000 万元，2013 年拟建生产 80 万吨的化肥厂项目，建设期 2 年。自 2008—2013 年每年平均造价指数递增 8%，预计建设期 2 年贷款利率递增 0.5%，估算拟建化肥厂的静态投资额为（　　）万元。（生产能力指数 $n = 0.8$）
   A. 23 594　　　B. 21 400　　　C. 20 494　　　D. 24 861

4. 总承包工程报价时，承包商大都采用的估算方法是（　　）。
   A. 生产能力指数法　　　　　B. 系数估算法
   C. 比例估算法　　　　　　　D. 指标估算法

(二)系数估算法

系数估算法也称因子估算法，是以拟建项目的主体工程费或主要设备购置费为基数，以其他辅助配套工程费与主体工程费或设备购置费的百分比为系数，依此估算拟建项目静态投资的方法。本方法主要应用于设计深度不足，拟建建设项目与类似建设项目的主体工程费或主要设备购置费比重较大，行业内相关系数等基础资料完备的情况。在我国国内常用的方法有设备系数法和主体专业系数法，世界银行项目投资估算常用的方法是朗格系数法。

1. 设备系数法

设备系数法是以拟建项目的设备购置费为基数，根据已建成的同类项目的建筑安装费和其他工程费用与设备价值的百分比，求出拟建项目建筑安装工程费和其他工程费用，进而求出项目的静态投资。其计算公式如下：

$$C = E \times (1 + f_1 p_1 + f_2 p_2 + f_3 p_3 + \cdots) + I \tag{2-2-3}$$

式中　C——拟建项目的静态投资；

$\quad\quad E$——拟建项目根据当时当地价格计算的设备购置费；

$\quad\quad p_1，p_2，p_3\cdots$——已建成类似项目中建筑安装费及其他工程费等与设备费的比例；

$\quad\quad f_1，f_2，f_3\cdots$——不同建设时间、地点而产生的定额、价格、费用标准等差异的调整系数；

$\quad\quad I$——拟建项目的其他费用。

【例 2-2-3】 已知某新建项目的设备购置费为 500 万元，已建性质相同的建设项目资料中，建筑工程、安装工程、电气照明工程、水暖工程占设备购置费的比重分别为 25%、20%、5%、6%，相应的调整系数为 1.2、1.5、1.1、1.05，其他费用为 50 万元，计算新建项目的投资额。

解： $C = 500 \times (1 + 1.2 \times 25\% + 1.5 \times 20\% + 1.1 \times 5\% + 1.05 \times 6\%) + 50$

$\quad\quad = 909（万元）$

2. 主体专业系数法

主体专业系数法是以拟建项目中投资比重较大且与生产能力直接相关的工艺设备投资为基数，根据已建同类项目的有关统计资料，计算出拟建项目各专业工程(总图、土建、采暖、给水排水、管道、电气、自控等)与工艺设备投资的百分比，据此求出拟建项目各专业投资，然后加总即为拟建项目的静态投资。其计算公式如下：

$$C = E \times (1 + f_1 p_1' + f_2 p_2' + f_3 p_3' + \cdots) + I \tag{2-2-4}$$

式中　E——与生产能力直接相关的工艺设备投资；

$\quad\quad p_1'，p_2'，p_3'\cdots$——已建项目中各专业工程费用占设备费的比重；

$\quad\quad$式中其他符号意义同前。

◆) 知识拓展

主体专业系数法与设备系数法既有区别，又有联系。区别是两种方法的计算基数不同；联系是二者的计算原理相同。

(1)两种方法计算基数不同。

1)设备系数法的计算基数是拟建项目的设备购置费，然后参照已建类似项目中建筑安装费和工程建设其他费用与设备费的比重系数，例如，参照已建类似项目中建安工程费、设计费、监理费等与设备费的比例，以拟建项目设备购置费为基数，计算出拟建项目各项费用，最终汇总出拟建项目静态投资额。

2)主体专业系数法的计算基数是拟建项目中与生产能力直接相关的主体专业设备购置费，这里强调的设备是指主体专业中的工艺设备，不是所有设备购置费。然后再参照已建类似项目中其他专业与主体专业设备费的比重系数，例如，参照已建类似项目中土建、采暖、管道、电气等与主体设备投资的比例，计算出拟建项目各专业费用，最终汇总出拟建项目静态投资额。

（2）两种方法计算原理相同。两种方法的计算原理都是以拟建项目设备费为基数，再参照已建类似项目中各费用或专业与设备费的比重系数，从而计算出拟建项目各项费用。这种方法也可以简单理解为"借系数"。计算步骤为：

1)借用类似项目中各费用与设备费系数；

2)以拟建项目设备费为基础；

3)计算出拟建项目各项费用。

3. 朗格系数法

朗格系数法是以设备购置费为基数，乘以适当系数来推算项目静态投资。这种方法在国内不常见，是世界银行项目投资估算常采用的方法。该方法的基本原理是将项目建设中的总成本费用中的直接成本和间接成本分别计算，再合为项目的静态投资。其计算公式如下：

$$C = E \times (1 + \sum K_i) \times K_c \tag{2-2-5}$$

式中　K_i——管线、仪表、建筑物等项费用的估算系数；

　　　K_c——管理费、合同费、应急费等间接费用在内的总估算系数；

式中其他符号意义同前。

朗格系数 K_L，是指静态投资与设备购置费之比，即 $K_L = C/E = (1 + \sum K_i) \times K_c$。朗格系数包含的内容见表 2-2-2。

表 2-2-2　朗格系数包含的内容

项目		固体流程	固流流程	液体流程
朗格系数 K_L		3.1	3.63	4.74
内容	(a)包括基础、设备、绝热、油漆及设备安装费	$E \times 1.43$		
	(b)包括上述在内和配管工程费	(a)×1.1	(a)×1.25	(a)×1.6
	(c)装置直接费	(b)×1.5		
	(d)包括上述在内和间接费，总投资 C	(c)×1.31	(c)×1.35	(c)×1.38

朗格系数法是国际上估算一个工程项目或一套装置的费用时，采用较为广泛的方法。但是该方法的精度仍不是很高，一般误差为 15%～20%。主要原因如下：

（1）装置规模大小发生变化；

（2）不同地区自然地理条件的差异；

（3）不同地区经济地理条件的差异；

（4）不同地区气候条件的差异；

（5）主要设备材质发生变化时，设备费用变化较大而安装费变化不大。

【例 2-2-4】　某世界银行贷款的工业项目，根据方案提出的主要设备，按照现行市场价格计算，设备费为 800 万元。已知与设备配套的其他辅助费用（含土建费）系数为设备费的 155%，间接费费率为设备及其辅助费用的 15%，试估算拟建项目的投资额为多少？

解：$C = E(1 + \sum K_i) \cdot K_c = 800 \times (1 + 1.55) \times (1 + 0.15) = 2\ 346$（万元）

课后巩固

任务 2-2-4
习题解答

【任务 2-2-4】

1. 在采用主体专业系数法编制投资估算时,通常以( )为基数。
   A. 设备费   B. 工艺设备投资
   C. 直接建设成本   D. 建筑安装工程费

2. 世界银行贷款项目的投资估算常采用朗格系数法推算建设项目的静态投资,该方法的计算基数是( )。
   A. 主体工程费   B. 设备购置费   C. 其他工程费   D. 安装工程费

3. 已知某类工程的朗格系数见表 2-2-3。若该项目的设备购置费 E 为 1 500 万元,则配管工程费为( )万元。
   A. 3 861   B. 2 700   C. 450   D. 300

表 2-2-3 某工程朗格系数

朗格系数 K_L		2.574
内容	(a)包括基础、设备、绝热、油漆及设备安装费	$E \times 1.5$
	(b)包括上述在内和配管工程费	(a)$\times 1.2$
	(c)装置直接费	(b)$\times 1.3$
	(d)总投资 C	(c)$\times 1.1$

(三)比例估算法

比例估算法是根据已知的同类建设项目主要设备购置费占整个建设项目的投资比例,先逐项估算出拟建项目主要设备购置费,再按比例估算拟建项目的静态投资的方法。本方法主要用于设计深度不知,拟建建设项目与类似建设项目的主要设备购置费比重较大,行业内相关系数等基础资料完备的情况。其表达式为

$$C = \frac{1}{K} \times \sum_{i=1}^{n} Q_i P_i \qquad (2\text{-}2\text{-}6)$$

式中　C——拟建项目的静态投资;

　　　K——已建项目主要设备购置费占已建项目投资的比例;

　　　n——主要设备种类数;

　　　Q_i——第 i 种主要设备的数量;

　　　P_i——第 i 种主要设备的单价(到厂价格)。

知识拓展

系数估算法与比例估算法都是先求出拟建项目的设备费,然后再向已建类似项目"借系数或比例",最终求出拟建项目静态投资额。不同的是,系数估算法借用的是"类似项目中各费用与设备费的系数";比例估算法借用的是"类似项目中主要设备占总投资比例"。

【例 2-2-5】 已建同类项目 B 的主要设备投资占静态投资的比例为 60%,拟建项目 A 需要甲设备 900 台,乙设备 600 套,价格分别为 5 万元和 6 万元。试用比例估算法估算 A 项目的静态投资。

解： (900×5＋600×6)/60％＝13 500(万元)

(四)指标估算法

指标估算法是投资估算的主要方法，为了保证编制精度，可行性研究阶段建设项目投资估算原则上应采用指标估算法。该方法是指依据投资估算指标，对各单位工程或单项工程费用进行估算，进而估算建设项目总投资的方法。估算过程如下：

首先，把拟建建设项目以单项工程或单位工程为单位，按建设内容纵向划分为各个主要生产系统、辅助生产系统、公用工程、服务性工程、生活福利设施，以及各项其他工程建设费用；同时，按费用性质横向划分为建筑工程、设备购置、安装工程等。

其次，根据各种具体的投资估算指标，进行各单位工程或单项工程投资的估算；在此基础上汇集编制成拟建建设项目的各个单项工程费用和拟建项目的工程费用投资估算。条件具备时，可对主体工程估算出分部分项工程量，套用相关综合定额(概算指标)或概算定额进行编制。

最后，再按相关规定估算工程建设其他费用、基本预备费等，形成拟建建设项目静态投资。

某垃圾发电厂项目投资估算表

【企业案例2-7】 某垃圾发电项目的投资估算表。(扫描二维码)

1. 建筑工程费用估算

建筑工程费用是指为建造永久性建筑物和构筑物所需要的费用。主要采用单位实物工程量估算法，计算公式为

$$建筑工程费＝单位实物工程量的建筑工程费×实物工程总量 \quad (2-2-7)$$

根据单位实物工程量的建筑工程费来源不同，又分以下两种：

(1)当有适当估算指标或类似工程造价资料，能直接得到单位实物工程量的建筑工程费时，直接用"单位实物工程量的建筑工程费×实物工程总量"。根据不同的专业工程，单位实物工程量的建筑工程费要选择不同的计算方法。

1)工业与民用建筑以"m^2"或"m^3"为单位，构筑物以"延长米""m^2""m^3"或"座"为单位。

【例2-2-6】 某综合楼工程，单位实物工程量的建筑工程费为3 500元/m^2，经计算该工程总建筑面积为12 000 m^2，则该工程建筑工程费为多少？

解： 建筑工程费＝3 500×12 000＝42 000 000(元)

2)大型土方、道路及场地铺砌、室外综合管网和线路、围墙大门等，分别以"m^2""m^3""延长米"为单位。

【例2-2-7】 某市政道路工程，已知柏油路面费用为25元/m^2，混凝土路面费用为35元/m^2，经计算该工程共有柏油路面8 000 m^2，混凝土路面5 000 m^2，则该道路投资额为多少？

解： 投资额＝25×8 000＋35×5 000＝375 000(元)

(2)当无适当估算指标或类似工程造价资料时，可采用计算主体实物工程量套用相关综合定额或概算定额进行估算，但通常需要较为详细的工程资料，工作量较大。实际工作中可根据具体条件和要求选用。

某垃圾发电项目综合主厂房建筑工程费用计算表

【企业案例2-8】 某垃圾发电项目综合主厂房建筑工程费用计算表。(扫描二维码)

2. 安装工程费用估算

安装工程费包括安装主材费和安装费。其中，安装主材费可以根据行业和地方相关部门定期发布的价格信息或市场询价进行估算；安装费根据设备专业属性，可按以下方法估算：

(1)工艺设备安装费估算。以单项工程为单元，根据单项工程的专业特点和各种具体的

投资估算指标,采用按设备费百分比估算指标进行估算;或根据单项工程设备总质量,采用以吨为单位的综合单价指标进行估算。其计算公式如下:

$$安装工程费=设备原价×设备安装费费率$$
$$=设备吨重×单位质量(吨)安装费指标 \qquad (2-2-8)$$

(2)工艺非标准件、金属结构和管道安装费估算。以单项工程为单元,根据设计选用的材质、规格,以"t"为单位,套用技术标准、材质和规格、施工方法相适应的投资估算指标或类似工程造价资料进行估算。其计算公式如下:

$$安装工程费=质量总量×单位质量安装费指标 \qquad (2-2-9)$$

(3)工艺炉窑砌筑和保温工程安装费估算,以单项工程为单元,以"t""m³"或"m²"为单位,套用技术标准、材质和规格、施工方法相适应的投资估算指标或类似工程造价资料进行估算。其计算公式如下:

$$安装工程费=质量(体积、面积)总量×单位质量安装费指标 \qquad (2-2-10)$$

(4)电气设备及自控仪表安装费估算。以单项工程为单元,根据该专业设计的具体内容,采用相适应的投资估算指标或类似工程造价资料进行估算,或根据设备台套数、变配电容量、装机容量、桥架质量、电缆长度等工程量,采用相应综合单价指标进行估算。其计算公式如下:

$$安装工程费=设备工程量×单位工程量安装费指标 \qquad (2-2-11)$$

3. 设备及工、器具购置费估算

设备购置费根据项目主要设备表及价格、费用资料编制,工、器具购置费按设备费的一定比例计取。对于价值高的设备应按单台(套)估算购置费,价值较小的设备可按类估算,国产设备和进口设备应分别估算。具体估算方法见本书第一章第二节。

一般采用单位建筑工程投资估算法、单位实物工程量投资估算法、概算指标投资估算法等进行估算。

4. 工程建设其他费用估算

工程建设其他费用的计算应结合拟建项目的具体情况,有合同或协议明确的费用按合同或协议列入;无合同或协议明确的费用,根据国家和各行业部门、工程所在地地方政府的有关工程建设其他费用定额(规定)和计算办法估算。

5. 基本预备费估算

基本预备费的估算一般以建设项目的工程费用和工程建设其他费用之和为基础,乘以基本预备费费率进行。具体计算见本书第一章第二节。

【任务 2-2-5】

1. 下列投资估算方法中,精度较高的是( )。
   A. 生产能力指数法　　　　　B. 比例估算法
   C. 系数估算法　　　　　　　D. 指标估算法

2. 下列安装工程费估算公式中,适用于估算工业炉窑砌筑和工艺保温或绝热工程安装工程费的是( )。
   A. 设备原价×设备安装费费率(%)
   B. 质量(体积、面积)×单位质量(体积、面积)安装费费率指标
   C. 设备原价×材料占设备费百分比×材料安装费费率(%)
   D. 安装工程功能总量×功能单位安装工程费指标

课后巩固

任务 2-2-5
习题解答

3. 采用设备原价乘以安装费费率估算安装工程费的方法属于(   )。

    A. 比例估算法   B. 系数估算法

    C. 设备系数法   D. 指标估算法

4. 一般估算安装工程费时，以(   )为单元。

    A. 单项工程   B. 单位工程

    C. 分部工程   D. 分项工程

5. 下列有关投资估算的各种方法描述正确的有(   )。

    A. 生产能力指数法是总承包商进行投标报价常用的方法

    B. 若拟建类似项目规模与已建项目规模的比值为 $0.5\sim2$ 时，生产能力指数 x 的取值近似为 1

    C. 系数估算法也称因子估算法，我国常用的有设备系数法和主体专业系数法

    D. 世界银行项目投资估算常用的方法是朗格系数法

    E. 朗格系数法只要对各种不同类型工程的朗格系数掌握准确，估算精度较高

四、动态投资部分估算方法

动态投资部分估算主要包括价差预备费和建设期利息两部分，如果是涉外项目，还应该计算汇率的影响。

1. 价差预备费

价差预备费计算可详见本书第一章第二节。

2. 建设期利息的估算

具体计算见本书第一章第二节。

五、流动资金估算方法

流动资金是指项目运营需要的流动资产投资，指生产经营性项目投产后，为进行正常生产经营，用于购买原材料、燃料、支付工资及其他经营费用所需要的周转资金。其是运营期内长期占用并周转使用的营运资金，不包括运营中需要的临时性营运资金。流动资金估算一般采用分项详细估算法。个别情况或者小型项目可采用扩大指标法。

(一)分项详细估算法

分项详细估算法是利用流动资产与流动负债估算项目占用的流动资金。一般先对流动资产和流动负债主要构成要素进行分项估算，进而估算流动资金。其计算公式如下：

$$流动资金＝流动资产－流动负债 \tag{2-2-12}$$

$$流动资产＝应收账款＋预付账款＋存货＋现金 \tag{2-2-13}$$

$$流动负债＝应付账款＋预收账款 \tag{2-2-14}$$

分项详细估算法的具体步骤，首先是计算各类流动资产和流动负债的年周转次数，然后再分项估算占用资金额。

1. 周转次数计算

周转次数是指流动资金的各个构成项目在一年内完成多少个生产过程。周转次数可用 1 年

天数(通常按 360 天计算)除以流动资金的最低周转天数计算。即

$$周转次数＝360/流动资金最低周转天数 \qquad (2-2-15)$$

式中，各类流动资产和流动负债的最低周转天数，可参照同类企业的平均周转天数并结合项目特点确定，或按部门(行业)规定。

2. 流动资产估算

(1)应收账款估算。应收账款是指企业对外销售商品、提供劳务尚未收回的资金。其计算公式如下：

$$应收账款＝年经营成本/应收账款周转次数 \qquad (2-2-16)$$

(2)存货估算。存货是指企业在日常生产经营过程中持有以备出售或者仍然处在生产过程，或者在生产或提供劳务过程中将消耗的材料或物料等，包括各类材料、商品、在产品、半成品和产成品等。为简化计算，项目评价中仅考虑外购原材料、外购燃料、其他材料、在产品和产成品，并分项进行计算。其计算公式如下：

$$存货＝外购原材料、燃料＋其他材料＋在产品＋产成品 \qquad (2-2-17)$$
$$外购原材料、燃料＝年外购原材料、燃料费用/按种类分项周转次数 \qquad (2-2-18)$$
$$其他材料＝年外购其他材料费/其他材料周转次数 \qquad (2-2-19)$$
$$在产品＝(年外购材料、燃料动力费＋年工资及福利费＋年修理费＋年其他制造费)/在$$
$$产品周转次数 \qquad (2-2-20)$$
$$产成品＝(年经营成本－年其他营业费用)/产成品周转次数 \qquad (2-2-21)$$

(3)预付账款估算。预付账款是指企业为购买各类材料、半成品或服务所预先支付的款项。其计算公式如下：

$$预付账款＝外购商品或服务年费用金额/预付账款周转次数 \qquad (2-2-22)$$

(4)现金需要量估算。项目流动资金中的现金是指为维持正常生产运营必须预留的货币资金。其计算公式如下：

$$现金＝(年工资及福利费＋年其他费用)/现金周转次数 \qquad (2-2-23)$$
$$年其他费用＝制造费用＋管理费用＋营业费用－(以上三项费用中所含的工资及福利$$
$$费、折旧费、摊销费、修理费) \qquad (2-2-24)$$

3. 流动负债估算

流动负债是指在一年或者超过一年的一个营业周期内，需要偿还的各种债务。在项目评价中，流动负债的估算可以只考虑应付账款和预收账款两项。

$$应付账款＝外购原材料、燃料动力费及其他材料年费用/应付账款周转次数 \qquad (2-2-25)$$
$$预收账款＝预收的营业收入年金额/预收账款周转次数 \qquad (2-2-26)$$

(二)扩大指标法

扩大指标法是参照同类企业流动资金占营业收入或经营成本的比例，或者单位产量占用营运资金的数额估算流动资金。在项目建议书阶段一般可采用扩大指标估算法。

【例 2-2-8】 某项目设计定员 1 100 人，工资和福利费按照每人每年 7.2 万元估算；每年其他费用为 860 万元(其中，其他制造费用 660 万元)；年外购原材料、燃料、动力费估算为 19 200 万元；年经营成本为 21 000 万元，年销售收入为 33 000 万元，年修理费占年经营成本 10%；年预付账款为 800 万元；年预收账款为 1 200 万元。各类流动资产与流动负债最低周转天数分别为：应收账款 30 天，现金 40 天，应付账款 30 天，存货 40 天，预付账款 30 天，预收账款 30 天。编制流动资金估算表。

解： 编制流动资金估算表时，应依次计算流动资产、流动负债，见表 2-2-4。

例题 2-2-8 讲解

表 2-2-4　流动资金估算表

序号	项目	最低周转天数/天	周转次数	金额/万元
1	流动资产			10 578.89
1.1	应收账款	30	12	1 750.00
1.2	存货			7 786.66
1.2.1	外购原材料、燃料、动力费	40	9	2 133.33
1.2.2	在产品	40	9	3 320.00
1.2.3	产成品	40	9	2 333.33
1.3	现金	40	9	975.56
1.4	预付账款	30	12	66.67
2	流动负债			1 700.00
2.1	应付账款	30	12	1 600.00
2.2	预收账款	30	12	100.00

例题 2-2-9 讲解

【例 2-2-9】 某集团公司拟建设 A 工业项目，A 项目为拟建年产 30 万吨铸钢厂，根据调查统计资料提供的当地已建年产 25 万吨铸钢厂的主厂房工艺设备投资约为 2 400 万元。A 项目的生产能力指数为 1。已建类似项目资料：主厂房其他各专业工程投资占工艺设备投资的比例，见表 2-2-5，项目其他各系统工程及工程建设其他费用占主厂房投资的比例，见表 2-2-6。

表 2-2-5　主厂房其他各专业工程投资占工艺设备投资的比例

加热炉	汽化冷却	余热锅炉	自动化仪表	起重设备	供电与传动	建安工程
0.12	0.01	0.04	0.02	0.09	0.18	0.40

表 2-2-6　项目其他各系统工程及工程建设其他费用占主厂房投资的比例

动力系统	机修系统	总图运输系统	行政及生活福利设施	工程建设其他费用
0.30	0.12	0.20	0.30	0.20

A 项目建设资金来源为自有资金和贷款，贷款本金为 8 000 万元，分年度按投资比例发放，贷款利率为 8%（按年计息）。建设期为 3 年，第 1 年投入 30%，第 2 年投入 50%，第 3 年投入 20%。预计建设期物价年平均上涨率为 3%，投资估算到开工的时间按一年考虑，基本预备费费率为 10%。

A 项目示意图如图 2-2-5 所示。

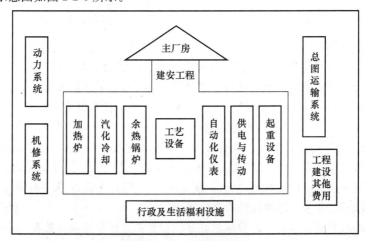

图 2-2-5　A 项目示意图

(1)对于 A 项目，已知拟建项目与类似项目的综合调整系数为 1.25，试用生产能力指数法估算 A 项目主厂房的工艺设备投资。

(2)用系数估算法估算 A 项目主厂房投资和项目的工程费用与工程建设其他费用。

(3)估算 A 项目的建设投资。

(4)对于 A 项目，若单位产量占用流动资金额为 33.67 元/t，试用扩大指标估算法估算该项目的流动资金。确定 A 项目的建设总投资。（计算结果保留两位小数）

解：(1)用生产能力指数估算法估算 A 项目主厂房工艺设备投资。

$$A 项目主厂房工艺设备投资 = 2\,400 \times \left(\frac{30}{25}\right)^1 \times 1.25 = 3\,600（万元）$$

(2)用系数估算法估算 A 项目主厂房投资。

$$A 项目主厂房投资 = 3\,600 \times (1 + 12\% + 1\% + 4\% + 2\% + 9\% + 18\% + 40\%)$$
$$= 3\,600 \times (1 + 0.86) = 6\,696（万元）$$

$$其中，建安工程投资 = 3\,600 \times 0.4 = 1\,440（万元）$$
$$设备购置投资 = 3\,600 \times 1.46 = 5\,256（万元）$$

$$A 项目工程费用与工程建设其他费用 = 6\,696 \times (1 + 30\% + 12\% + 20\% + 30\% + 20\%)$$
$$= 6\,696 \times (1 + 1.12) = 14\,195.52（万元）$$

(3)计算 A 项目的建设投资。

1)基本预备费计算：

$$基本预备费 = 14\,195.52 \times 10\% = 1\,419.55（万元）$$

由此得：$静态投资 = 14\,195.52 + 1\,419.55 = 15\,615.07（万元）$

建设期各年的静态投资额如下：

第 1 年：$15\,615.07 \times 30\% = 4\,684.52（万元）$

第 2 年：$15\,615.07 \times 50\% = 7\,807.54（万元）$

第 3 年：$15\,615.07 \times 20\% = 3\,123.01（万元）$

2)建设期各年的价差预备费如下：

第 1 年：$4\,684.52 \times [(1+3\%)^1 (1+3\%)^{0.5} (1+3\%)^{1-1} - 1] = 212.38（万元）$

第 2 年：$7\,807.54 \times [(1+3\%)^1 (1+3\%)^{0.5} (1+3\%)^{2-1} - 1] = 598.81（万元）$

第 3 年：$3\,123.01 \times [(1+3\%)^1 (1+3\%)^{0.5} (1+3\%)^{3-1} - 1] = 340.40（万元）$

$$价差预备费 = 212.38 + 598.81 + 340.40 = 1\,151.59（万元）$$

由此得：$预备费 = 1\,419.55 + 1\,151.59 = 2\,571.14（万元）$

$$A 项目的建设投资 = 14\,195.52 + 2\,571.14 = 16\,766.66（万元）$$

(4)估算 A 项目的总投资。

1)$流动资金 = 30 \times 33.67 = 1\,010.10（万元）$

2)建设期各年的贷款利息如下：

第 1 年：$(8\,000 \times 30\% \div 2) \times 8\% = 96（万元）$

第 2 年：$[(8\,000 \times 30\% + 96) + (8\,000 \times 50\% \div 2)] \times 8\% =$
$$(2\,400 + 96 + 4\,000 \div 2) \times 8\% = 359.68（万元）$$

第 3 年：$[(2\,400 + 96 + 4\,000 + 359.68) + (8\,000 \times 20\% \div 2)] \times 8\% =$
$$(6\,855.68 + 1\,600 \div 2) \times 8\% = 612.45（万元）$$

$$建设期贷款利息 = 96 + 359.68 + 612.45 = 1\,068.13（万元）$$

拟建项目总投资＝建设投资＋建设期贷款利息＋流动资金

$$＝16\ 766.66＋1\ 068.13＋1\ 010.10＝18\ 844.89(万元)$$

【任务2-2-6】

任务 2-2-6
习题解答

　　某企业计划投资建设某化工项目，设计生产能力为 $4.5×10^5$ t。已知生产能力指数为 $3×10^5$ t的同类项目投入设备费为 30 000 万元，设备综合调整系数为 1.1。该项目生产能力指数估计为 0.8，该类项目的建筑工程费是设备费的 10%，安装工程费是设备费的 20%，其他工程费是设备费的 10%。该三项的综合调整系数定为 1.0，其他投资费用估算为 1 000 万元。

　　该项目资金由自有资金和银行贷款组成。其中贷款总额为 50 000 万元，年贷款利率为 8%，按季计算，建设期为 3 年，贷款额度分别为 30%、50%、20%。基本预备费为 10%，预计建设期物价年平均上涨率为 5%，投资估算到开工的时间按一年考虑。投资计划为：第一年 30%，第二年 50%，第三年 20%。已知本项目的流动资金为 8 589.17 万元。问题：

　　(1)估算建设期贷款利息。

　　(2)计算该项目的建设投资。

　　(3)估算建设项目的总投资额。

第三节　工程项目经济评价

　　工程项目经济评价是工程项目决策阶段重要的工作内容，对于加强固定资产投资的宏观调控，提高投资决策的科学化水平，引导和促进各类资源合理配置，优化投资结构，减少和规避投资风险，充分发挥投资效益，具有十分重要的作用。工程项目经济评价应根据国民经济和社会发展以及行业、地区发展规划的要求，在工程项目初步方案的基础上，采用科学的分析方法，对拟建项目的财务可行性和经济合理性进行分析论证，为工程项目的科学决策提供经济方面的依据。

　　目前，我国工程项目经济评价的方法是根据国家发改委和原建设部发布的《建设项目经济评价方法与参数(第三版)》实施的。

一、工程项目经济评价的内容、方法和原则

知识目标

　　了解工程项目经济评价的内容；
　　掌握工程项目经济评价的方法和原则；
　　掌握财务评价与经济分析的联系与区别。

能力目标

　　能对不同工程项目选择合适的经济评价方法。

(一)工程项目经济评价的内容

工程项目经济评价包括财务评价和经济分析。

1. 财务评价

财务评价是在国家现行财税制度和价格体系的前提下，从项目的角度出发，计算项目范围内的财务效益和费用，分析项目的盈利能力和清偿能力，评价项目在财务上的可行性。

2. 经济分析

经济分析是在合理配置社会资源的前提下，从国家经济整体利益的角度出发，计算项目对国民经济的贡献，分析项目的经济效率、效果和对社会的影响，评价项目在宏观经济上的合理性。

(二)财务评价与经济分析的联系和区别

1. 财务评价与经济分析的联系

(1)财务评价是经济分析的基础。大多数的经济分析是在项目财务分析的基础上进行的，任何一个项目财务分析的数据资料都是项目经济分析的基础。

(2)在大型工程项目中，经济分析是财务评价的前提。项目国民经济效益的可行性与否决定了大型工程项目的最终可行性，它是决定大型项目决策的先决条件和主要依据之一。

因此，在进行项目投资决策时，既要考虑项目的财务评价结果，更要遵循使国家与社会获益的项目经济分析原则。

2. 财务评价与经济分析的区别

(1)两种评价的出发点和目的不同。项目财务分析评价是站在企业或投资人立场上，从其利益角度分析评价项目的财务收益和成本，而项目经济分析则是从国家或地区的角度分析评价项目对整个国民经济乃至整个社会所产生的收益和成本。

(2)两种分析中费用和效益的组成不同。在项目财务分析中，凡是流入或流出的项目货币收支均视为企业或投资者的费用和效益，而在项目经济分析中，只有当项目的投入或产出能够给国民经济带来贡献时才被当作项目的费用或效益进行评价。

(3)两种分析的对象不同。项目财务分析的对象是企业或投资人的财务收益和成本，而项目经济分析的对象是由项目带来的国民收入增值情况。

(4)两种分析中衡量费用和效益的价格尺度不同。项目财务分析关注的是项目的实际货币效果，它根据预测的市场交易价格去计量项目投入和产出物的价值，而项目经济分析关注的是对国民经济的贡献，采用体现资源合理有效配置的影子价格去计量项目投入和产出物的价值。

(5)两种分析的内容和方法不同。项目财务分析主要采用企业成本和效益的分析方法，项目经济分析需要采用费用和效益分析、成本和效益分析和多目标综合分析等方法。

(6)两种分析采用的评价标准和参数不同。项目财务分析的主要标准和参数是净利润、财务净现值、市场利率等，而项目经济分析的主要标准和参数是净收益、经济净现值、社会折现率等。

(7)两种分析的时效性不同。项目财务分析必须随着国家财务制度的变更而作出相应的变化，而项目经济分析多数是按照经济原则进行评价。

财务评价与经济分析的区别见表 2-3-1。

表 2-3-1 财务评价与经济分析的区别

评价项目	财务评价	经济分析
出发点(目的)	投资者角度	国家或地区角度

评价项目	财务评价	经济分析
费用和效益组成	和项目直接相关	分析对象能够给国民经济带来贡献才作为项目的费用和效益
分析对象	企业或投资人	国民收入增值情况
价格尺度	市场交易价格	影子价格
分析内容和方法	企业成本效益分析方法	费用和效益分析、成本和效益分析和多目标综合分析方法
评价标准和参数	净利润、财务净现值、市场利率	净收益、经济净现值、社会折现率
时效性不同	随着国家财务制度的变更而变化	按照经济原则进行评价

(三)工程项目经济评价内容和方法的选择

工程项目的类型、性质、目标和行业特点等都会影响项目评价的方法、内容和参数。

(1)对于一般项目,财务分析结果将对其决策、实施和运营产生重大影响,财务评价必不可少。由于这类项目产出品的市场价格基本上能够反映其真实价值,当财务分析的结果能够满足决策需要时,可以不进行经济分析。

(2)对于那些关系国家安全、国土开发和市场不能有效配置资源等具有较明显外部效果的项目(一般为政府审批或核准项目),需要从国家经济整体利益角度来考察项目,并以能反映资源真实价值的影子价格来计算项目的经济效益和费用,通过经济评价指标的计算和分析,得出项目是否对整个社会经济有益的结论。

(3)对于特别重大的工程项目,除进行财务评价与经济费用效益分析外,还应专门进行项目对区域经济或宏观经济影响的研究和分析。

【任务 2-3-1】

课后巩固

任务 2-3-1
习题解答

1. 关于工程项目经济财务分析和经济分析的联系与区别说法中,下列不正确的是( )。

   A. 在大型工程项目中,经济分析是财务分析的前提

   B. 两种评价的出发点和目的相同,都是从利益角度分析项目的财务收益和成本

   C. 两种分析中费用和效益的组成不同

   D. 财务分析的对象是企业的财务收益,经济分析的对象则是项目带来的国民收入增值情况

2. 在工程项目财务分析和经济分析中,关于工程项目投入和产出物价值计量的说法,下列正确的是( )。

   A. 经济分析采用影子价格计量,财务分析采用预测的市场交易价格计量

   B. 经济分析采用预测的市场交易价格计量,财务分析采用影子价格计量

   C. 经济分析和财务分析均采用预测的市场交易价格计量

   D. 经济分析和财务分析均采用影子价格计量

二、工程项目财务评价

(一)工程项目财务评价的概念与程序

1. 工程项目财务评价的概念

工程项目财务评价(以下简称财务评价)是根据国家现行财税制度和价格体系,分析、计算项目直接发生的财务效益和费用,编制财务报表,计算财务评价指标,考察项目盈利能力、清偿能力以及外汇平衡等财务状况,据以判别项目的财务可行性。它又称为微观经济效果评价,主要从微观投资主体的角度分析项目可以给投资主体带来的效益以及投资风险。作为市场经济微观主体的企业进行投资时,一般都进行财务评价。

知识小课堂

财务评价含义及
程序

对于经营性项目,通过编制财务分析辅助报表(也称基础数据表)和财务分析报表,计算财务评价指标,分析项目的盈利能力、偿债能力和财务生存能力,判断项目的财务可行性,为项目决策提供依据。对于非经营性项目,财务分析应主要分析财务生存能力。

2. 工程项目财务评价的程序

项目决策可分为投资决策和融资决策两个层次。投资决策重在考察项目净现金流量的价值是否大于其投资成本;融资决策重在考察资金筹措方案能否满足要求。严格来分,投资决策在先,融资决策在后。根据不同决策的需要,财务分析可分为融资前分析和融资后分析。

财务分析一般宜先进行融资前分析,考查项目方案设计本身的可行性,在融资前分析结论满足要求的情况下,再初步设定融资方案,进行融资后分析,考查项目方案设计在拟定融资条件下的可行性。在项目建议书阶段,可只进行融资前分析。融资前分析只进行盈利能力分析,融资后分析既包括盈利能力分析,又包括偿债能力分析和财务生存能力分析。

财务评价的具体程序如下:

(1)估算项目的财务效益与费用,编制财务分析辅助报表。项目的财务效益是指项目实施后获得的营业收入和补贴收入;项目支出的费用主要包括投资、成本费用和税金。

(2)编制财务分析报表。财务分析报表包括现金流量表、借款还本付息估算表、利润与利润分配表、财务计划现金流量表、资产负债表。

(3)计算财务评价指标,分析项目的盈利能力、偿债能力和财务生存能力。

财务评价流程如图 2-3-1 所示。

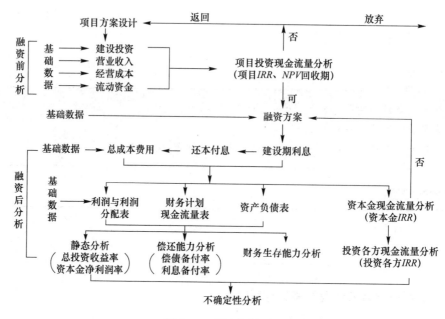

图 2-3-1 财务评价流程

(二)估算项目的财务效益与费用,编制财务分析辅助报表

在财务效益与费用估算中,通常可首先估算建设投资和营业收入,依次是经营成本和流动资金。当需要继续进行融资后分析时,可在初步融资方案基础上再进行建设期利息估算和还本付息计算,最后进行总成本估算,完成财务分析辅助报表的编制。财务分析辅助报表主要有建设投资估算表、建设期利息估算表、流动资金估算表、项目总投资使用计划与资金筹措表、增值税及销售税金附加估算表、总成本费用估算表。

1. 建设投资估算表

建设投资估算表
编制

建设投资是项目费用的重要组成,是项目财务分析的基础数据,应在给定的建设规模、产品方案和工程技术方案的基础上,估算项目建设所需的费用。建设投资估算可根据项目前期研究的不同阶段、对投资估算精度的要求及相关规定选用估算方法。

(1)按概算法分类。按概算法分类,建设投资构成如图 2-3-2 所示,建设投资估算表见表 2-3-2。

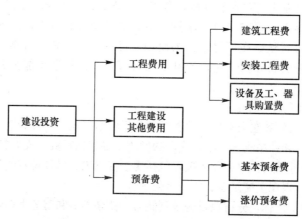

图 2-3-2 建设投资构成(按概算法分类)

表 2-3-2　建设投资估算表(概算法)

序号	工程或费用名称	建筑工程费	设备购置费	安装工程费	其他费用	合计	其中:外币	比例/%
1	工程费用							
1.1	主体工程							
1.1.1	×××							
	……							
1.2	辅助工程							
1.2.1	×××							
	……							
1.3	公用工程							
1.3.1	×××							
	……							
1.4	服务性工程							
1.4.1	×××							
	……							
1.5	厂外工程							
1.5.1	×××							
	……							
1.6	×××							
2	工程建设其他费用							
2.1	×××							
	……							
3	预备费							
3.1	基本预备费							
3.2	价差预备费							
4	建设投资合计							
	比例/%							

(2)按形成资产法分类。按形成资产法分类,建设投资构成如图 2-3-3 所示,建设投资估算表见表 2-3-3。

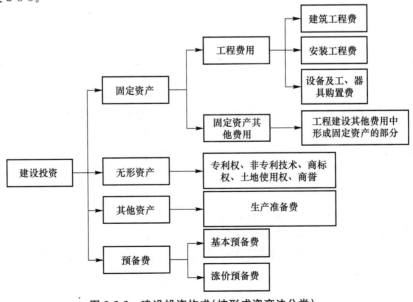

图 2-3-3　建设投资构成(按形成资产法分类)

工程建设其他费用中形成固定资产的部分包括：建设单位管理费、可行性研究费、研究试验费、勘察设计费、环评费、场地准备及临时设施费、引进技术和引进设备其他费、工程保险费、联合试运转费、特殊设备安全监督检验费、市政公用设施建设及绿化费。

表 2-3-3　建设投资估算法(形成资产法)

序号	工程或费用名称	建筑工程费	设备购置费	安装工程费	其他费用	合计	其中：外币	比例/%
1	固定资产费用							
1.1	工程费用							
1.1.1	×××							
1.1.2	×××							
	……							
1.2	固定资产其他费用							
	×××							
	……							
2	无形资产费用							
2.1	×××							
	……							
3	其他资产费用							
3.1	×××							
	……							
4	预备费							
4.1	基本预备费							
4.2	价差预备费							
5	建设投资合计							
	比例/%							

知识小课堂

建设期利息估算表编制

2. 建设期利息估算表

估算建设期利息，需要根据项目进度计划提出建设投资分年计划，列出各年投资额，并明确其中的外汇和人民币，然后分别计算；对有多种借款资金来源，每笔借款的年利率各不相同的项目，可分别计算每笔借款的利息；在项目评价中，对于分期建成投产的项目，应注意投产后继续发生的借款利息不作为建设期利息计入固定资产原值，而是作为运营期利息计入总成本费用。

需要注意的是，建设期利息在建设期只计息不偿还，到运营期才开始偿还，偿还方式有等额还本付息和等额还本、利息照付两种。

(1)等额还本付息。等额还本付息是指每年偿还的本金与利息之和是相同的。其计算公式如下：

$$A = I_c \times \frac{i(1+i)^n}{(1+i)^n - 1} \qquad (2\text{-}3\text{-}1)$$

式中 A——每年还本付息额(等额年金);

I_c——还款起始年年初的借款余额(含未支付的建设期利息);

i——年利率;

n——预定的还款期;

$\frac{i(1+i)^n}{(1+i)^n - 1}$——资金回收系数,可以自行计算或查复利系数表。

该还款方式中,每年支付利息=年初借款余额×年利率,每年偿还本金=A—每年支付利息,年初借款余额=I_c—本年以前各年偿还的借款累计。

(2)等额还本、利息照付。等额还本、利息照付是指每年偿还的本金是相同的,利息照付。其计算公式如下:

$$A_t = \frac{I_c}{n} + I_c \times \left(1 - \frac{t-1}{n}\right) \times i \qquad (2\text{-}3\text{-}2)$$

式中 A_t——第 t 年还本付息额。

该还款方式中,每年支付利息=年初借款余额×年利率,每年偿还本金=$\frac{I_c}{n}$。

建设期利息估算表见表 2-3-4。

表 2-3-4 建设期利息估算表   万元

序号	项目	合计	建设期				
			1	2	3	4	n
1	借款						
1.1	建设期利息						
1.1.1	期初借款余额						
1.1.2	当期借款						
1.1.3	当期应计利息						
1.1.4	期末借款余额						
1.2	其他融资费用						
1.3	小计(1.1+1.2)						
2	债券						
2.1	建设期利息						
2.1.1	期初债务余额						
2.1.2	当期债务余额						
2.1.3	当期应计利息						
2.1.4	期末债务余额						
2.2	其他融资费用						
2.3	小计(2.1+2.2)						
3	合计(1.3+2.3)						
3.1	建设期利息合计(1.1+2.1)						
3.2	其他融资费用合计(1.2+2.2)						

注:1. 本表适用于新设法人项目与既有法人项目的新增建设期利息的估算。

2. 原则上应分别估算外汇和人民币债务。

3. 如有多种借款或债券,必要时应分别列出。

4. 本表与财务分析表"借款还本付息计划表"可二表合一。

【例 2-3-1】 某拟建项目建设期为 2 年，运营期为 6 年。固定资产投资估算总额为 3 600 万元，其中，预计形成固定资产 3 060 万元（含建设期借款利息 60 万元），无形资产 540 万元。固定资产使用年限为 10 年，残值率为 4%，固定资产余值在项目运营期末收回。无形资产在运营期内均匀摊入成本。项目的资金投入、收益、成本等基础数据见表 2-3-5。设计生产能力为年产量 120 万件某产品，产品不含税售价为 36 元/件，增值税税率为 17%，增值税附加综合税税率为 12%，所得税税率为 25%。建设投资借款合同规定的还款方式为：运营期的前 4 年等额还本、利息照付。建设期借款年利率为 6%；流动资金借款年利率为 4%。编制建设期利息估算表。

表 2-3-5　拟建项目投资运营表　　　　　　　　　万元

序号	项目	建设期		运营期					
		1	2	3	4	5	6	7	8
1	建设投资								
	资本金	1 200	340						
	借款本金		2 000						
2	流动资金								
	资本金			300					
	借款本金			100	400				
3	年销售量			60	120	120	120	120	120
4	年经营成本			1 900	3 648	3 648	3 648	3 648	3 648
	其中可抵扣进项税			218	418	418	418	418	418

解： 第二年建设期贷款利息为 $2\,000 \div 2 \times 6\% = 60$（万元）

编制建设期利息估算表见表 2-3-6。

表 2-3-6　建设期利息估算表　　　　　　　　　万元

序号	项目	合计	建设期	
			1	2
	建设期利息			
1	期初借款余额			0
2	当期借款		0	2 000
3	当期应计利息			60
4	期末借款余额		0	2 060

3. 流动资金估算表

根据第二节"五、流动资金估算方法"计算出流动资金后，要编制流动资金估算表，见表 2-3-7。

表 2-3-7　流动资金估算表

序号	项目	最低周转天数	周转次数	计算期					
				1	2	3	4	…	5
1	流动资产								
1.1	应收账款								

序号	项目	最低周转天数	周转次数	计算期					
				1	2	3	4	...	5
1.2	存货								
1.2.1	原材料								
1.2.2	×××								
	......								
1.2.3	燃料								
	×××								
	......								
1.2.4	在产品								
1.2.5	产成品								
1.3	现金								
1.4	预付账款								
2	流动负债								
2.1	应付账款								
2.2	预收账款								
3	流动资金（1－2）								
4	流动资金当期增加额								

注：1. 本表适用于新设项目与既有项目的"有项目""无项目"和增量流动资金的估算。
　　2. 表中科目可视行业变动。
　　3. 如发生外币流动资金，应另外估算后予以说明，其数额应包含在本表格内。
　　4. 不发生预付账款和预收账款的项目可不列此项。

4. 项目总投资使用计划与资金筹措表

项目总投资使用计划与资金筹措表见表 2-3-8。

表 2-3-8　项目总投资使用计划与资金筹措表

序号	项目	合计			合计			......		
		人民币	外币	小计	人民币	外币	小计	人民币	外币	小计
1	总投资									
1.1	建设投资									
1.2	建设期利息									
1.3	流动资金									
2	资金筹措									
2.1	项目资本金									
2.1.1	用于建设投资									
	××方									
	......									
2.1.2	用于流动资金									

序号	项目	合计			合计			……		
		人民币	外币	小计	人民币	外币	小计	人民币	外币	小计
	××方									
	……									
2.1.3	用于建设期利息									
	××方									
	……									
2.2	债务资金									
2.2.1	用于建设投资									
	××借款									
	××债券									
	……									
2.2.2	用于建设期利息									
	××借款									
	××债券									
	……									
2.2.3	用于流动资金									
	××借款									
	××债券									
	……									
2.3	其他资金									
	×××									
	……									

注：1. 本表按新增投资范畴编制。

2. 本表建设期利息一般可包括其他融资费用。

3. 对既有法人项目，项目资本金可新增资金和既有法人货币资金与资金变现或资产经营权变现的资金，可分别列出或加以文字说明。

5. 增值税及其附加税估算表

营业收入是指销售产品或者提供服务所获得的收入，是现金流量表中现金流入的主体，也是利润表的主要科目，其估算的基础数据包括产品或服务的数量和价格。

增值税应纳税额等于当期销项税额减去当期进项税额，当期销项税额等于不含销项税额的营业收入乘以增值税税率。

增值税及其附加税估算表见表 2-3-9。

表 2-3-9 增值税及其附加税估算表

序号	项目	合计	计算期					
			1	2	3	4	…	n
1	营业收入(不含销项税)							
1.1	产品 A 营业收入							
	单价							

序号	项目	合计	计算期					
			1	2	3	4	…	n
	数量							
	销项税额							
1.2	产品B营业收入							
	单价							
	数量							
	销项税额							
	…							
2	进项税额							
3	增值税应纳税额							
4	增值税附加税							

6. 总成本费用估算表

(1)总成本费用与经营成本。总成本费用是指在运营期内为生产产品或提供服务所发生的全部费用,等于经营成本与折旧费、摊销费及财务费用(如建设期和运营期利息等)之和;经营成本是项目经济评价中所使用的特定概念,作为项目运营期的主要现金流出,与融资方案无关,因此,在完成建设投资和营业收入后,就可以估算经营成本。其构成和估算公式如下:

$$总成本=经营成本+折旧+摊销+利息 \tag{2-3-3}$$

$$经营成本=外购原材料、燃料和动力费+工资及福利费+修理费+其他费用 \tag{2-3-4}$$

式中,其他费用是指从制造费用、管理费用和营业费用中扣除了折旧费、摊销费、修理费、工资及福利费以后的其余部分。

(2)总成本费用估算方法。总成本费用有生产成本加期间费用法和生产要素法两种估算方法。项目评价中通常采用生产要素法估算总成本费用。

1)生产要素估算法。

$$\begin{aligned}总成本费用&=(外购原材料、燃料和动力费+工资及福利费+修理费+其他费\\&\quad 用)+折旧费+摊销费+利息\\&=经营成本+折旧费+摊销费+利息\end{aligned} \tag{2-3-5}$$

式中各费用的计算方法如下:

①外购原材料和燃料动力费是指原材料和燃料动力费外购的部分,其估算需要相关专业所提出的外购原材料和燃料动力年耗用量,以及在选定价格体系下的预测价格,该价格应按到厂价格并考虑途库损耗计。

②人工工资及福利费是指企业为获得职工提供的服务而给予各种形式的报酬以及其他相关支出。其包括职工工资、奖金、津贴、五险一金等。估算时要按项目全部人员数量估算。

总成本估算表编制

③固定资产折旧费是指固定资产在使用过程中会受到磨损而损失的价值,通常以提取折旧的方式得以补偿。固定资产的折旧方法一般采用直线法,包括年限平均法和工作量法。我国税法也允许对某些机器设备采用快速折旧法,即双倍余额递减法和年数总和法。

【例 2-3-2】 计算例 2-3-1 中的固定资产折旧费。

解： 每年折旧费＝固定资产原值×(1－残值率)÷使用年限

$$＝(3\,600－540)×(1－4\%)÷10＝293.76(万元/年)$$

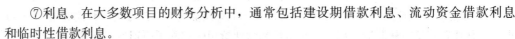

知识拓展

固定资产原值是固定资产投资额中形成固定资产的部分，包含建设期利息但不包含无形资产和其他资产。注意题目中是固定资产投资额多少，还是形成固定资产多少，后者就是固定资产原值，前者的固定资产原值等于固定资产投资额减去无形资产和其他资产。

④固定资产修理费估算。修理费是指为保持固定资产的正常运转和使用，充分发挥使用效能，对其进行必要修理所发生的费用，可直接按固定资产原值(扣除建设期利息)的一定百分数估算。

⑤无形资产和其他资产摊销估算。无形资产和其他资产摊销是指无形资产从开始使用之日起，在有效使用期限内平均摊入成本。计算摊销需要先计算无形资产原值。

无形资产原值是指项目投产时按规定由投资形成无形资产的部分。

无形资产的摊销一般采用平均年限法，不计残值。

【例 2-3-3】 计算例 2-3-1 中的无形资产摊销费。

解： 每年摊销费＝无形资产原值÷使用年限＝540÷6＝90(万元/年)

⑥其他费用估算。其他费用包括其他制造费用、其他管理费用和其他营业费用这三项费用，详见生产成本加期间费用估算法。

⑦利息。在大多数项目的财务分析中，通常包括建设期借款利息、流动资金借款利息和临时性借款利息。

a. 建设期借款。建设期借款属于长期借款，特点是当年借款半额计息、以前各年借款全额计息，建设期不还贷、运营期开始还。项目评价中可以选择等额还本付息方式或等额还本、利息照付方式来偿还建设期借款。

b. 流动资金借款。项目评价中估算的流动资金借款从本质上说应归类为长期借款，但目前企业往往有可能与银行达成共识，按期末偿还、期初再借的方式处理，并按一年期利率计息，因此，流动资金借款的特点是当年全额计息，每年还利息、计算期最后一年偿还本金。其计算公式如下：

$$年流动资金借款利息＝年初流动资金借款余额×流动资金借款年利率 \qquad (2\text{-}3\text{-}6)$$

c. 临时性借款。临时性借款是指运营期间由于资金的临时需要而发生的短期借款。在项目评价中，能够偿还本金的资金来源是未分配利润、折旧和摊销，当某一年份的未分配利润与折旧、摊销之和小于当年应还本金时，就需要发生临时性借款。临时性借款利息的计算同流动资金借款利息，偿还按照随借随还的原则处理，即当年借款尽可能下年偿还。

【例 2-3-4】 编制例 2-3-1 中的借款还本付息表。

解： (1)建设期借款。

第 3 年年初累计借款 2 060 万元，还款方式为运营期前 4 年等额还本、利息照付，则各年等额偿还本金＝第 3 年年初累计借款÷还款期＝2 060÷4＝515(万元)。

每年支付利息＝年初借款余额×年利率 6%

(2)流动资金借款。

第三年借款 100 万元，利息＝100×4％＝4（万元）。

第四年新增借款 400 万元，利息＝500×4％＝20（万元）。

以后各年贷款均为 500 万元，利息等于 500×4％＝20（万元）。

贷款本金 500 万元在计算期最后一年偿还。

（3）临时性借款。

第 3 年：营业收入＝60×36×1.17＝2 527.20（万元）

第 4～8 年：营业收入＝120×36×1.17＝5 054.40（万元）

第 3 年：增值税＝60×36×17％－218＝149.20（万元）

第 4～8 年：增值税＝120×36×17％－418＝316.40（万元）

第 3 年：增值税附加＝149.20×12％＝17.90（万元）

第 4～8 年：增值税附加＝316.40×12％＝37.97（万元）

支付利息＝建设期借款利息＋流动资金借款利息

　　　　＝2 060×6％＋4＝127.6（万元）

总成本＝1 900＋293.76＋90＋127.6＝2 411.36（万元）

利润＝营业收入－增值税－增值税附加－总成本

　　＝2 527.20－149.2－17.9－2 411.36＝－51.26（万元）

即第 3 年利润为负值，是亏损年份。该年不计所得税、不提取盈余公积金和可供投资者分配的股利，并需要临时借款。当年可用于偿还本金的资金来源只有折旧费和摊销费，90＋293.76＝383.76＜515，故需要临时性借款 515－90－293.76＋51.26＝182.5（万元）

借款还本付息表见表 2-3-10。

表 2-3-10　借款还本付息表

序号	项目	建设期		运营期					
		1	2	3	4	5	6	7	8
1	建设投资借款								
1.1	期初借款余额			2 060.00	1 545.00	1 030.00	515.00		
1.2	当期还本付息			638.60	607.70	576.80	545.90		
	其中：还本			515.00	515.00	515.00	515.00		
	付息(6%)			123.60	92.70	61.80	30.90		
1.3	期末借款余额		2 060.00	1 545.00	1 030.00	515.00			
2	流动资金借款								
2.1	期初借款余额			100.00	500.00	500.00	500.00	500.00	500.00
2.2	当期还本付息			4.00	20.00	20.00	20.00	20.00	520.00
	其中：还本								500.00
	付息(4%)			4.00	20.00	20.00	20.00	20.00	20.00
2.3	期末借款余额			100.00	500.00	500.00	500.00	500.00	
3	临时借款								
3.1	期初借款余额				182.50				
3.2	当期还本付息				189.80				
	其中：还本				182.50				
	付息(4%)				7.30				
3.3	期末借款余额			182.50					

序号	项目	建设期		运营期					
		1	2	3	4	5	6	7	8
4	借款合计								
4.1	期初借款余额			2 160.00	2 227.50	1 530.00	1 015.00	500.00	500.00
4.2	当期还本付息			642.60	817.50	596.80	565.90	20.00	520.00
	其中：还本			515.00	697.50	515.00	515.00		500.00
	付息			127.60	120.00	81.80	50.90	20.00	20.00
4.3	期末借款余额		2 060.00	1 827.50	1 530.00	1 015.00	500.00	500.00	0

⑧可变成本和固定成本。根据成本费用与产量的关系可以将总成本费用分解为可变成本、固定成本。固定成本是指不随产品产量变化的各项成本费用，一般包括折旧费、摊销费、修理费、工资及福利费(计件工资除外)和其他费用等，通常把运营期发生的全部利息也作为固定成本；可变成本是指随产品产量增减而成正比例变化的各项费用，主要包括外购原材料、燃料及动力费和计件工资等。

以上是生产要素法估算总成本费用的过程。完成总成本费用估算后要编制总成本估算表(生产要素估算法)，见表 2-3-11。

表 2-3-11 总成本费用估算表(生产要素估算法)

序号	项目	合计	计算期					
			1	2	3	4	···	n
1	外购原材料费							
2	外购燃料及动力费							
3	人工工资及福利费							
4	修理费							
5	其他费用							
6	经营成本(1＋2＋3＋4＋5)							
7	折旧费							
8	摊销费							
9	利息支出							
10	总成本费用合计(6＋7＋8＋9)							
	其中：可变成本							
	固定成本							

2)生产成本加期间费用估算法。

$$总成本＝生产成本＋期间费用 \tag{2-3-7}$$

生产成本＝直接材料费＋直接燃料和动力费＋直接工资及福利费＋其他直接支出＋制造费用 (2-3-8)

$$期间费用＝管理费用＋财务费用＋营业费用 \tag{2-3-9}$$

式中，各费用的计算方法如下：

①制造费用。项目评价中的制造费用是指项目包含的各分厂或车间的总制造费用，为了简化计算常将制造费用归类为分厂或车间管理人员工资及福利费、折旧费、修理费和其他制造费用几部分。其他制造费用是指由制造费用扣除工资及福利费、折旧费、摊销费、

修理费后的其余部分。其计算公式如下：

制造费用＝分厂或车间管理人员工资及福利费＋折旧费＋修理费＋其他制造费(2-3-10)

项目评价中制造费用常用的估算方法有：按固定资产原值(扣除所含的建设期利息)的百分数估算；按人员定额估算。

②管理费用。项目评价中的管理费用是指企业为管理和组织生产经营活动所发生的各项费用。为了简化计算常将管理费用归类为企业总厂管理人员工资及福利费、折旧费、无形资产和其他资产摊销、修理费和其他管理费用几部分。其他管理费用是指由管理费用扣除工资及福利费、折旧费、摊销费、修理费后的其余部分。其计算公式如下：

管理费用＝总厂管理人员工资及福利费＋折旧费＋无形资产和其他资产摊销＋修理费＋
其他制造费   (2-3-11)

项目评价中管理费用常用的估算方法是按人员定额或取工资及福利费总额的倍数估算。

③营业费用。项目评价中的营业费用是指销售商品过程中发生的各项费用以及专设销售机构的各项经费。为了简化计算常将营业费用归类为销售人员工资及福利费、折旧费、修理费和其他营业费用几部分。其他营业费用是指由营业费用扣除工资及福利费、折旧费、修理费后的其余部分。其计算公式如下：

营业费用＝销售人员工资及福利费＋折旧费＋修理费＋其他营业费   (2-3-12)

项目评价中营业费用常用的估算方法是按营业收入的百分数估算。

以上是生产成本加期间费用法估算总成本费用的过程。完成总成本费用估算后要编制总成本估算表(生产成本加期间费用法)，见表2-3-12。

表 2-3-12　总成本费用估算表(生产成本加期间费用法)

序号	项目	合计	计算期					
			1	2	3	4	…	n
1	生产成本							
1.1	直接材料费							
1.2	直接燃料及动力费							
1.3	直接工资及福利费							
1.4	制造费用							
1.4.1	折旧费							
1.4.2	修理费							
1.4.3	其他制造费用							
2	管理费用							
2.1	无形资产摊销							
2.2	其他资产摊销							
2.3	其他管理费用							
3	财务费用							
3.1	利息支出							
3.1.1	长期借款利息							
3.1.2	流动资金借款利息							
3.1.3	短期借款利息							
4	营业费用							

序号	项目	合计	计算期					
			1	2	3	4	…	n
5	总成本费用合计(1+2+3+4)							
5.1	其中：可变成本							
5.2	固定成本							
6	经营成本(5−1.4.1−2.1−2.2−3.1)							

例题 2-3-5 讲解

【例 2-3-5】 编制例 2-3-1 中的总成本费用估算表。

解： 总成本费用估算表见表 2-3-13。

表 2-3-13　总成本费用估算表　　　　　　　　万元

序号	项目	运营期					
		3	4	5	6	7	8
1	经营成本	1 900.00	3 648.00	3 648.00	3 648.00	3 648.00	3 648.00
2	折旧费	293.76	293.76	293.76	293.76	293.76	293.76
3	摊销费	90.00	90.00	90.00	90.00	90.00	90.00
4	建设投资利息	123.60	92.70	61.80	30.90		
5	流动资金利息	4.00	20.00	20.00	20.00	20.00	20.00
6	临时借款利息		7.30				
7	总成本费用	2 411.36	4 151.76	4 113.56	4 082.66	4 051.76	4 051.76
	其中可抵扣进项税	218.00	418.00	418.00	418.00	418.00	418.00

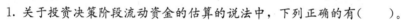

【任务 2-3-2】

任务 2-3-2
习题解答

1. 关于投资决策阶段流动资金的估算的说法中，下列正确的有（　　）。

   A. 流动资金周转额的大小与生产规模及周转速度直接相关

   B. 分项详细估算时，需要计算各类流动资产和流动负债的年周转次数

   C. 当年发生的流动资金借款应按半年计息

   D. 流动资金借款利息应计入建设期贷款利息

   E. 不同生产负荷下的流动资金按100%生产负荷下的流动资金乘以生产负荷百
   分比计算

2. 采用分项详细估算法估算项目流动资金时，流动资产的正确构成是（　　）。

   A. 应付账款＋预付账款＋存货＋年其他费用

   B. 应付账款＋应收账款＋存货＋现金

   C. 应收账款＋存货＋预收账款＋现金

   D. 预付账款＋现金＋应收账款＋存货

3. 下列流动资金分项详细估算的计算式中，正确的是（　　）。

   A. 应收账款＝年营业收入/应收账款周转次数

   B. 预收账款＝年经营成本/预收账款周转次数

   C. 产成品＝(年经营成本－年其他营业费用)/产成品周转次数

   D. 预付账款＝存货/预付账款周转次数

4. 某工程项目建成投产后，正常生产年份的总成本费用为 1 000 万元，其中期间费用为 150 万元。借款利息为 20 万元，固定资产折旧为 80 万元，无形资产摊销费为 50 万元，则其经营成本为（　　）万元。

   A. 700　　　　B. 850　　　　C. 870　　　　D. 900

5. 某项目在经营年度外购原材料、燃料和动力费为 1 100 万元，工资及福利费为 500 万元，修理费为 50 万元，其他费用为 40 万元，折旧费为 50 万元，摊销费为 40 万元，财务费用为 40 万元，则该项目年度经营成本为（　　）万元。

   A. 1 600　　　B. 1 640　　　C. 1 650　　　D. 1 690

(三)编制财务分析报表

财务分析报表包括各类现金流量表、利润与利润分配表、借款还本付息估算表、资产负债表、财务计划现金流量表。财务分析报表与财务分析的关系如图 2-3-4 所示。

现金流量表编制

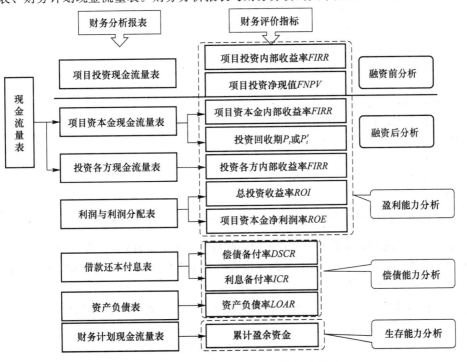

图 2-3-4 财务分析报表与财务分析的关系

1. 项目投资现金流量表

项目投资现金流量表见表 2-3-14。

表 2-3-14　项目投资现金流量表　　　　　　　　万元

序号	项目	合计	计算期					
			1	2	3	4	…	n
1	现金流入							
1.1	营业收入							

序号	项目	合计	计算期					
			1	2	3	4	…	n
1.2	补贴收入							
1.3	回收固定资产余值							
1.4	回收流动资金							
2	现金流出							
2.1	建设投资(不含建设期利息)							
2.2	流动资金							
2.3	经营成本							
2.4	增值税及附加							
2.5	维持运营投资							
3	所得税前净现金流量							
4	累计所得税前净现金流量							
5	调整所得税							
6	所得税后净现金流量(3−5)							
7	累计所得税后净现金流量							

计算指标:
项目投资财务内部收益率(%)(所得税前)
项目投资财务内部收益率(%)(所得税后)
项目投资财务净现值(所得税前)($i_c=$%)
项目投资财务净现值(所得税后)($i_c=$%)
项目投资财务内部收益率(%)(所得税前)
项目投资回收期(年)(所得税前)
项目投资回收期(年)(所得税后)

表中,(1)固定资产余值和流动资金的回收均发生在计算期最后一年。固定资产余值回收额为资产折旧费估算表中最后一年的固定资产期末净值,流动资金回收额为项目正常生产年份流动资金的占用额。

(2)调整所得税与经营成本一样,是项目经济评价中所使用的特定概念,注意与所得税的区别。其计算公式如下:

$$调整所得税=息税前利润×税率 \qquad (2\text{-}3\text{-}13)$$

(3)所得税前指标不受所得税政策变化的影响,仅体现方案本身的合理性,特别适合方案设计的比选,应引起各方注意。

【例 2-3-6】 编制例 2-3-1 中的项目投资现金流量表。

解:项目投资现金流量表见表 2-3-15。

例题 2-3-6 讲解

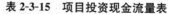

表 2-3-15 项目投资现金流量表 　　　　　　　　万元

序号	项目	建设期		运营期					
		1	2	3	4	5	6	7	8
1	现金流入	0	0	2 527.2	5 054.4	5 054.4	5 054.4	5 054.4	7 151.84
1.1	营业收入			2 527.2	5 054.4	5 054.4	5 054.4	5 054.4	5 054.4

序号	项目	建设期		运营期					
		1	2	3	4	5	6	7	8
1.2	补贴收入								
1.3	回收固定资产余值								1 297.44
1.4	回收流动资金								800
2	现金流出	1 200	2 340	2 486.19	4 569.44	4 169.44	4 169.44	4 169.44	4 169.44
2.1	建设投资	1 200	2 340						
2.2	流动资金投资			400	400				
2.3	经营成本			1 900	3 648	3 648	3 648	3 648	3 648
2.4	增值税及附加			167.10	354.37	354.37	354.37	354.37	354.37
3	所得税前净现金流量	−1 200	−2 340	60.10	652.03	1 052.03	1 052.03	1 052.03	3 149.47
4	累计所得税前净现金流量	−1 200	−3 540	−3 479.90	−2 827.87	−1 775.84	−723.81	328.22	3 477.69
5	调整所得税			19.09	167.07	167.07	167.07	167.07	167.07
6	所得税后净现金流量(3−5)	−1 200	−2 340	41.01	484.96	884.96	884.96	884.96	2 982.40
7	累计所得税后净现金流量	−1 200	−3 540	−3 498.99	−3 014.03	−2 129.07	−1 244.11	−359.15	2 623.25

2. 项目资本金现金流量表

项目资本金现金流量表与项目投资现金流量表的区别在于是否考虑融资：融资前编制项目投资现金流量表，考查项目本身可行性；融资后编制项目资本金现金流量表，考查项目和融资组合的可行性，见表 2-3-16。

表 2-3-16　项目资本金现金流量表　　　　　　　　万元

序号	项目	合计	计算期					
			1	2	3	4	…	n
1	现金流入 —→ 同项目投资现金流量表							
1.1	营业收入							
1.2	补贴收入							
1.3	回收固定资产余值							
1.4	回收流动资金							
2.1	现金流出							
2.1	项目资本金 —→ 同项目投资现金流量表：建设投资、流动资金							
2.2	借款本金偿还							
2.3	借款利息支付	与利息有关的费用，项目投资现金流量表没有						
2.4	经营成本							
2.5	营业税金及附加	同项目投资现金流量表						
2.6	所得税 —→ 同项目投资现金流量表：调整所得税							
2.7	维持运营投资							
3	净现金流量（1−2）							
计算指标：资本金财务内部收益率/% —→ 同项目投资现金流量表：项目投资财务内部收益率								

例题2-3-7讲解

【例2-3-7】 编制例2-3-1中的项目资本金现金流量表。

解：项目资本金现金流量表见表2-3-17。

表2-3-17　项目资本金现金流量表　　　　　　　　　万元

序号	项目	建设期		运营期					
		1	2	3	4	5	6	7	8
1	现金流入			2 527.2	5 054.4	5 054.4	5 054.4	5 054.4	7 151.84
1.1	营业收入			2 527.2	5 054.4	5 054.4	5 054.4	5 054.4	5 054.4
1.2	补贴收入								
1.3	回收固定资产余值								1 297.44
1.4	回收流动资金								800
2	现金流出	1 200	340	3 009.70	4 944.12	4 745.79	4 722.61	4 184.44	4 684.44
2.1	项目资本金	1 200	340	300					
2.2	借款本金偿还			515	697.5	515	515		500
2.3	借款利息支付			127.6	120	81.8	50.9	20	20
2.4	经营成本			1 900	3 648	3 648	3 648	3 648	3 648
2.5	增值税及附加			167.10	354.37	354.37	354.37	354.37	354.37
2.6	维持运营投资								
2.7	所得税			0.00	124.25	146.62	154.34	162.07	162.07
3	净现金流量	−1 200	−340	−482.50	110.28	308.61	331.79	869.96	2 467.40

回收固定资产余值＝293.76×4＋3 060×4％＝1 297.44(万元)

全部流动资金＝300＋100＋400＝800(万元)

3. 利润及利润分配表

利润及利润分配表见表2-3-18。

表2-3-18　利润及利润分配表　　　　　　　　　万元

序号	项目	合计	计算期					
			1	2	3	4	…	n
1	营业收入(不含销项税)							
2	总成本费用(不含进项税)							
3	营业税金及附加							
4	补贴收入							
5	利润总额(1−2−3＋4)							
6	弥补以前年度亏损							
7	应纳税所得额(5−6)							
8	所得税(7)×25％							
9	净利润(5−8)							
10	期初未分配利润							
11	可供分配利润(9＋10)							
12	提取法定盈余公积金(9)×10％							

利润及利润
分配表编制

序号	项目	合计	计算期					
			1	2	3	4	…	n
13	可供投资者分配利润(11—12)							
14	应付优先股股利							
15	提取任意盈余公积金							
16	应付普通股股利							
17	各投资方利润分配:							
	其中:××方							
	××方							
18	未分配利润(13—14)							
19	息税前利润(5+当年利息)							
20	息税折旧摊销前利润(息税前利润+折旧+摊销)							

表中，(1)利润总额属于税前利润，是扣除利息但不扣所得税的毛利润。

(2)净利润是扣除利息和所得税后的利润，计算公式如下：

$$净利润＝利润总额－所得税 \tag{2-3-14}$$

$$所得税＝应纳税所得额×所得税税率 \tag{2-3-15}$$

式中，应纳税所得额是弥补以前年度亏损后的利润。

(3)可供分配利润＝当年净利润＋上年未分配利润。 $\tag{2-3-16}$

(4)可供投资者分配的利润＝可供分配的利润－法定盈余公积金。 $\tag{2-3-17}$

式中，法定盈余公积金是以净利润为基数提取的。可供投资者分配的利润，按下列顺序分配：优先股股利→提取任意盈余公积→普通股股利。

(5)未分配利润是可供投资者分配后的剩余部分，计算公式为

$$未分配利润＝可供投资者分配利润－优先股股利－提取任意盈余公积－普通股股利$$
$$\tag{2-3-18}$$

(6)息税前利润是指利息所得税前的利润，即不扣除利息和所得税的利润。其计算公式如下：

$$息税前利润＝利润总额＋利息 \tag{2-3-19}$$

(7)息税折旧摊销前利润是指利息所得税折旧摊销前的利润，即不扣除利息、所得税、折旧、摊销的利润。其计算公式如下：

$$息税折旧摊销前利润＝利润总额＋利息＋折旧＋摊销 \tag{2-3-20}$$

知识拓展

(1)补贴收入是国家对涉及国计民生的项目给予的补贴，包括先征后返的增值税、按销量或工作量等依据国家规定的补助定额计算并按期给予的定额补贴，以及属于财政扶持而给予的其他形式的补贴等。如垃圾发电、风力发电等清洁能源项目，属于国家支持的产业，因此发出的每度电政府要补助一定的费用，该费用就属于补贴收入。

（2）弥补以前年度亏损是指企业有了利润之后，可以弥补以前的亏损。按现行《中华人民共和国企业所得税法》和企业会计准则规定，企业发生的年度亏损，可以用下一年度的税前利润等弥补，下一年度利润不足弥补的，可以在5年内延续弥补，5年内不足弥补的，用税后利润弥补。

（3）对于利润总额、净利润和息税前利润的区别，也可以这样理解：属于自己赚的叫净利润，给国家赚的是所得税，给银行赚的是利息。所以净利润也俗称税后利润，利润总额又叫税前利润（毛利润），二者之间就差了一个所得税。若利润总额与利息加起来，就是息税前利润。

例题 2-3-8 讲解

【例 2-3-8】 根据例 2-3-1 题意，若应付投资者各方股利按股东会事先约定计取：运营期头两年按可供投资者分配利润 10% 计取，以后各年按 30% 计取，亏损年份不计取；期初未分配利润作为企业继续投资或扩大生产的资金积累；不考虑计提任意盈余公积金。编制利润与利润分配表。

解： 利润与利润分配表见表 2-3-19。

表 2-3-19　利润与利润分配表　　　　　　　　　　　　　　　　万元

序号	项目	运营期					
		3	4	5	6	7	8
1	营业收入	2 527.20	5 054.40	5 054.40	5 054.40	5 054.40	5 054.40
2	总成本费用	2 411.36	4 151.76	4 113.56	4 082.66	4 051.76	4 051.76
3	增值税	149.20	316.40	316.40	316.40	316.40	316.40
3.1	销项税	367.20	734.40	734.40	734.40	734.40	734.40
3.2	进项税	218.00	418.00	418.00	418.00	418.00	418.00
4	增值税附加	17.90	37.97	37.97	37.97	37.97	37.97
5	补贴收入						
6	利润总额(1−2−3−4＋5)	−51.26	548.27	586.47	617.37	648.27	648.27
7	弥补以前年度亏损		51.26				
8	应纳税所得额(6−7)	0.00	497.01	586.47	617.37	648.27	648.27
9	所得税(8)×25%	0.00	124.25	146.62	154.34	162.07	162.07
10	净利润	−51.26	424.02	439.85	463.03	486.20	486.20
11	期初未分配利润		0.00	29.72	166.67	277.14	500.30
12	可供分配利润(9＋10)	0.00	424.02	469.57	629.70	763.34	986.51
13	法定盈余公积金(10)×10%		42.40	43.99	46.30	48.62	48.62
14	可供投资者分配利润(12−13)	0.00	381.62	425.58	583.39	714.72	937.89
15	应付投资者各方股利	0.00	38.16	127.68	175.02	214.42	281.37
16	未分配利润(14−15)	0.00	343.46	297.91	408.38	500.30	656.52
16.1	用于还款未分配利润		313.74	131.24	131.24		
16.2	剩余利润(转下年未分配利润)	0.00	29.72	166.67	277.14	500.30	656.52
17	息税前利润(6＋当年利息)	76.34	668.27	668.27	668.27	668.27	668.27

第3年利润为负值，是亏损年份。该年不计所得税，不提取盈余公积金和可供投资者

分配的股利，并需要临时借款。

借款额＝(515－293.76－90)＋51.26＝182.5(万元)

第4年应还本金＝515＋182.5＝697.50(万元)

第4年还款未分配利润＝697.50－293.76－90＝313.74(万元)

第4年可供投资者分配利润＝可供分配利润－盈余公积金＝424.02－42.40＝381.62(万元)

第4年剩余的未分配利润＝381.62－38.16－313.74＝29.72(万元)

以后各年计算同第4年。

4. 借款还本付息表

借款还本付息表见表2-3-20。

借款还本付息表

表 2-3-20　借款还本付息表　　　　　　　元

序号	项目	合计	计算期					
			1	2	3	4	…	n
1	借款1							
1.1	期初借款余额							
1.2	当期还本付息							
	其中：还本							
	付息							
1.3	期末借款余额							
2	借款2							
2.1	期初借款余额							
2.2	当期还本付息							
	其中：还本							
	付息							
2.3	期末借款余额							
…								
计算指标	利息备付率/%							
	偿债备付率/%							

5. 财务计划现金流量表

财务计划现金流量表见表2-3-21。

表 2-3-21　财务计划现金流量表　　　　　　万元

序号	项目	合计	计算期					
			1	2	3	4	…	n
1	经营活动净现金流量(1.1－1.2)							
1.1	现金流入							
1.1.1	营业收入(不含销项税额)							
1.1.2	销项税额							
1.1.3	补贴收入							

序号	项目	合计	计算期					
			1	2	3	4	…	n
1.1.4	其他收入							
1.2	现金流出							
1.2.1	经营成本(不含进项税额)							
1.2.2	进项税额							
1.2.3	营业税金及附加							
1.2.4	应纳增值税							
1.2.5	所得税							
2	投资活动净现金流量(2.1−2.2)							
2.1	现金流入							
2.2	现金流出							
2.2.1	建设投资							
2.2.2	维持运营投资							
2.2.3	流动资金							
2.2.4	其他流出							
3	筹资活动净现金流量(3.1−3.2)							
3.1	现金流入							
3.1.1	项目资本金投入							
3.1.2	建设投资借款							
3.1.3	流动资金借款							
3.1.4	债券							
3.1.5	短期借款							
3.1.6	其他流入							
3.2	现金流出							
3.2.1	各种利息支出							
3.2.2	偿还债务本金							
3.2.3	应付利润							
3.2.4	其他流出							
4	净现金流量(1+2+3)							
5	累计盈余资金							

表中,(1)该表的净现金流量等于经营活动、投资活动和筹资活动三个方面的净现金流量之和。若计算期各年的净现金流量大于0,表明财务状况良好,但往往不能实现,因此需要计算累计盈余资金,若累计盈余资金出现负值,就说明项目财务生存能力弱,项目无法生存。

(2)对于新设法人项目,投资活动的现金流量为0。

(3)财务计划现金流量表需在建设投资估算、总成本费用估算、利润与利润分配表、借款还本付息表的基础上编制而成。

【例 2-3-9】 编制例 2-3-1 的财务计划现金流量表。

解： 财务计划现金流量表见表 2-3-22。

例题 2-3-9 讲解

表 2-3-22　财务计划现金流量表　　　　　　　　万元

序号	项目	建设期		运营期					
		1	2	3	4	5	6	7	8
1	经营活动净现金流量			460.1	927.78	905.41	897.69	889.96	889.96
1.1	现金流入			2 527.2	5 054.4	5 054.4	5 054.4	5 054.4	5 054.4
	营业收入			2 527.2	5 054.4	5 054.4	5 054.4	5 054.4	5 054.4
1.2	现金流出			2 067.1	4 126.62	4 148.99	4 156.71	4 164.44	4 164.44
	经营成本			1 900	3 648	3 648	3 648	3 648	3 648
	增值税及附加			167.10	354.37	354.37	354.37	354.37	354.37
	所得税			0.00	124.25	146.62	154.34	162.07	162.07
2	投资活动净现金流量	−1 200	−2 400	−404	−420	−20	−20	−20	−20
2.1	现金流入								
2.2	现金流出	1 200	2 400	404	420	20	20	20	20
	建设投资	1 200	2 400						
	流动资金			404	420	20	20	20	20
3	筹资活动净现金流量	1 200	2 400	−242.6	−355.66	−224.48	−240.92	265.58	−301.37
3.1	现金流入	1 200	2 400	400	500	500	500	500	500
	项目资本金投入	1 200	340	300					
	建设投资借款		2 060						
	流动资金借款			100	500	500	500	500	500
3.2	现金流出	0	0	642.6	855.66	724.48	740.92	234.42	801.37
	各种利息支出			127.6	120	81.8	50.9	20	20
	偿还债务本金			515	697.5	515	515		500
	应付利润				38.16	127.68	175.02	214.42	281.37
4	净现金流量	0	0	−186.5	152.12	660.93	636.77	1 135.54	568.59
5	累计盈余资金	0	0	−186.5	−34.38	626.55	1263.32	2 398.86	2 967.45

第 2 年投资活动中建设投资现金流出 2 340+60=2 400（万元）

第 3 年投资活动中流动资金现金流出 300+100+4=404（万元）

第 4 年投资活动中流动资金现金流出 400+20=420（万元）

6. 资产负债表

资产负债表见表 2-3-23。

表 2-3-23　资产负债表　　　　　　　　元

序号	项目	合计	计算期					
			1	2	3	4	⋯	n
1	资产							
1.1	流动资产总额							

序号	项目	合计	计算期					
			1	2	3	4	...	n
1.1.1	货币资金							
1.1.2	应收账款							
1.1.3	预付账款							
1.1.4	存货							
1.1.5	其他							
1.2	在建工程							
1.3	固定资产净值							
1.4	无形及其他资产净值							
2	负债及所有者权益(2.4+2.5)							
2.1	流动负债总额							
2.1.1	短期借款							
2.1.2	应付账款							
2.1.3	预收账款							
2.1.4	其他							
2.2	建设投资借款							
2.3	流动资金借款							
2.4	负债小计(2.1+2.2+2.3)							
2.5	所有者权益							
2.5.1	资本金							
2.5.2	资本公积金							
2.5.3	累计盈余公积金							
2.5.4	累计未分配利润							
计算指标	资产负债率/%							

表中，(1)货币资金＝财务计划现金流量表中的累积盈余资金＋流动资金估算表中的现金　(2-3-21)

流动资金估算表中的流动资产＝应收账款＋预付账款＋存货＋现金　(2-3-22)

流动资产总额(1.1)＝财务计划现金流量表中的累积盈余资金＋流动资金估算表中流动资产＋其他(1.1.5)　(2-3-23)

(2)1.1.5其他是指利润与利润分配表中的累计期初剩余未分配利润，即第4年的剩余未分配利润就是第5年期初未分配利润。

(3)1.2 在建工程是指各年的固定资产投资额累计，包括利息。

(4)1.3 固定资产净值是指投产期逐年从固定资产投资中扣除折旧后的固定资产余值。

(5)1.4 无形及其他资产净值是指投产期逐年从无形资产中扣除摊销后的无形资产余值。

(6)2.1.1 短期借款是指流动资金和临时性资金借款。

(7)流动资金估算表中的流动负债＝2.1.2 应付账款＋2.1.3 预付账款。

(8)累计盈余公积金是指利润与利润分配表中的法定公积金和盈余公积金。

累计未分配利润是指利润与利润分配表中的未分配利润逐年相加。

(9)各年的资产与各年负债和所有者权益之间应满足以下条件：

$$资产＝负债＋所有者权益 \qquad (2\text{-}3\text{-}24)$$

【例 2-3-10】 已知例 2-3-1 中流动资金估算表（表 2-3-24），编制资产负债表。

例题 2-3-10 讲解

表 2-3-24　流动资金估算表　　　　　　　　　　　万元

序号	项目	建设期		运营期					
		1	2	3	4	5	6	7	8
1	流动资金			400	800	800	800	800	800
	其中：流动资产			600	1 200	1 200	1 200	1 200	1 200
	流动负债			200	400	400	400	400	400

解： 编制资产负债表见表 2-3-25。

表 2-3-25　资产负债表　　　　　　　　　　　万元

序号	项目	1	2	3	4	5	6	7	8
1	资产	1 200	3 600	3 630.84	3 998.1	4 304.99	4 697.47	5 753.59	6 438.72
1.1	流动资产总额			414.6	1 165.62	1 856.27	2 632.71	4 072.39	5 141.28
	流动资产			600	1 200	1 200	1 200	1 200	1 200
	累计盈余资金	0	0	−185.4	−34.38	626.55	1 236.32	2 398.86	2 967.45
	累计期初未分配利润			0	0	29.72	196.39	473.53	973.83
1.2	在建工程	1 200	3 600						
1.3	固定资产净值			2 766.24	2 472.48	2 178.72	1 884.76	1 591.2	1 297.44
1.4	无形资产摊销			450	360	270	180	90	0
2	负债及所有者权益	1 200	4 140	3 816.24	3 852.37	3 557.27	3 372.12	3 929.25	4 142.3
2.1	负债		2 600	1 976.24	1 930	1 415	900	900	400
	流动负债			200	400	400	400	400	400
	贷款负债		2 060	1 776.24	1 530	1 015	500	500	
2.2	所有者权益	1 200	1 540	1 840	1 922.37	2 142.27	2 472.12	3 029.25	3 742.3
	资本金	1 200	1 540	1 840	1 840	1 840	1 840	1 840	1 840
	累计盈余公积金				42.86	87.17	131.58	180.53	229.48
	累计未分配利润				39.51	215.1	500.54	1 008.72	1 672.82

【任务 2-3-3】

任务 2-3-3
习题解答

1. 经营性项目的财务分析可分为融资前分析和融资后分析，关于融资前分析的说法中，下列正确的是（   ）。
   A. 以静态分析为主，动态分析为辅　B. 只进行静态分析
   C. 以动态分析为主，静态分析为辅　D. 只进行动态分析

2. 工程项目投资方案现金流量表不包括（   ）。
   A. 投资现金流量表　　　　　　　　B. 资本金现金流量表
   C. 项目投资经济费用效益流量表　　D. 投资各方现金流量表

3. 以投资方案建设所需的总投资作为计算基础，反映投资方案在整个计算期内现金流入和流出的是（   ）。
   A. 资本金现金流量表　　　　　　　B. 投资各方现金流量表
   C. 财务计划现金流量表　　　　　　D. 投资现金流量表

4. 某建设单位为了明确在特定融资方案下投资者权益投资的获利能力，就以投资方案资本金作为计算基础，把资本金偿还和利息支付作为现金流出，该单位编制的现金流量表是（   ）。
   A. 投资现金流量表　　　　　　　　B. 投资各方现金流量表
   C. 资本金现金流量表　　　　　　　D. 财务计划现金流量表

5. 某技术方案总投资为 220 万元，业主资本金投入 60 万元，计算期为 20 年，建设期为 2 年。技术方案投资支出在 2008 年为 130 万元（其中资本金投入 20 万元），2009 年为 90 万元（其中资本金投入 40 万元），银行贷款在 2008 年年末累计余额为 110 万元，2009 年发生新增银行贷款 50 万元，以项目业主为考察对象，其 2009 年的净现金流量是（   ）万元。
   A. −200　　　　　B. −40　　　　　C. 120　　　　　D. 140

6. 用以计算投资各方收益率的投资各方现金流量表，其计算基础是（   ）。
   A. 项目资本金　　　　　　　　　　B. 投资者经营成本
   C. 项目投资额　　　　　　　　　　D. 投资者出资额

7. 投资方案经济效果评价中的总投资是由（   ）组成。
   A. 建设投资、流动资金之和
   B. 建设投资、建设期利息和流动资金之和
   C. 建设投资、铺底流动资金之和
   D. 建设投资、建设期利息和铺底流动资金之和

8. 下列科目中，属于资产负债表中的流动资产的有（   ）。
   A. 货币资金　　　　　　　　　　　B. 应收账款
   C. 预付账款　　　　　　　　　　　D. 存货
   E. 预收账款

财务评价指标计算

(四)计算财务评价指标，分析项目的盈利能力、偿债能力和财务生存能力

财务评价指标根据是否考虑资金时间价值可分为静态评价指标和动态评价指标。根据评价目的可分为盈利能力指标、偿债能力指标。具体如图 2-3-5 和图 2-3-6 所示。

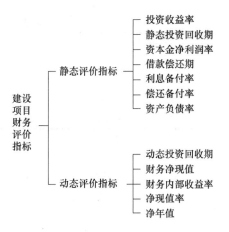

图 2-3-5　建设项目财务评价指标
（按照是否考虑资金时间价值）

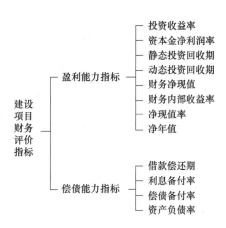

图 2-3-6　建设项目财务评价
指标（按照评价目的）

知识小课堂

财务评价指标分类

1. 盈利能力指标

盈利能力分析的主要指标包括项目投资财务内部收益率和财务净现值、项目资本金财务内部收益率、投资回收期、总投资收益率、项目资本金净利润率等，可根据项目的特点及财务分析的目的、要求等选用。

（1）财务内部收益率（$FIRR$）是指能使项目计算期内净现金流量现值累计等于零时的折现率，即 $FIRR$ 作为折现率使下式成立。其计算公式如下：

$$\sum_{i=1}^{n}(CI-CO)_t(1+FIRR)^{-t}=0 \qquad (2-3-25)$$

式中　CI——现金流入量；

　　　CO——现金流出量；

　　　$(CI-CO)_t$——第 t 期的净现金流量；

　　　n——项目计算期。

项目投资财务内部收益率、项目资本金财务内部收益率和投资各方财务内部收益率都依据上式计算，但所用的现金流入和现金流出不同。

当 $FIRR \geqslant$ 基准收益率 i_c 时，项目方案可行。

（2）财务净现值（$FNPV$）是指按设定的折现率（一般采用基准收益率 i_c）计算的项目计算期内净现金流量的现值之和。其计算公式如下：

$$FNPV=\sum_{i=1}^{n}(CI-CO)_t(1+i_c)^{-1} \qquad (2-3-26)$$

式中　i_c——设定的折现率（同基准收益率）。

当 $FNPV \geqslant 0$ 时，项目方案可行。

【例 2-3-11】 若行业基准收益率为 8%，计算例 2-3-1 中的项目资本金财务净现值。

项目资本金现金流量表见表 2-3-26。

难例题讲解

例题 2-3-11 讲解

表 2-3-26　项目资本金现金流量表　　　　　　　　万元

序号	项目	建设期		运营期					
		1	2	3	4	5	6	7	8
1	净现金流量	−1 200	−340	−350.16	166.08	311.89	335.07	873.24	2 470.68
2	累计净现金流量	−1 200	−1 540	−1 890.16	−1 724.08	−1 412.19	−1 077.12	−203.88	2 266.8

序号	项目	建设期		运营期					
		1	2	3	4	5	6	7	8
3	折现系数8%	0.925 9	0.857 3	0.793 8	0.735	0.680 6	0.630 2	0.583 5	0.540 3
4	折现净现金流量	−1 111.08	−291.48	−277.96	122.07	212.27	211.16	509.54	1 334.91
5	累计折现净现金流量	−111.08	−1 402.56	−1 680.52	−1 558.45	−1 346.18	−1 135.02	−625.48	709.43

财务净现值=709.43＞0，项目可行。

(3)项目投资回收期(P_t)是指项目的净收益回收项目投资所需要的时间。投资回收期宜从项目建设开始年算起，若从投产年开始算起，应予以特别注明。其计算公式如下：

$$动态回收期=(累计净现金流量现值出现正值的年份-1)+$$
$$\frac{上一年累计净现金流量现值的绝对值}{出现正值年份净现金流量的现值} \tag{2-3-27}$$

$$静态回收期=(累计净现金流量出现正值的年份-1)+$$
$$\frac{上一年累计净现金流量的绝对值}{出现正值年份的净现金流量} \tag{2-3-28}$$

回收期＜基准回收期，项目方案可行。

【例2-3-12】 计算例2-3-1中项目资本金动态回收期。

解： 由例2-3-11中的项目资本金财务净现值可得

$$动态回收期=(8-1)+\frac{203.88}{2\ 470.68}=7.47＜8，项目可行。$$

(4)总投资收益率(ROI)表示总投资的盈利水平，是指项目达到设计能力后正常年份的年息税前利润或运营期内年平均息税前利润($EBIT$)与项目总投资(TI)的比率。其计算公式如下：

$$ROI=\frac{EBIT}{TI}\times100\% \tag{2-3-29}$$

式中　　$EBIT$——项目达到设计生产能力后正常年份的年息税前利润或运营期内年平均息税前利润；

　　　　TI——项目总投资。

$ROI\geqslant$同行业的收益率，表明项目盈利能力满足要求。

【例2-3-13】 若行业平均总投资收益率为10%，计算例2-3-1的项目投资总收益率。

解： 由例2-3-8的利润与利润分配表可得

总投资收益率(ROI)=668.27÷(3 600+800)=15.29%＞10%，项目可行。

(5)项目资本金净利润率(ROE)表示项目资本金的盈利水平，是指项目达到设计能力后正常年份的年净利润或运营期内年平均净利润(NP)与项目资本金(EC)的比率。其计算公式如下：

$$ROE=\frac{NP}{EC}\times100\% \tag{2-3-30}$$

式中　　NP——项目达到设计生产能力后正常年份的年净利润或运营期内年平均净利润；

　　　　EC——项目资本金。

$ROE\geqslant$同行业的净利润率，表明项目盈利能力满足要求。

【例2-3-14】若行业资本金净利润率为15%，计算例2-3-1的项目资本金净利润率。

解： 由例2-3-8的利润与利润分配表可得

$$运营期内年平均净利润=\frac{-51.26+424.02+439.85+463.03+486.2+486.2}{6}$$
$$=374.6(万元)$$

资本金净利润率(ROE)＝374.67÷(1 540＋300)＝20.53%＞15%，项目可行。

2. 偿债能力分析

偿债能力分析应通过计算利息备付率(ICR)、偿债备付率($DSCR$)和资产负债率($LOAR$)等指标，分析判断财务主体的偿债能力。

(1)利息备付率(ICR)是指在借款偿还期内的息税前利润($EBIT$)与应付利息(PI)的比值，是从付息资金来源的充裕性角度反映项目偿债债务利息的保障程度。其计算公式如下：

$$ICR=\frac{EBIT}{PI} \tag{2-3-31}$$

式中　$EBIT$——息税前利润；

　　　PI——计入总成本费用的应付利息。

利息备付率应分年计算。

利息备付率＞1，其值越高，表明利息偿付的保障程度越高。

【例2-3-15】　计算例2-3-1中各年的利息备付率。

解：由借款还本付息表和利润与利润分配表可得各年利息备付率，见表2-3-27。

例题 2-3-15 讲解

表2-3-27　利息备付率　　　　　　　万元

序号	项目	运营期					
		3	4	5	6	7	8
1	息税前利润(5＋当年利息)	77.44	672.64	672.64	672.64	672.64	672.64
2	计入总成本的应付利息	0	127.6	117.95	81.8	50.9	20
	ICR	0	5.27	5.7	8.22	13.21	33.63

由表中数据可知，各年的ICR均大于1，表明项目偿债能力可行。

(2)偿债备付率($DSCR$)是指在借款偿还期内，用于计算还本付息的资金($EBITDA-T_{AX}$)与应还本付息金额(PD)的比值，它表示可用于还本付息的资金偿还借款本息的保障程度。其计算公式如下：

$$DSCR=\frac{EBITDA-T_{AX}}{PD} \tag{2-3-32}$$

式中　$EBITDA$——息税折旧摊销前利润；

　　　T_{AX}——企业所得税；

　　　PD——应还本付息金额，包括还本金额和计入总成本费用的全部利息。

偿债备付率应分年计算。

偿债备付率＞1，其值越高，表明可用于还本付息的资金保障程度越高。

【例2-3-16】　计算例2-3-1中各年的偿债备付率。

解：由总成本费用估算表、借款还本付息表、利润与利润分配表可得偿债备付率，见表2-3-28。

例题 2-3-16 讲解

表2-3-28　偿债备付率　　　　　　　万元

序号	项目	运营期					
		3	4	5	6	7	8
1	息税前利润	77.44	672.64	672.64	672.64	672.64	672.64
	折旧费	293.76	293.76	293.76	293.76	293.76	293.76
	摊销费	90	90	90	90	90	90
	小计	461.2	1 056.4	1 056.4	1 056.4	1 056.4	1 056.4

序号	项目	运营期					
2	企业所得税		126.13	147.71	155.44	163.16	163.16
3	还本付息金额(PD)	642.6	764.19	596.8	565.9	20	520
	偿债备付率(DSCR)	0.72	1.22	1.52	1.59	44.66	1.72

由表中数据可知,项目正常生产年份的 $DSCR$ 均大于1,表明项目偿债能力可行。

(3)资产负债率($LOAR$)是指各期末负债总额(TL)同资产总额(TA)的比率。计算公式如下:

$$LOAR = \frac{TL}{TA} \times 100\%$$ (2-3-33)

式中　TL——期末负债总额;

TA——期末资产总额。

适度的资产负债率,表明企业经营安全、稳健,具有较强的筹资能力,也表明企业和负债人的风险较小。

【例 2-3-17】 计算例 2-3-1 的资产负债率。

解: 资产负债表见表 2-3-29。

表 2-3-29　资产负债表　　　　万元

序号	项目	计算期							
		1	2	3	4	5	6	7	8
1	负债		2 600	1 976.24	1 930	1 415	900	900	400
2	资产	1 200	3 600	3 630.84	4 099.12	4 541.34	5 079.3	6 339.37	7 188.34
	$LOAR$		72.2	54.43	47.08	31.16	17.72	14.2	5.56

由表中数据可知,各年份的 $LOAR$ 均大于5%,表明项目偿债能力可行。

3. 财务生存能力分析

财务生存能力分析,应根据财务计划现金流量表中的净现金流量和累计盈余资金,分析项目是否有足够的净现金流量维持正常运营,以实现财务可行性。财务可持续性应首先体现在有足够大的经营活动净现金流量,其次各年累计盈余资金不应出现负值。

【例 2-3-18】 分析例 2-3-1 的财务生存能力。

解: 根据例 2-3-9 的财务计划现金流量表可知,正常生产年份的各年净现金流量和累计盈余资金均为正值,表明项目有足够的生存能力。

【任务 2-3-4】

1. 下列财务评价指标中,可用来判断项目盈利能力的是( )。

A. 资产负债率　　　　　　　　B. 流动比率

C. 总投资收益率　　　　　　　D. 速动比率

2. 下列指标中,反映企业偿付到期债务能力的是( )。

A. 总投资收益率　　　　　　　B. 资产负债率

C. 项目投资回收期　　　　　　D. 资本金收益率

第三章　建设工程设计阶段工程造价的预测

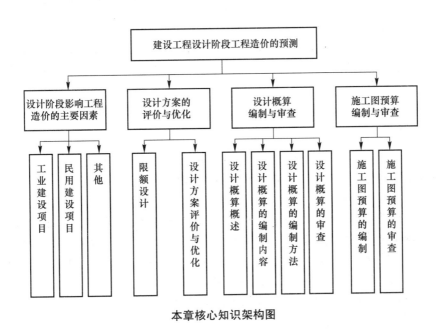

本章核心知识架构

本章核心知识架构图

第一节　设计阶段影响工程造价的主要因素

　　国内外相关资料研究表明，设计阶段的费用占工程全部费用不到1%，但在项目决策正确的前提下，它对工程造价影响程度高达75%以上。根据工程项目类别的不同，在设计阶段需要考虑的影响工程造价的因素也有所不同，以下就工业建设项目和民用建设项目分别介绍影响工程造价的因素。

🔊 知识拓展

　　根据国家有关文件的规定，一般工业项目设计可按初步设计和施工图设计两个阶段进行，称为"两阶段设计"；对于技术上复杂、在设计时有一定难度的工程，根据项目相关管理部门的意见和要求，可以按初步设计、技术设计和施工图设计三个阶段进行，称为"三阶段设计"。小型工程建设项目，技术上较简单的，经项目相关管理部门同意可以简化为施工图设计一阶段进行。

设计阶段影响工业
建筑的主要因素

知识目标

熟悉设计阶段影响工业项目造价的主要因素。

能力目标

能确定总平面设计、工艺设计、建筑设计、材料选用及设备选用影响造价的因素。

(一)总平面设计

总平面设计主要是指总图运输设计和总平面配置。其主要内容包括：厂址方案、占地面积、土地利用情况；总图运输、主要建筑物和构筑物及公用设施的配置；外部运输、水、电、气及其他外部协作条件等。

总平面设计是否合理对于整个设计方案的经济合理性有重大影响。正确合理的总平面设计可大大减少建筑工程量，节约建设用地，节省建设投资，加快建设进度，降低工程造价和项目运行后的使用成本，并为企业创造良好的生产组织、经营条件和生产环境，还可以为城市建设或工业区创造完美的建筑艺术整体。

总平面设计中影响工程造价的主要因素包括以下几项。

1. 现场条件

现场条件是制约设计方案的重要因素之一，对工程造价的影响主要体现在：地质、水文、气象条件等影响基础形式的选择、基础的埋深(持力层、冻土线)；地形地貌影响平面及室外标高的确定；场地大小、邻近建筑物地上附着物等影响平面布置、建筑层数、基础形式及埋深。

2. 占地面积

占地面积的大小，一方面影响征地费用的高低；另一方面也影响管线布置成本和项目建成运营的运输成本。因此，在满足建设项目基本使用功能的基础上，应尽可能节约用地。

3. 功能分区

无论是工业建筑还是民用建筑都有许多功能，这些功能之间相互联系、相互制约。合理的功能分区既可以使建筑物的各项功能充分发挥，又可以使总平面布置紧凑、安全。例如，在建筑施工阶段避免大挖大填，可以减少土石方量和节约用地，降低工程造价。对于工业建筑，合理的功能分区还可以使生产工艺流程顺畅，从全生命周期造价管理考虑还可以使运输简便，降低项目建成后的运营成本。

4. 运输方式

运输方式决定运输效率及成本，不同运输方式的运输效率和成本不同。例如，有轨运输的运量大，运输安全，但是需要一次性投入大量资金；无轨运输无须一次性大规模资金，但运量小、安全性较差。因此，要综合考虑建设项目生产工艺流程和功能区的要求以及建设场地等具体情况，选择经济合理的运输方式。

综上所述，总平面设计对造价的影响因素见表3-1-1。

表 3-1-1　总平面设计对造价的影响因素

序号	影响因素	具体内容
1	现场条件	水文、地质、地形地貌、邻近建筑物的影响
2	占地面积	征地费用、管线布置和建成运营的运输成本 原则：尽可能节约用地
3	功能分区	合理的功能分区既可以降低工程造价，还可以降低项目建成后的运营成本
4	运输方式	综合考虑项目生产工艺流程和功能区的要求以及建设场地等情况，选择经济合理的运输方式

(二)工艺设计

工艺设计阶段影响工程造价的主要因素包括：建设规模、标准和产品方案；工艺流程和主要设备的选型；主要原材料、燃料供应情况；生产组织及生产过程中的劳动定员情况；"三废"治理及环保措施等。

按照建设程序，建设项目的工艺流程在可行性研究阶段已经确定。设计阶段的任务就是严格按照批准的可行性研究报告的内容进行工艺技术方案的设计，确定具体的工艺流程和生产技术。在具体项目工艺设计方案的选择时，应以提高投资的经济效益为前提，深入分析、比较，综合考虑各方面的因素。

【任务 3-1-1】

1. 在工业项目总平面设计中，影响工程造价的主要因素包括(　　)。
   A. 现场条件、占地面积、功能分区、运输方式
   B. 现场条件、产品方案、运输方式、柱网布置
   C. 占地面积、功能分区、空间组合、建筑材料
   D. 功能分区、空间组合、设备选型、厂址方案
2. 在工业项目的工艺设计过程中，影响工程造价的主要因素包括(　　)。
   A. 生产方法、工艺流程、功能
   B. 产品方案、工艺流程、设备选型
   C. 工艺流程、功能分区、运输方式
   D. 工艺流程、原材料供应、运输方式

课后巩固

任务 3-1-1
习题解答

(三)建筑设计

在进行建筑设计时，设计单位及设计人员应首先考虑业主所要求的建筑标准，根据建筑物、构筑物的使用性质、功能及业主的经济实力等因素确定；其次应在考虑施工条件和施工过程的合理组织的基础上，决定工程的立体平面设计和结构方案的工艺要求。

建筑设计阶段影响工程造价的主要因素包括以下几项。

1. 平面形状

一般来说，建筑物平面形状越简单，单位面积造价就越低。当一座建筑物的形状不规则时，将导致室外工程、排水工程、砌砖工程及屋面工程等复杂化，增加工程费用。即使在同样的建筑面积下，建筑平面形状不同，建筑周长系数 $K_周$(建筑物周长与建筑面积比，即单位建筑面积所占外墙长度)也不同。通常情况下，建筑周长系数越低，设计越经济。

圆形、正方形、矩形、T 形、L 形建筑的 $K_周$ 依次增大。但是圆形建筑物施工复杂，施工费用一般比矩形建筑增加 20%～30%，所以，其墙体工程量所节约的费用并不能使建筑工程造价降低。虽然正方形的建筑既有利于施工，又能降低工程造价，但是若不能满足建筑物美观和使用要求，则毫无意义。因此，建筑物平面形状的设计应在满足建筑物使用功能的前提下，降低建筑的 $K_周$，充分注意建筑平面形状的简洁、布局的合理，从而降低工程造价。

2. 流通空间

在满足建筑物使用要求的前提下，应将流通空间减少到最小，这是建筑物经济平面布置的主要目标之一。因为门厅、走廊、过道、楼梯以及电梯井的流通空间并非为了获利目的设置，但采光、采暖、装饰、清扫等方面的费用却很高。

3. 空间组合

空间组合包括建筑物的层高、层数、室内外高差等因素。

（1）层高。在建筑面积不变的情况下，建筑层高的增加会引起各项费用的增加。例如，墙与隔墙及其有关粉刷、装饰费用的提高；楼梯造价和电梯设备费用的增加；供暖空间体积的增加；卫生设备、上下水管道长度的增加等。另外，由于施工垂直运输量增加，可能增加屋面造价；由于层高增加而导致建筑物总高度增加很多时，还可能增加基础造价。

（2）层数。建筑物层数对造价的影响，因建筑类型、结构和形式的不同而不同。层数不同，则荷载不同，对基础的要求也不同，同时，也影响占地面积和单位面积造价。如果增加一个楼层不影响建筑物的结构形式，单位建筑面积的造价可能会降低。但是当建筑物超过一定层数时，结构形式就要改变，单位造价通常会增加。建筑物越高，电梯及楼梯的造价将有提高的趋势，建筑物的维修费用也将增加，但是采暖费用有可能下降。

（3）室内外高差。室内外高差过大，则建筑物的工程造价提高；高差过小又影响使用及卫生要求等。

4. 建筑物的体积与面积

建筑物尺寸的增加，一般会引起单位面积造价的降低。对于同一项目，固定费用不一定会随着建筑体积和面积的扩大而有明显的变化，一般情况下，单位面积固定费用会相应减少。对于民用建筑，结构面积系数（住宅结构面积与建筑面积之比）越小，有效面积越大，设计越经济。对于工业建筑，厂房、设备布置紧凑合理，可提高生产能力，采用大跨度、大柱距的平面设计形式，可提高平面利用系数，从而降低工程造价。

5. 建筑结构

建筑结构是指建筑工程中由基础、梁、板、柱、墙、屋架等构件所组成的起骨架作用的、能承受直接和间接荷载的空间受力体系。建筑结构因所用的建筑材料不同，可分为砌体结构、钢筋混凝土结构、钢结构、轻型钢结构、木结构和组合结构等。

建筑结构的选择既要满足力学要求，又要考虑其经济性。对于五层以下的建筑物一般选用砌体结构；对于大中型工业厂房一般选用钢筋混凝土结构；对于多层房屋或大跨度结构，选用钢结构明显优于钢筋混凝土结构；对于高层或者超高层结构，框架结构和剪力墙结构比较经济。由于各种建筑体系的结构各有利弊，在选用结构类型时应结合实际，因地制宜，就地取材，采用经济合理的结构形式。

6. 柱网布置

对于工业建筑，柱网布置对结构的梁板配筋及基础的大小会产生较大的影响，从而对工程造价和厂房面积的利用效率都有较大的影响。柱网布置是确定柱子的跨度和间距的依据。柱网的选择与厂房中有无吊车、吊车的类型及吨位、屋顶的承重结构以及厂房的高度等因素有关。对于单跨厂房，当柱间距不变时，跨度越大单位面积造价越低。因为除屋架外，其他结构架分摊在单位面积上的平均造价随跨度的增大而减小。对于多跨厂房，当跨度不变时，中跨数目越多越经济，这是因为柱子和基础分摊在单位面积上的造价减少。

【任务 3-1-2】

1. 在工业建筑设计评价中，下列不同平面形状的建筑物，其建筑物周长与建筑面积比 $K_周$ 按从小到大顺序排列正确的是（　　）。
   A. 正方形→矩形→T 形→L 形　　B. 矩形→正方形→T 形→L 形
   C. T 形→L 形→正方形→矩形　　D. L 形→T 形→矩形→正方形

2. 柱网布置是否合理，对工程造价和面积的利用效率都有较大影响。建筑设计中对柱网布置应注意（　　）。
   A. 适当扩大柱距和跨度能使厂房有更大的灵活性
   B. 单跨厂房跨度不变时，层数越多越经济
   C. 多跨厂房柱间距不变时，跨度越大造价越低
   D. 柱网布置与厂房的高度无关

3. 关于工程设计对造价的影响说法中，下列正确的有（　　）。
   A. 周长与建筑面积比越大，单位造价越高
   B. 流通空间的减少，可相应地降低造价
   C. 层数越多，则单位造价越低
   D. 房屋长度越大，则单位造价越低
   E. 结构面积系数越小，设计方案越经济

任务 3-1-2
习题解答

(四)材料选用

建筑材料的选择是否合理，不仅直接影响到工程质量、使用寿命、耐火抗震性能，而且对施工费用、工程造价有很大的影响。建筑材料一般占直接费的 70%，降低材料费用，不仅可以降低直接费，而且也可以降低间接费。因此，设计阶段合理选择建筑材料，控制材料单价或工程量，是控制工程造价的有效途径。

(五)设备选用

现代建筑越来越依赖于设备。对于住宅来说，楼层越多设备系统越庞大，如高层建筑物内部空间的交通工具电梯，室内环境的调节设备空调、通风、采暖等，各个系统的分布占用空间都在考虑之列，既有面积、高度的限额，又有位置的优选和规范的要求。因此，设备配置是否得当，直接影响建筑产品整个寿命周期的成本。

设备选用的重点因设计形式的不同而不同，应选择能满足生产工艺和生产能力要求的最适用的设备和机械。另外，根据工程造价资料的分析，设备安装工程造价占工程总投资的 20%～50%，由此可见设备方案设计对工程造价的影响。设备的选用应充分考虑自然环境对能源节约的有利条件，如果能从建筑产品的整个寿命周期分析，能源节约是一笔不可忽略的费用。

设计阶段影响民用
建筑的主要因素

二、影响民用建设项目工程造价的主要因素

知识目标

熟悉设计阶段影响民用建设项目造价的主要因素。

能力目标

能区分住宅小区建设规划和住宅建筑设计中影响造价的因素。

民用建设项目设计是根据建筑物的使用功能要求，确定建筑标准、结构形式、建筑物空间与平面布置以及建筑群体的配置等。民用建筑设计包括住宅设计、公共建筑设计及住宅小区设计。住宅建筑是民用建筑中最大量、最主要的建筑形式。

(一)住宅小区建设规划中影响工程造价的主要因素

在进行住宅小区建设规划时，要根据小区的基本功能和要求，确定各构成部分的合理层次与关系，据此安排住宅建筑、公共建筑、管网、道路及绿地的布局，确定合理人口与建筑密度、房屋间距和建筑层数，布置公共设施项目、规模及服务半径，以及水、电、热、煤气的供应等，并划分包括土地开发在内的上述各部分的投资比例。小区规划设计的核心问题是提高土地利用率。

1. 占地面积

居住小区的占地面积不仅直接决定着土地费的高低，而且影响着小区内道路、工程管线长度和公共设备的多少，而这些费用对小区建设投资的影响通常很大。因而，用地面积指标在很大程度上影响小区建设的总造价。

2. 建筑群体的布置形式

建筑群体的布置形式对用地的影响不容忽视，可通过采取高低搭配、点条结合、前后错列以及局部东西向布置、斜向布置或拐角单元等手法节省用地。在保证小区居住功能的前提下，适当集中公共设施，提高公共建筑的层数，合理布置道路，充分利用小区内的边角用地，有利于提高建筑密度，降低小区的总造价，或者通过合理压缩建筑的间距、适当提高住宅层数或高低层搭配，以及适当增加房屋长度等方式节约用地。

(二)民用住宅建筑设计中影响工程造价的主要因素

1. 建筑物平面形状和周长系数

与工业项目建筑设计类似，如按使用指标，虽然圆形建筑的 $K_周$ 最小，但由于施工复杂，施工费用较矩形建筑增加 20%～30%，故其墙体工程量的减少不能使建筑工程造价降低，而且使用面积有效利用率不高，用户使用不便。因此，一般都建造矩形和正方形住宅，既有利于施工，又能降低造价和使用方便。在矩形住宅建筑中，又以长：宽＝2：1 为佳。一般住宅单元以 3～4 个住宅单元、房屋长度 60～80 m 较为经济。在满足住宅功能和质量前提下，适当加大住宅宽度。这是由于宽度加大，墙体面积系数相应减少，有利于降低造价。

2. 住宅的层高和净高

住宅的层高和净高，直接影响工程造价。根据不同性质的工程综合测算，住宅层高每降低 10 cm，可降低造价 1.2%～1.5%。层高降低还可提高住宅区的建筑密度，节约土地成本及市政设施费。但是，层高设计中还需考虑采光与通风问题，层高过低不利于采光及通风，因此，民用住宅的层高一般不宜超过 2.8 m。

3. 住宅的层数

民用建筑中，在一定幅度内，住宅层数的增加具有降低造价和使用费用以及节约用地的优点。表 3-1-2 分析了砖混结构的多层住宅层数与单方造价之间的关系。

表 3-1-2　砖混结构多层住宅层数与单方造价之间的关系

住宅层数	一	二	三	四	五	六
单方造价系数/%	138.05	116.95	108.38	103.51	101.68	100
边际造价系数/%		−21.1	−8.57	−4.87	−1.83	−1.68

由表 3-1-2 可知，随着住宅层数的增加，单方造价系数在逐渐降低，即层数越多越经济。但是边际造价系数也在逐渐减小，说明随着层数的增加，单方造价系数下降幅度减缓。根据《住宅设计规范》(GB 50096—2011)的规定，7 层及 7 层以上住宅或住户入口层楼面距室外设计地面的高度超过 16 m 时必须设置电梯，需要较多的交通面积(过道、走廊要加宽)和补充设备(供水设备和供电设备等)。当住宅层数超过一定限度时，要经受较强的风力荷载，需要提高结构强度，改变结构形式，工程造价将大幅度上升。

4. 住宅单元组成、户型和住户面积

据统计，三居室住宅的设计比两居室的设计降低 1.5% 左右的工程造价，四居室的设计又比三居室的设计降低 3.5% 的工程造价。衡量单元组成、户型设计的指标是结构面积系数(住宅结构面积与建筑面积之比)，系数越小设计方案越经济。因为结构面积小，有效面积就增加。结构面积系数除与房屋结构有关外，还与房屋外形及其长度和宽度有关，同时，也与房间平均面积大小和户型组成有关。房屋平均面积越大，内墙、隔墙在建筑面积所占比重就越小。

5. 住宅建筑结构的选择

随着我国工业化水平的提高，住宅工业化建筑体系的结构形式多种多样，考虑工程造价时应根据实际情况，因地制宜，就地取材，采用适合本地区经济合理的结构形式。

三、影响工程造价的其他因素

知识目标

熟悉设计阶段影响工程造价的其他因素。

能力目标

能区分影响工业项目造价、民用项目造价及影响造价的其他因素。

除以上因素外，在设计阶段影响工程造价的因素还包括其他内容。

(一)设计单位和设计人员的知识水平

设计单位和人员的知识水平对工程造价的影响是客观存在的。为了有效地降低工程造价，设计单位和人员首先要能够充分利用现代设计理念，运用科学的设计方法优化设计成果；其次要善于将技术与经济相结合，运用价值工程理论优化设计方案；最后设计单位和人员应及时与造价咨询单位进行沟通，使得造价咨询人员能够在前期设计阶段就参与项目，达到技术与经济的完美结合。

(二)项目利益相关者

设计单位和人员在设计过程中要综合考虑业主、承包商、建设单位、施工单位、监管机构、咨询单位、运营单位等利益相关者的要求和利益，并通过利益诉求的均衡以达到和谐的目的，避免后期出现频繁的设计变更而导致工程造价的增加。

(三)风险因素

设计阶段承担着重大的风险，它对后面的工程招标和施工有着重要的影响。该阶段是确定建设工程总造价的一个重要阶段，决定着项目的总体造价水平。

任务 3-1-3
习题解答

【任务 3-1-3】

1. 关于住宅建筑设计中的结构面积系数说法中，下列正确的是(   )。
   A. 结构面积系数越大，设计方案越经济
   B. 房间平均面积越大，结构面积系数越小
   C. 结构面积系数与房间户型组成有关，与房屋长度、宽度无关
   D. 结构面积系数与房屋结构有关，与房屋外形无关
2. 关于建筑设计对民用住宅项目工程造价的影响说法中，下列正确的是(   )。
   A. 加大住宅宽度，不利于降低单方造价
   B. 降低住宅层高，有利于降低单方造价
   C. 结构面积系数越大，越有利于降低单方造价
   D. 住宅层数越多，越有利于降低单方造价
3. 关于工程设计对造价的影响说法中，下列正确的有(   )。
   A. 周长与建筑面积比越大，单位造价越高
   B. 流通空间的减少，可相应地降低造价
   C. 层数越多，则单位造价越低
   D. 房屋长度越大，则单位造价越低
   E. 结构面积系数越小，设计方案越经济
4. 下列建筑设计影响工程造价的选项中，属于影响工业建筑但一般不影响民用建筑的因素是(   )。
   A. 建筑物平面形状   B. 项目利益相关者
   C. 柱网布置   D. 风险因素

第二节   设计方案的评价与优化

设计阶段是分析处理工程技术和经济的关键环节，也是有效控制工程造价的重要阶段。在工程设计阶段，工程造价管理人员需要密切配合设计人员，协助其处理好工程技术先进

性与经济合理性之间的关系；在初步设计阶段，要按照可行性研究报告及投资估算进行多方案的技术经济比较，确定初步设计方案；在施工图设计阶段，要按照审批的初步设计内容、范围和概算造价进行技术经济评价与分析，确定施工图设计方案。

设计阶段工程造价管理的主要方法是通过多方案技术经济分析，优化设计方案；同时，通过推行限额设计和标准化设计，有效控制工程造价。

一、限额设计

限额设计是指按照批准的可行性研究报告中的投资限额进行初步设计，按照批准的初步设计概算进行施工图设计，按照施工图预算造价编制施工图设计中各个专业设计文件的过程。

在限额设计中，工程使用功能不能减少，技术标准不能降低，工程规模也不能削减。因此，限额设计需要在投资额度不变的情况下，实现使用功能和建设规模的最大化。限额设计是工程造价控制系统中的一个重要环节，是设计阶段进行技术经济分析，实施工程造价控制的一项重要措施。

(一)限额设计的工作内容

限额设计的工作内容见表 3-2-1。

表 3-2-1 限额设计的工作内容

投资决策阶段	投资决策阶段是限额设计的关键。应在多方案技术经济分析和评价后确定最终方案，提高投资估算的准确度，合理确定设计限额目标
初步设计阶段	初步设计阶段需要依据最终确定的可行性研究方案和投资估算，将设计概算控制在批准的投资估算内
施工图设计阶段	施工图设计阶段是设计单位的最终成果文件，应按照批准的初步设计方案进行限额设计，施工图预算需控制在批准的设计概算范围内

(二)限额设计的实施程序

限额设计强调技术与经济的统一，需要工程设计人员和工程造价管理专业人员密切合作。工程设计人员进行设计时，应基于建设工程全寿命期，充分考虑工程造价的影响因素，对方案进行比较，优化设计；工程造价管理专业人员要及时进行投资估算，在设计过程中协助工程设计人员进行技术经济分析和论证，从而达到有效控制工程造价的目的。

限额设计的实施是建设工程造价目标的动态反馈和管理过程，可分为目标制订、目标分解、目标推进和成果评价四个阶段。具体实施程序及内容见表 3-2-2。

表 3-2-2　限额设计的实施程序及内容

序号	实施程序	内容
1	目标制订	限额设计的目标包括造价目标、质量目标、进度目标、安全目标及环境目标
2	目标分解	层层目标分解和限额设计，实现对投资限额的有效控制
3	目标推进	通常包括限额初步设计和限额施工图设计两个阶段
4	成果评价	成果评价是目标管理的总结阶段

值得指出的是，当考虑建设工程全寿命期成本时，按照限额要求设计出的方案可能不一定具有最佳的经济性，此时也可考虑突破原有限额，重新选择设计方案。

【任务 3-2-1】

课后巩固

任务 3-2-1
习题解答

1. 某工程项目设计过程中所作的下列工作中，不属于限额设计工作内容的是（　　）。
   A. 编制项目投资可行性研究报告
   B. 设计人员创作出初步设计方案
   C. 设计单位绘制施工图
   D. 编制项目施工组织方案

2. 工程项目限额设计的实施程序包括（　　）。
   A. 目标实现　　　B. 目标制订　　　C. 目标分解　　　D. 目标推进
   E. 成果评价

3. 在工程项目限额设计实施程序中，目标推进通常包括（　　）两个阶段。
   A. 制定限额设计的质量目标　　　B. 限额初步设计
   C. 制定限额设计的造价目标　　　D. 限额施工图设计
   E. 制定限额设计的进度目标

二、设计方案评价与优化

知识目标

了解设计方案评价的基本程序及评价指标体系；
掌握设计方案评价的常用方法。

能力目标

能进行设计方案评价与优化。

设计方案评价与优化是设计过程的重要环节，它是指通过技术比较、经济分析和效益评价，正确处理技术先进与经济合理之间的关系，力求达到技术先进与经济合理的和谐统一。

设计方案评价与优化通常采用技术经济分析法，即将技术与经济相结合，按照建设工程经济效果，针对不同的设计方案，分析其技术经济指标，从中选出经济效果最优的方案。由于设计方案不同，其功能、造价、工期和设备、材料、人工消耗等标准均存在差异，因此，技术经济分析法不仅要考察工程技术方案，更要关注工程费用。

(一)基本程序

设计方案评价与优化的基本程序如下：

(1)按照使用功能、技术标准、投资限额的要求，结合工程所在地实际情况，探讨和建立可能的设计方案。

(2)从所有可能的设计方案中初步筛选出各方面都较为满意的方案作为比选方案。

(3)根据设计方案的评价目的，明确评价的任务和范围。

(4)确定能反映方案特征并能满足评价目的的指标体系。

(5)根据设计方案计算各项指标及对比参数。

(6)根据方案评价的目的，将方案的分析评价指标分为基本指标和主要指标，通过评价指标的分析计算，排出方案的优劣次序，并提出推荐方案。

(7)综合分析，进行方案选择或提出技术优化建议。

(8)对技术优化建议进行组合搭配，确定优化方案。

(9)实施优化方案并总结备案。

设计方案评价与优化的基本程序如图 3-2-1 所示。

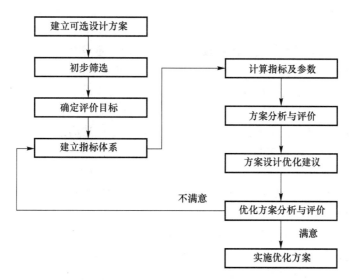

图 3-2-1　设计方案评价与优化的基本程序

在设计方案评价与优化过程中，建立合理的指标体系并采取有效的评价方法进行方案优化是最基本和最重要的工作内容。

(二)评价指标体系

设计方案的评价指标是方案评价与优化的衡量标准，对于技术经济分析的准确性和科学性具有重要的作用。内容严谨、标准明确的指标体系，是对设计方案进行评价与优化的基础。评价指标应能充分反映工程项目满足社会需求的程度，以及为取得使用价值所需投入的社会必要劳动和社会必要消耗量。因此，指标体系应包括以下内容：

(1)使用价值指标，即工程项目满足需要程度（功能）的指标。

(2)反映创造使用价值所消耗的社会劳动消耗量的指标。

(3)其他指标。

对建立的指标体系，可按指标的重要程度设置主要指标和辅助指标，并选择主要指标进行分析比较。

(三)评价方法

设计方案的评价方法主要有多指标法、单指标法以及多因素评分法。

1. 多指标法

多指标法就是采用多个指标，将各个对比方案的相应指标值逐一进行分析比较，按照各种指标数值的高低对其作出评价。其评价指标包括以下几项：

(1)工程造价指标。造价指标是指反映建设工程一次性投资的综合货币指标，根据分析和评价工程项目所处的时间段，可依据设计概（预）算予以确定。如每平方米建筑造价、给水排水工程造价、采暖工程造价、通风工程造价、设备安装工程造价等。

(2)主要材料消耗指标。该指标从实物形态的角度反映主要材料的消耗数量，如钢材消耗量指标、水泥消耗量指标、木材消耗量指标等。

(3)劳动消耗指标。该指标所反映的劳动消耗量，包括现场施工和预制加工厂的劳动消耗。

(4)工期指标。工期指标是指建设工程从开工到竣工所耗费的时间，可用来评价不同方案对工期的影响。

以上四类指标，可以根据工程的具体特点来选择。从建设工程全面造价管理的角度考虑，仅利用这四类指标还不能完全满足设计方案的评价，还需要考虑建设工程全寿命期成本，并考虑工期成本、质量成本、安全成本及环保成本等诸多因素。

在采用多指标法对不同设计方案进行分析和评价时，如果某一方案的所有指标都优于其他方案，则为最佳方案；如果各个方案的其他指标都相同，只有一个指标相互之间有差异，则该指标最优的方案就是最佳方案。这两种情况对于优选决策来说都比较简单，但实际中很少有这种情况。在大多数情况下，不同方案之间往往是各有所长，有些指标较优，有些指标较差，而且各种指标对方案经济效果的影响也不相同。这时，若采用加权求和的方法，各指标的权重又很难确定，因而需要采用其他分析评价方法，如单指标法。

2. 单指标法

单指标法是以单一指标为基础对建设工程技术方案进行综合分析与评价的方法。单指标法有很多种类，各种方法的使用条件也不尽相同，较常用的有以下几种：

(1)综合费用法。这里的费用包括方案投产后的年度使用费、方案的建设投资以及由于工期提前或延误而产生的收益或亏损等。该方法的基本出发点在于将建设投资和使用费结合起来考虑，同时，考虑建设周期对投资效益的影响，以综合费用最小为最佳方案。综合费用法是一种静态价值指标评价方法，没有考虑资金的时间价值，只适用于建设周期较短的工程。此外，由于综合费用法只考虑费用，未能反映功能、质量、安全、环保等方面的差异，因而只有在方案的功能、建设标准等条件相同或基本相同时才能采用。

(2)全寿命期费用法。建设工程全寿命期费用除包括筹建、征地拆迁、咨询、勘察、设计、施工、设备购置，以及贷款支付利息等与工程建设有关的一次性投资费用外，还包括工程完成后交付使用期内经常发生的费用支出，如维修费、设施更新费、采暖费、电梯费、空调费、保险费等。这些费用统称为使用费，按年计算时称为年度使用费。全寿命期费用

运用全寿命周期法
优选设计方案

法考虑了资金的时间价值，是一种动态的价值指标评价方法。由于不同技术方案的寿命期不同，因此，应用全寿命期费用法计算费用时，不用净现值法，而用年度等值法，以年度费用最小者为最优方案。

【例 3-2-1】 某咨询公司受业主委托，对某设计院提出屋面工程的三个设计方案进行评价。方案一，硬泡聚氨酯防水保温材料（防水保温二合一）；方案二，三元乙丙橡胶卷材加陶粒混凝土；方案三，SBS改性沥青卷材加陶粒混凝土。三种方案的综合单价、使用寿命、拆除费用等相关信息见表 3-2-3。

表 3-2-3 三种方案的相关信息

序号	项目	方案一	方案二	方案三
1	防水层综合单价/(元·m^{-2})	合计 260	90	80
2	保温层综合单价/(元·m^{-2})		35	35
3	防水层寿命/年	30	15	10
4	保温层寿命/年		50	50
5	拆除费用/(元·m^{-2})	按防水层、保温层费用的10%计	按防水层费用的20%计	按防水层费用的20%计

拟建工业厂房的使用寿命为 50 年，不考虑 50 年后其拆除费用及残值，不考虑物价变动因素。基准折现率为 8%。

问题：分别列式计算拟建工业厂房寿命期内屋面防水保温工程各方案的综合单价现值。用现值比较法确定屋面防水保温工程经济最优方案。（计算结果保留2位小数）

解： 方案一的现金流量图如图 3-2-2 所示。

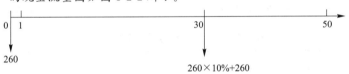

图 3-2-2 方案一的现金流量图

方案二的现金流量图如图 3-2-3 所示。

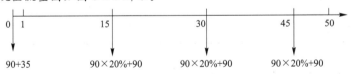

图 3-2-3 方案二的现金流量图

方案三的现金流量图如图 3-2-4 所示。

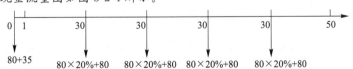

图 3-2-4 方案三的现金流量图

方案一：$260 + (260 \times 10\% + 260) \times (P/F, 8\%, 30) = 288.42$（元/m^2）

方案二：$90+35+(90\times20\%+90)\times[(P/F, 8\%, 15)+(P/F, 8\%, 30)+(P/F, 8\%, 45)]=173.16(元/m^2)$

方案三：$80+35+(80\times20\%+80)\times[(P/F, 8\%, 10)+(P/F, 8\%, 20)+(P/F, 8\%, 30)+(P/F, 8\%, 40)]=194.03(元/m^2)$

因方案二的综合单价现值最低，所以方案二为最优方案。

(3)价值工程法。价值工程法主要是对产品进行功能分析，研究如何以最低的全寿命期成本实现产品的必要功能，从而提高产品价值。在建设工程施工阶段应用该方法来提高建设工程价值的作用是有限的。要使建设工程的价值能够大幅提高，获得较高的经济效益，必须首先在设计阶段应用价值工程法，使建设工程的功能与成本合理匹配。也就是说，在设计中应用价值工程的原理和方法，在保证建设工程功能不变或功能改善的情况下，力求节约成本，以设计出更加符合用户要求的产品。

价值工程在工程设计中的运用过程实际上是发现矛盾、分析矛盾和解决矛盾的过程。具体地说，就是分析功能与成本间的关系，以提高建设工程的价值系数。工程设计人员要以提高价值为目标，以功能分析为核心，以经济效益为出发点，从而真正实现对设计方案的优化。

价值工程法在"工程经济"课程中已学习，本节不再赘述。

3. 多因素评分法

多因素评分法是多指标法与单指标法相结合的一种方法。对需要进行分析评价的设计方案设定若干个评价指标，按其重要程度分配权重，然后按照评价标准给各指标打分，将各项指标所得分数与其权重采用综合方法整合，得出各设计方案的评价总分，以获总分最高者为最佳方案。多因素评分法综合了定量分析评价与定性分析评价的优点，可靠性高，应用较广泛。

运用价值工程法优选设计方案

例题 3-2-2 讲解

【例 3-2-2】 某智能大楼的一套设备系统有 A、B、C 三种采购方案，其有关数据见表 3-2-4。

表 3-2-4 设备系统各采购方案数据

项目方案	A	B	C
购置费和安装费/万元	520	600	700
年度使用费/(万元·年⁻¹)	65	60	55
使用年限/年	16	18	20
大修周期/年	8	10	10
大修费/(万元·次⁻¹)	100	100	110
残值/万元	70	75	80

问题：拟采用加权评分法选择采购方案，对购置费和安装费、年度使用费、使用年限三个指标进行打分评价，打分规则为：购置费和安装费最低的方案得 10 分，每增加 10 万元扣 0.1 分；年度使用费最低的方案得 10 分，每增加 1 万元扣 0.1 分；使用年限最长的方案得 10 分，每减少 1 年扣 0.5 分；以上三指标的权重依次为 0.5、0.4 和 0.1。应选择哪种采购方案较合理？

解： 根据表 3-2-4 中的数据，计算 A、B、C 三种采购方案的综合得分，见表 3-2-5。

表 3-2-5 计算表

评价指标	权重	A	B	C
购置费和安装费	0.5	10	$10-(600-520)/10\times0.1$ $=9.2$	$10-(700-520)/10\times0.1=8.2$

评价指标	权重	A	B	C
年度使用费	0.4	10-(65-55)×0.1=9	10-(60-55)×0.1=9.5	10
使用年限	0.1	10-(20-16)×0.5=8	10-(20-18)×0.5=9	10
综合得分		10×0.5+9×0.4+8×0.1=9.4	9.2×0.5+9.5×0.4+9×0.1=9.3	8.2×0.5+10×0.4+10×0.1=9.1

根据表 3-2-5 的计算结果可知，方案 A 的综合得分最高，故应选择方案 A。

(四)方案优化

设计优化是使设计质量不断提高的有效途径，在设计招标以及设计方案竞赛过程中可以将各方案的可取之处重新组合，吸收众多设计方案的优点，使设计更加完美。而对于具体方案，则应综合考虑工程质量、造价、工期、安全和环保五大目标，基于全要素造价管理进行优化。

工程项目五大目标之间的整体相关性，决定了设计方案的优化必须考虑工程质量、造价、工期、安全和环保五大目标之间的最佳匹配，力求达到整体目标最优，而不能孤立、片面地考虑某一目标或强调某一目标而忽略其他目标。在保证工程质量和安全、保护环境的基础上，追求全寿命期成本最低的设计方案。

【任务 3-2-2】

任务 3-2-2
习题解答

1. 工程项目设计方案评价方法单指标法中，比较常用的有( )。

 A. 综合费用法　　　　　　　B. 净现值分析法

 C. 全寿命期费用法　　　　　D. 价值工程法

 E. 多因素评分法

2. 在工程项目设计方案评价与优化过程中，最基本和最重要的工作内容是( )。

 A. 针对不同设计方案，分析其技术经济指标

 B. 筛选出各方面都比较满意的比选方案

 C. 建立合理的指标体系，采取有效的评价方法进行方案优化

 D. 进行方案选择或提出技术优化建议

第三节　设计概算编制与审查

一、设计概算概述

知识目标

熟悉设计概算的概念及作用。

知道设计概算的作用。

(一)设计概算的概念

设计概算是以初步设计文件为依据,按照规定的程序、方法和依据,对建设项目总投资及其构成进行的概略计算。具体而言,设计概算是在投资估算的控制下由设计单位根据初步设计或扩大初步设计的图纸及说明,利用国家或地区颁发的概算指标,概算定额,综合指标预算定额,各项费用定额或取费标准(指标),建设地区自然、技术经济条件和设备、材料预算价格等资料,按照设计要求,对建设项目从筹建至竣工交付使用所需全部费用进行的预计。

设计概算的成果文件称作设计概算书,也简称设计概算。设计概算书是初步设计文件的重要组成部分,其特点是编制工作相对简略,无须达到施工图预算的准确程度。采用两阶段设计的建设项目,初步设计阶段必须编制设计概算;采用三阶段设计的,扩大初步设计阶段必须编制修正概算。

设计概算的编制内容包括静态投资和动态投资两个层次。静态投资作为考核工程设计和施工图预算的依据;动态投资作为项目筹措、供应和控制资金使用的限额。

知识小课堂

设计概算编制内容

🔊 知识拓展

设计概算经批准后,一般不得调整。如果由于下列原因需要调整概算时,应由建设单位调查分析变更原因,报主管部门审批同意后,由原设计单位核实编制调整概算,并按有关审批程序报批。当影响工程概算的主要因素查明且工程量完成了一定量后,方可对其进行调整。一个工程只允许调整一次概算。允许调整概算的原因包括超出原设计范围的重大变更;超出基本预备费规定范围不可抗拒的重大自然灾害引起的工程变动和费用增加;超出工程造价价差预备费的国家重大政策性的调整。

(二)设计概算的作用

设计概算是工程造价在设计阶段的表现形式,但其并不具备价格属性。因为设计概算不是在市场竞争中形成的,而是设计单位根据有关依据计算出来的工程建设的预期费用,用于衡量建设投资是否超过估算并控制下一阶段费用支出。设计概算的主要作用是控制以后各阶段的投资,具体表现如下:

(1)设计概算是编制固定资产投资计划、确定和控制建设项目投资的依据。

🔊 知识拓展

经批准的设计概算是建设工程项目投资的最高限额。在工程建设过程中,年度固定资产投资计划安排、银行拨款或贷款、施工图设计及其预算、竣工决算等,未经规定程序批准,都不能突破这一限额,确保对国家固定资产投资计划的严格执行和有效控制。

(2)设计概算是控制施工图设计和施工图预算的依据。

(3)设计概算是衡量设计方案技术经济合理性和选择最佳设计方案的依据。

(4)设计概算是编制招标控制价(招标标底)和投标报价的依据。

(5) 设计概算是签订建设工程合同和贷款合同的依据。

(6) 设计概算是考核建设项目投资效果的依据。

【任务 3-3-1】

任务 3-3-1
习题解答

1. 下列原因中，不能据以调整设计概算的是(　　)。

  A. 超出原设计范围的重大变更

  B. 超出承包人预期的货币贬值和汇率变化

  C. 超出基本预备费规定范围的不可抗拒重大自然灾害引起的工程变动和费用增加

  D. 超出预备费的国家重大政策性调整

2. 在建设项目各阶段的工程造价中，一经批准将作为控制建设项目投资最高限额的是(　　)。

  A. 投资估算   B. 设计概算

  C. 施工图预算   D. 竣工结算

3. 按照国家有关规定，作为年度固定资产投资计划、计划投资总额及构成数额的编制和确定依据的是(　　)。

  A. 经批准的投资估算   B. 经批准的设计概算

  C. 经批准的施工图预算   D. 经批准的工程决算

二、设计概算的编制内容

知识目标

掌握设计概算的编制内容；

掌握设计概算的费用构成及编制方法；

熟悉三级概算之间的相互关系。

能力目标

知道设计概算的编制内容。

设计概算文件的编制应采用单位工程概算、单项工程综合概算、建设项目总概算三级概算编制形式。当建设项目为一个单项工程时，可采用单位工程概算、总概算两级概算编制形式。三级概算之间的相互关系、费用构成及编制方法如图 3-3-1 所示。

(一)单位工程概算

单位工程是指具有独立的设计文件，能够独立组织施工，但不能独立发挥生产能力或使用功能的工程项目，是单项工程的组成部分。单位工程概算是以初步设计文件为依据，按照规定的程序、方法和依据，计算单位工程费用的成果文件，是编制单项工程综合概算(或项目总概算)的依据，是单项工程综合概算的组成部分。单位工程概算按其工程性质分为建筑工程概算和设备及安装工程概算两类。

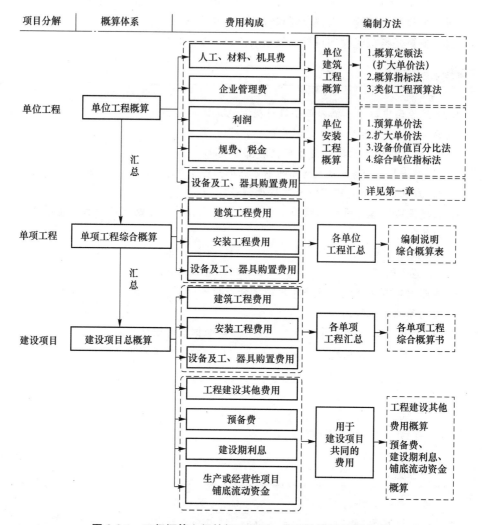

图 3-3-1 三级概算之间的相互关系、费用构成及编制方法

　　建筑工程概算包括土建工程概算，给水排水、采暖工程概算，通风、空调工程概算，电气、照明工程概算，弱电工程概算，特殊构筑物工程概算等；设备及安装工程概算包括机械设备及安装工程概算，电气设备及安装工程概算，热力设备及安装工程概算，工、器具及生产家具购置费概算等。

(二)单项工程概算

　　单项工程是指在一个建设项目中，具有独立的设计文件，建成后能够独立发挥生产能力或使用功能的工程项目。它是建设项目的组成部分，如生产车间、办公楼、食堂、图书馆、学生宿舍、住宅楼、一个配水厂等。单项工程是一个复杂的综合体，是一个具有独立存在意义的完整工程，如输水工程、净水厂工程、配水工程等。单项工程概算是以初步设计文件为依据，在单位工程概算的基础上汇总单项工程工程费用的成果文件，由单项工程中的各单位工程概算汇总编制而成，是建设项目总概算的组成部分。单项工程综合概算的组成内容如图 3-3-2 所示。

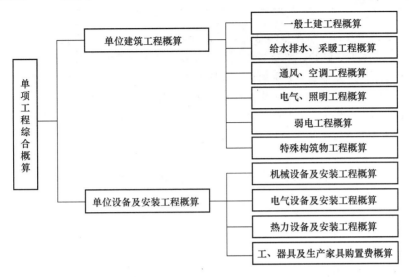

图 3-3-2 单项工程综合概算的组成内容

(三)建设项目总概算

建设项目总概算是以初步设计文件为依据，在单项工程综合概算的基础上计算建设项目概算总投资的成果文件。它是由各单项工程综合概算，工程建设其他费用概算，预备费、建设期利息和铺底流动资金概算汇总编制而成。建设项目总概算的组成内容如图 3-3-3 所示。

若干个单位工程概算汇总后成为单项工程概算，若干个单项工程概算和工程建设其他费用、预备费、建设期利息、铺底流动资金等概算文件汇总后成为建设项目总概算。单项工程概算和建设项目总概算仅是一种归纳、汇总性文件，因此，最基本的计算文件是单位工程概算书。若建设项目为一个独立单项工程，则建设项目总概算书与单项工程综合概算书可合并编制。

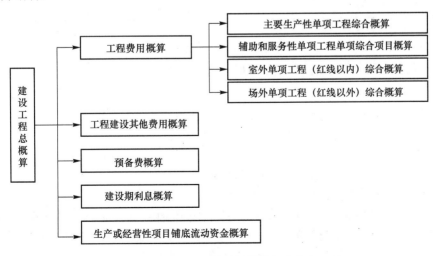

图 3-3-3 建设工程总概算的组成内容

课后巩固

任务 3-3-2
习题解答

【任务 3-3-2】

1. 当建设项目为一个单项工程时，其设计概算应采用的编制形式是(　　)。

   A. 单位工程概算、单项工程综合概算和建设项目总概算三级

   B. 单位工程概算和单项工程综合概算二级

   C. 单项工程综合概算和建设项目总概算二级

   D. 单位工程概算和建设项目总概算二级

2. 下列属于单位建筑工程概算内容的有(　　)。

   A. 一般土建工程概算　　　　　　B. 给水排水、采暖工程概算

   C. 通风、空调工程概算　　　　　D. 弱电工程概算

   E. 电气设备及安装工程概算

3. 某建设项目由若干单项工程构成，应包含在其中某单项工程综合概算中的费用项目是(　　)。

   A. 工、器具及生产家具购置费　　B. 办公和生活用品购置费

   C. 研究试验费　　　　　　　　　D. 基本预备费

三、设计概算的编制方法

知识目标

掌握设计概算的编制方法；

熟悉设计概算编制方法的适应条件。

能力目标

会编制设计概算。

设计概算是从最基本的单位工程概算编制开始逐级汇总而成。

(一)设计概算的编制依据和编制原则

1. 设计概算的编制依据

(1)国家、行业和地方有关规定。

(2)相应工程造价管理机构发布的概算定额(或指标)。

(3)工程勘察与设计文件。

(4)拟定或常规的施工组织设计和施工方案。

(5)建设项目资金筹措方案。

(6)工程所在地编制期的人工、材料、机具台班市场价格，以及设备供应方式与供应价格。

(7)建设项目的技术复杂程度，新技术、新材料、新工艺以及专利使用情况等。

(8)建设项目批准的相关文件、合同、协议等。

(9)政府有关部门、金融机构等发布的价格指数、利率、汇率、税率以及工程建设其他

费用等。

(10)委托单位提供的其他技术经济资料。

2. 设计概算的编制原则

(1)设计概算应按编制时项目所在地的价格水平编制，总投资应完整地反映编制时的建设项目实际投资。

(2)设计概算应考虑建设项目施工条件等因素对投资的影响。

(3)设计概算应按项目合理建设期限预测建设期价格水平，以及资产租赁和贷款的时间价值等动态因素对投资的影响。

(二)单位工程概算的主要编制方法

单位工程概算应根据单项工程中所属的每个单体按专业分别编制，一般分土建、装饰、采暖通风、给水排水、照明、工艺安装、自控仪表、通信、道路、总图竖向等专业或工程分别编制。总体而言，单位工程概算包括单位建筑工程概算和单位设备及安装工程概算两类。其中，建筑工程概算的编制方法有概算定额法、概算指标法、类似工程预算法等；设备及安装工程概算的编制方法有预算单价法、扩大单价法、设备价值百分比法和综合吨位指标法等。单位工程概算编制方法汇总如图 3-3-4 所示。

单位建筑工程
概算编制

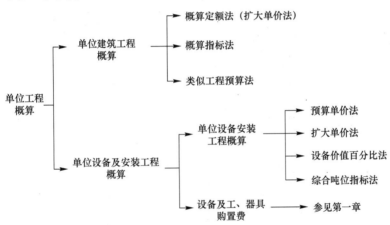

图 3-3-4　单位工程概算编制方法汇总

1. 概算定额法

概算定额法又称扩大单价法或扩大结构定额法，是套用概算定额编制建筑工程概算的方法。

运用概算定额法，要求初步设计必须达到一定深度，建筑结构尺寸比较明确，能按照初步设计的平面图、立面图、剖面图纸计算出楼地面、墙身、门窗和屋面等扩大分项工程(或扩大结构构件)项目的工程量时，方可采用。

建筑工程概算表的编制，按构成单位工程的主要分部分项工程编制，根据初步设计工程量按工程所在省、市、自治区颁发的概算定额(指标)或行业概算定额(指标)，以及工程费用定额计算。概算定额法编制设计概算的步骤如下：

(1)搜集基础资料、熟悉设计图纸和了解有关施工条件与施工方法。

(2)按照概算定额子目，列出单位工程中分部分项工程项目名称并计算工程量。工程量计算应按概算定额中规定的工程量计算规则进行，计算时采用的原始数据必须以初步设计图纸所标识的尺寸或初步设计图纸能读出的尺寸为准，并将计算所得各分部分项工程量按概算定额编号顺序，填入工程概算表内。

(3)确定各分部分项工程费。工程量计算完毕后,逐项套用各子目的综合单价,各子目的综合单价应包括人工费、材料费、施工机具使用费、管理费、利润、规费和税金。然后,分别将其填入单位工程概算表和综合单价表中。如遇设计图中的分项工程项目名称、内容与采用的概算定额手册中相应的项目有某些不相符时,则按规定对定额进行换算后方可套用。

(4)计算措施项目费。措施项目费的计算分以下两部分进行:

1)可以计量的措施项目费与分部分项工程费的计算方法相同,其费用按照第(3)步的规定计算;

2)综合计取的措施项目费应以该单位工程的分部分项工程费和可以计量的措施项目费之和为基数乘以相应费率计算。

(5)计算汇总单位工程概算造价。

$$单位工程概算造价=分部分项工程费+措施项目费 \qquad (3\text{-}3\text{-}1)$$

(6)编写概算编制说明。单位建筑工程概算按照规定的表格形式进行编制,具体格式参见表 3-3-1,所使用的综合单价应编制综合单价分析表。

表 3-3-1　建筑工程概算表

单位工程概算编号:　　　　　　　单项工程名称(单位工程):　　　　　　　　　共 页 第 页

序号	项目编码	工程项目或费用名称	项目特征	单位	数量	综合单价/元	合价/元
一		分部分项工程					
(一)		土石方工程					
1	××	×××××					
2	××	×××××					
(二)		砌筑工程					
1	××	×××××					
(三)		楼地面工程					
1	××	×××××					
		分部分项工程费用小计					
二		可计量措施项目					
(一)		××工程					
1	××	×××××					
2	××	×××××					
(二)		××工程					
1	××	×××××					
		可计量措施项目费小计					
三		综合取定的措施项目费					
1		安全文明施工费					
2		夜间施工增加费					
3		二次搬运费					
4		冬、雨期施工增加费					
	××	×××××					
		综合取定的措施项目费小计					
		合计					

编制人:　　　　　　　　　　　审核人:　　　　　　　　　　　审定人:

2. 概算指标法

概算指标法是用拟建的厂房、住宅的建筑面积(或体积)乘以技术条件相同或基本相同的概算指标得出人、材、机费,然后按规定计算出企业管理费、利润、规费和税金等,得出单位工程概算的方法。

概算指标法的适用条件如下:

(1)在方案设计中,由于设计无详图而只有概念性设计时,或初步设计深度不够,不能准确地计算出工程量,但工程设计采用的技术比较成熟时可以选定与该工程相似类型的概算指标编制概算。

(2)设计方案急需造价概算而又有类似工程概算指标可以利用的情况。

(3)图样设计间隔很久后再来实施,概算造价不适用于当前情况而又急需确定造价的情形下,可按当前概算指标来修正原有概算造价。

(4)通用设计图设计可组织编制通用图设计概算指标来确定造价。

概算指标法的计算分以下两种情况:

(1)拟建工程结构特征与概算指标相同时的计算。在使用概算指标法时,如果拟建工程在建设地点、结构特征、地质及自然条件、建筑面积等方面与概算指标相同或相近,就可直接套用概算指标编制概算。在直接套用概算指标时,拟建工程应符合以下条件:

1)拟建工程的建设地点与概算指标中的工程建设地点相同;

2)拟建工程的工程特征和结构特征与概算指标中的工程特征、结构特征基本相同;

3)拟建工程的建筑面积与概算指标中工程的建筑面积相差不大。

根据选用的概算指标内容,以指标中所规定的工程每平方米、立方米的工料单价,根据管理费、利润、规费、税金的费(税)率确定该子目的全费用综合单价,乘以拟建单位工程建筑面积或体积,即可求出单位工程的概算造价。其计算公式如下:

单位工程概算造价=概算指标每平方米、立方米综合单价×拟建工程建筑面积(体积)

(3-3-2)

(2)拟建工程结构特征与概算指标有局部差异时的调整。在实际工作中,经常会遇到拟建对象的结构特征与概算指标中规定的结构特征有局部不同的情况,因此,必须对概算指标进行调整后方可套用。调整方法如下:

1)调整概算指标中的每平方米、立方米造价。这种方法是将原概算指标中的综合单价进行调整,扣除每平方米、立方米原概算指标中与拟建工程结构不同部分的造价,增加每平方米、立方米拟建工程与概算指标结构不同部分的造价,使其成为与拟建工程结构相同的综合单价。其计算公式如下:

$$结构变化修正概算指标(元/m^2)=J+Q_1P_1-Q_2P_2 \quad (3-3-3)$$

式中　J——原概算指标;

　　　Q_1——概算指标中换入结构的工程量;

　　　Q_2——概算指标中换出结构的工程量;

　　　P_1——换入结构的综合单价;

　　　P_2——换出结构的综合单价。

单位工程概算造价=修正后的概算指标综合单价×拟建工程建筑面积(体积)

(3-3-4)

若概算指标中的单价为只包括人、材、机的工料单价，则应根据管理费、利润、规费、税金的费(税)率确定该子目的全费用综合单价，再计算拟建工程造价。

2)调整概算指标中的工、料、机数量。这种方法是将原概算指标中每100 m²(或1 000 m³)建筑面积(体积)中的工、料、机数量进行调整，扣除原概算指标中与拟建工程结构不同部分的工、料、机消耗量，增加拟建工程与概算指标结构不同部分的工、料、机消耗量，使其成为与拟建工程结构相同的每100 m²(或1 000 m³)建筑面积(体积)工、料、机数量。其计算公式如下：

结构变化修正概算指标的工、料、机数量＝原概算指标的工、料、机数量＋换入结构件工程量×相应定额工、料、机消耗量—换出结构件工程量×相应定额工、料、机消耗量

(3-3-5)

以上两种方法，前者是直接修正概算指标单价，后者是修正概算指标工、料、机数量。两者的计算原理相同。

例题 3-3-1 讲解

【例3-3-1】假设新建单身宿舍一座，其建筑面积为3 500 m²，按概算指标和地区材料预算价格等算出综合单价为738元/m²，其中，一般土建工程为640元/m²，采暖工程为32元/m²，给水排水工程为36元/m²，照明工程为30元/m²。

新建单身宿舍的设计资料与概算指标相比较，其结构构件有部分变更。设计资料表明，外墙为1.5砖外墙，而概算指标中外墙为1砖墙。根据当地土建工程预算定额计算，外墙带形毛石基础的综合单价147.87元/m³，1砖外墙的综合单价为177.10元/m³，1.5砖外墙的综合单价为178.08元/m³；概算指标中每100 m²中含外墙带形毛石基础为18 m³，1砖外墙为46.5 m³。新建工程设计资料表明，每100 m²中含外墙带形毛石基础为19.6 m³，1.5砖外墙为61.2 m³。请计算调整后的概算综合单价和新建宿舍的概算造价。

解： 对土建工程中结构构件的变更和单价调整，见表3-3-2。

表3-3-2 结构变化引起的单价调整

序号	结构名称	单位	数量(每100 m²含量)	单价/元	合价/元
	土建工程人、材、机费				640
	换出部分				
1	外墙带形毛石基础	m³	18	147.87	2 661.66
2	1砖外墙	m³	46.5	177.10	8 235.15
	合计	元			10 896.81
	换入部分				
3	外墙带形毛石基础	m³	19.6	147.87	2 898.25
4	1.5砖外墙	m³	61.2	178.08	10 898.5
	换入合计	元			13 796.75
单位造价修正系数：640—10 896.81/100＋13 796.75/100＝669(元)					

其余的单价指标都不变，因此经调整后的概算综合单价为：669＋32＋36＋30＝767(元/m²)

新建宿舍的概算造价＝767×3 500＝2 684 500(元)

3. 类似工程预算法

类似工程预算法是利用技术条件与设计对象相类似的已完工程或在建工程的工程造价资料来编制拟建工程设计概算的方法。其适用于拟建工程初步设计与已完工程或在建工程的设计相类似而又没有可用的概算指标的情况。

类似工程预算法的编制步骤如下：

(1)根据设计对象的各种特征参数，选择最合适的类似工程预算。

(2)根据本地区现行的各种价格和费用标准计算类似工程预算的人工费、材料费、施工机具使用费、企业管理费修正系数。

(3)根据类似工程预算修正系数和以上四项费用占预算成本的比重，计算预算成本总修正系数，并计算出修正后的类似工程平方米预算成本。

(4)根据类似工程修正后的平方米预算成本和编制概算地区的利税率计算修正后的类似工程平方米造价。

(5)根据拟建工程的建筑面积和修正后的类似工程平方米造价，计算拟建工程概算造价。

(6)编制概算编写说明。

类似工程预算法对条件有所要求，也就是可比性，即拟建工程项目在建筑面积、结构构造特征要与已建工程基本一致，如层数相同、面积相似、结构相似、工程地点相似等，采用此方法时必须对建筑结构差异和价差进行调整。

(1)建筑结构差异调整。调整方法与概算指标法的调整相同。即先确定有差别的项目，分别计算每一项目的工程量和单位价格(按拟建工程所在地的价格)，然后以类似工程相同项目的工程量和单价为基础，计算出总价差，将类似工程的直接工程费减去(或加上)这部分差价，就得出结构差异换算后的直接工程费，再计算其他各项费用。

(2)价差的调整。一是类似工程造价资料中有具体的人工、材料、机械台班的用量时，可按类似工程造价资料中的人工、材料、机械台班数量，乘以拟建工程所在地的人工单价、主要材料预算价格、机械台班预算价格，计算出直接工程费，再乘以当地的综合费率，即可得出拟建工程的造价；二是类似工程造价资料中只有人工、材料、机械台班费用和其他费用时，可按下式进行调整：

$$D＝A×K \tag{3-3-6}$$

其中

$$K＝a\%K_1＋b\%K_2＋c\%K_3＋d\%K_4 \tag{3-3-7}$$

式中　D——拟建工程成本单价；

A——类似工程成本单价；

K——成本单价综合调整系数；

$a\%$，$b\%$，$c\%$，$d\%$——类似工程预算的人工费、材料费、施工机具使用费、企业管理费占预算成本的比重，如 $a\%$＝类似工程人工费/类似工程预算成本×100%，$b\%$、$c\%$、$d\%$类同；

K_1，K_2，K_3，K_4——拟建工程地区与类似工程预算成本在人工费、材料费、施工机具使用费、企业管理费之间的差异系数。如 K_1＝拟建工程人工费/类似工程地区人工费，K_2、K_3、K_4类同。

以上综合调价系数是以类似工程中各成本构成项目占总成本的百分比为权重，按照加权的方式计算的成本单价的调价系数。根据类似工程预算提供的资料，也可按照同样的计算思路计算出人、材、机费综合调整系数，通过系数调整类似工程的工料单价，再按照相应取费基数和费率计算间接费、利润和税金，也可得出所需的综合单价。总之，以上方法可灵活应用。

【例 3-3-2】 某地拟建一工程，与其类似的已完工程单方工程造价为 4 500 元/m²，其中，人工、材料、施工机具使用费分别占工程造价的 15%、55% 和 10%，拟建工程地区与类似工程地区人工、材料、施工机具使用费差异系数分别为 1.05、1.03 和 0.98。假定以人、材、机费用之和为基数取费，综合费率为 25%。用类似工程预算法计算拟建工程适用的综合单价。

解：先使用调差系数计算出拟建工程的工料单价。

$$类似工程的工料单价 = 4\,500 \times 80\% = 3\,600(元/m^2)$$

在类似工程的工料单价中，人工、材料、施工机具使用费的比重分别为 18.75%、68.75% 和 12.5%。

$$拟建工程的工料单价 = 3\,600 \times (18.75\% \times 1.05 + 68.75\% \times 1.03 + 12.5\% \times 0.98)$$
$$= 3\,699(元/m^2)$$

则拟建工程适用的综合单价 = $3\,699 \times (1 + 25\%) = 4\,623.75(元/m^2)$

4. 单位设备及安装工程概算编制方法

单位设备及安装工程概算包括单位设备及工、器具购置费和单位设备安装工程费两大部分。

(1)设备及工、器具购置费的编制方法。设备及工、器具购置费的组成见本书第一章中有关设备及工、器具购置费的构成和计算的内容。

(2)设备安装工程概算的编制。

1)预算单价法。当初步设计有详细设备清单时，可直接按预算单价(预算定额单价)编制设备安装工程概算。根据计算的设备安装工程量，乘以安装工程预算单价，经汇总求得。用预算单价法编制概算，计算比较具体，精确性较高。

2)扩大单价法。当初步设计的设备清单不完备或仅有成套设备的质量时，可采用主设备、成套设备或工艺线的综合扩大安装单价编制概算。

3)设备价值百分比法，又称安装设备百分比法。当初步设计深度不够，只有设备出厂价而无详细规格、质量时，安装费可按占设备费的百分比计算。其百分比值(即安装费费率)由相关管理部门制定或由设计单位根据已完类似工程确定。该法常用于价格波动不大的定型产品和通用设备产品。其计算公式如下：

$$设备安装费 = 设备原价 \times 安装费费率(\%) \qquad (3\text{-}3\text{-}8)$$

4)综合吨位指标法。当初步设计提供的设备清单有规格和设备质量时，可采用综合吨位指标编制概算，其综合吨位指标由相关主管部门或由设计单位根据已完类似工程的资料确定。该法常用于设备价格波动较大的非标准设备和引进设备的安装工程概算。其计算公式如下：

$$设备安装费 = 设备吨重 \times 每吨设备安装费指标(元/吨) \qquad (3\text{-}3\text{-}9)$$

单位设备及安装工程概算要按照规定的表格格式进行编制，表格格式见表 3-3-3。

表 3-3-3　设备及安装工程概算表

单位工程概算编号：　　　　　单项工程名称（单位工程）：　　　　　　　　共　页　第　页

序号	项目编码	工程项目或费用名称	项目特征	单位	数量	综合单价/元		合价/元	
						设备购置费	安装工程费	设备购置费	安装工程费
一		分部分项工程							
（一）		土石方工程							
1	××	×××××							
2	××	×××××							
（二）		砌筑工程							
1	××	×××××							
（三）		楼地面工程							
1	××	×××××							
		分部分项工程费用小计							
二		可计量措施项目							
（一）		××工程							
1	××	×××××							
2	××	×××××							
（二）		××工程							
1	××	×××××							
		可计量措施项目费小计							
三		综合取定的措施项目费							
1		安全文明施工费							
2		夜间施工增加费							
3		二次搬运费							
4		冬、雨期施工增加费							
	××	×××××							
		综合取定的措施项目费小计							
		合计							

编制人：　　　　　　　　　审核人：　　　　　　　　　审定人：

任务 3-3-3
习题解答

1. 采用概算指标法编制建筑工程设计概算，直接套用概算指标时，拟建工程符合的条件是（　　）。

    A. 拟建工程和概算指标中工程建设辖区相同

    B. 拟建工程和概算指标中工程建设地点相同

    C. 拟建工程和概算指标中工程的工程特征、结构特征基本相同

    D. 拟建工程和概算指标中工程的建造工艺相差不大

    E. 拟建工程和概算指标中工程的建筑面积相差不大

2. 某拟建工程初步设计已达到必要的深度，能够据此计算出扩大分项工程的工程量，则能较为准确地编制拟建工程概算的方法是（　　）。

    A. 概算指标法　　　　　　　　B. 类似工程预算法

    C. 概算定额法　　　　　　　　D. 综合吨位指标法

3. 在建筑工程初步设计文件深度不够、不能准确计算出工程量的情况下，可采用的设计概算编制方法是（　　）。

    A. 概算定额法　　　　　　　　B. 概算指标法

    C. 预算单价法　　　　　　　　D. 综合吨位指标法

4. 某地拟建一幢建筑面积为 2 500 m^2 的办公楼。已知建筑面积为 2 700 m^2 的类似工程预算成本为 216 万元，其人、材、机、企业管理费占预算成本的比重分别为 20%、50%、10%、15%。拟建工程和类似工程地区的人工费、材料费、施工机具使用费、企业管理费之间的差异系数分别是 1.1、1.2、1.3、1.15，综合费率为 4%，则利用类似工程预算法编制该拟建工程概算造价为（　　）万元。

    A. 233.48　　　　　　　　　　B. 252.2

    C. 287.4　　　　　　　　　　D. 302.8

5. 设计概算编制方法中，电气设备及安装工程概算编制方法包括（　　）。

    A. 预算单价法　　　　　　　　B. 设备价值百分比法

    C. 概算指标法　　　　　　　　D. 综合吨位指标法

    E. 类似工程预算法

(三)单项工程综合概算的编制

    综合概算是以单项工程为编制对象，确定建成后可独立发挥作用的建筑物所需全部建设费用的文件，由该单项工程内各单位工程概算书汇总而成。综合概算书是工程项目总概算书的组成部分，是编制总概算书的基础文件，一般由编制说明和综合概算表两个部分组成。

🔊 知识拓展

    当建设项目只有一个单项工程时，此时综合概算文件(实为总概算)除包括上述两大部分外，还应包括工程建设其他费用、建设期利息、预备费的概算。

1. 编制说明

编制说明应列在综合概算表的前面，其内容包括工程概况、编制依据、编制方法、主要材料和设备数量、其他有关问题。

2. 综合概算表

综合概算表是根据单项工程所辖范围内的各单位工程概算等基础资料，按照国家或部委所规定的统一表格进行编制。对于工业建筑而言，其概算包括建筑工程和设备及安装工程；对于民用建筑而言，其概算包括土建工程、给水排水工程、采暖工程、通风及电气照明工程等。

综合概算一般应包括建筑工程费用、安装工程费用、设备及工器具购置费。当不编制总概算时，还应包括工程建设其他费用、建设期利息、预备费等费用项目。单项工程综合概算表见表3-3-4。

表3-3-4　单项工程综合概算表

建设项目名称：　　　　单项工程名称：　　　　单位：万元　　　共　页　第　页

序号	概算编号	工程项目或费用名称	设计规模和主要工程量	建筑工程费	安装工程费	设备购置费	合计	其中：引进部分		主要技术经济指标		
								美元	折合人民币	单位	数量	单位价值
一		主要工程										
1	××	××××										
2	××	××××										
二		辅助工程										
1	××	××××										
三		配套工程										
1	××	××××										
2	××	××××										
单项工程概算合计												

编制人：　　　　　　审核人：　　　　　　审定人：

(四)建设项目总概算的编制

建设项目总概算是设计文件的重要组成部分，是预计整个建设项目从筹建到竣工交付使用所花费的全部费用的文件。它是由各单项工程综合概算、工程建设其他费用、预备费、建设期利息和经营性项目的铺底流动资金概算所组成，按照主管部门规定的统一表格编制而成的。

设计总概算文件应包括编制说明、总概算表、各单项工程综合概算书、工程建设其他费用概算表和主要建筑安装材料汇总表。

总概算表见表3-3-5。

表3-3-5　总概算表

总概算编号：　　　　工程名称：　　　　单位：万元　　　共　页　第　页

序号	概算编号	工程项目或费用名称	建筑工程费	安装工程费	设备购置费	其他费用	合计	其中：引进部分		占总投资比例/%
								美元	折合人民币	
一		工程费用								
1		主要工程								

序号	概算编号	工程项目或费用名称	建筑工程费	安装工程费	设备购置费	其他费用	合计	其中：引进部分		占总投资比例/%
								美元	折合人民币	
2		辅助工程								
3		配套工程								
二		工程建设其他费用								
1										
2										
三		预备费								
四		建设期利息								
五		流动资金								
		建设项目概算总投资								

编制人： 审核人： 审定人：

【企业案例 3-1】 某垃圾发电厂设计概算书。（扫描二维码）

【企业案例 3-2】 某博物馆项目设计概算书。（扫描二维码）

某垃圾发电厂设计概算书

博物馆工程概算编制说明

博物馆工程概算表

【任务 3-3-4】

任务 3-3-4 习题解答

1. 某建设项目由若干单项工程构成，应包含在某单项工程综合概算文件中的项目是（ ）。

A. 综合概算表

B. 工程建设其他费用

C. 建设期利息

D. 预备费

2. 关于建设项目总概算的编制说法中，下列正确的是（ ）。

A. 项目总概算应按照建设单位规定的统一表格进行编制

B. 对工程建设其他费用的各组成项目应分别列项计算

C. 主要建筑安装材料汇总表只需列出建设项目的钢筋、水泥等主要材料各自的总消耗量

D. 总概算编制说明应装订于总概算文件最后

3. 下列文件中，包括在建设项目总概算文件中的有(　　　)。

A. 总概算表
B. 单项工程综合概算表
C. 工程建设其他费用概算表
D. 主要建筑安装材料汇总表
E. 分年投资计划表

四、设计概算的审查

知识目标

熟悉设计概算审查的内容和方法；
掌握不同设计概算审查方法的特点。

能力目标

会审查设计概算。

设计概算审查是确定建设工程造价的一个重要环节。通过审查，能使概算更加完整、准确，促进工程设计的技术先进性和经济合理性。

(一)审查内容

设计概算的审查内容包括概算编制依据、概算编制深度及概算主要内容三个方面。

1. 对设计概算编制依据的审查

(1)审查编制依据的合法性。设计概算采用的编制依据必须经过国家和授权机关的批准，符合概算编制的有关规定。同时，不得擅自提高概算定额、指标或费用标准。

(2)审查编制依据的时效性。设计概算文件所使用的各类依据，如定额、指标、价格、取费标准等，都应根据国家有关部门的规定进行。

(3)审查编制依据的适用范围。各主管部门规定的各类专业定额及其取费标准，仅适用于该部门的专业工程；各地区规定的各种定额及其取费标准，只适用于该地区范围内，特别是地区的材料预算价格应按工程所在地区的具体规定执行。

设计概算内容审查

2. 对设计概算编制深度的审查

(1)审查编制说明。审查设计概算的编制方法、深度和编制依据等重大原则性问题。

(2)审查设计概算编制的完整性。对于一般大中型项目的设计概算，审查是否具有完整的编制说明和三级设计概算文件(总概算、综合概算、单位工程概算)，是否达到规定的深度。

(3)审查设计概算的编制范围。包括设计概算编制范围和内容是否与批准的工程项目范围相一致；各项费用应列的项目是否符合法律法规及工程建设标准；是否存在多列或遗漏的取费项目等。

3. 对设计概算主要内容的审查

(1)概算编制是否符合法律、法规及相关规定。

（2）概算所编制工程项目的建设规模和建设标准、配套工程等是否符合批准的可行性研究报告或立项批文。对总概算投资超过批准投资估算10%以上的，应进行技术经济论证，需重新上报进行审批。

（3）概算所采用的编制方法、计价依据和程序是否符合相关规定。

（4）概算工程量是否准确。应将工程量较大、造价较高、对整体造价影响较大的项目作为审查重点。

（5）概算中主要材料用量的正确性和材料价格是否符合工程所在地的价格水平，材料价差调整是否符合相关规定等。

（6）概算中设备规格、数量、配置是否符合设计要求，设备原价和运杂费是否正确；非标准设备原价的计价方法是否符合规定；进口设备的各项费用的组成及其计算程序、方法是否符合规定。

（7）概算中各项费用的计取程序和取费标准是否符合国家或地方有关部门的规定。

（8）总概算文件的组成内容是否完整地包括了工程项目从筹建至竣工投产的全部费用组成。

（9）综合概算、总概算的编制内容、方法是否符合国家相关规定和设计文件的要求。

（10）概算中工程建设其他费用中的费率和计取标准是否符合国家、行业有关规定。

（11）概算项目是否符合国家对于环境治理的要求和相关规定。

（12）概算中技术经济指标的计算方法和程序是否正确。

（二）审查方法

采用适当方法对设计概算进行审查，是确保审查质量、提高审查效率的关键。常用的审查方法详见表3-3-6。

表3-3-6　设计概算的常用审查方法

序号	审查方法	介绍
1	对比分析法	对比分析建设规模、建设标准、概算编制内容和编制方法、人材机单价等，发现设计概算存在的主要问题和偏差
2	主要问题复核法	对审查中发现的主要问题、有较大偏差的设计复核，对重要、关键设备和生产装置或投资较大的项目进行复查
3	查询核实法	对一些关键设备和设施、重要装置以及图纸不全、难以核算的较大投资进行多方查询核对，逐项落实
4	分类整理法	对审查中发现的问题和偏差，对照单项工程、单位工程的顺序目录分类整理，汇总核增或核减的项目及金额，最后汇总审核后的总投资及增减投资额
5	联合会审法	在设计单位自审、承包单位初审、咨询单位评审、邀请专家预审、审批部门复审等层层把关后，由有关单位和专家共同审核

【任务 3-3-5】

1. 审查工程设计概算时，总概算投资超过批准投资估算（　　）以上的，需重新上报审批。

　　A. 5%　　　　　　　B. 8%　　　　　　　C. 10%　　　　　　　D. 15%

2. 下列方法中，不属于设计概算审查方法的是（　　）。

　　A. 分类整理法　　　　　　　　　B. 对比分析法

　　C. 联合会审法　　　　　　　　　D. 利用手册审查法

第四节　施工图预算编制与审查

一、施工图预算的编制

施工图预算编制

知识目标

掌握施工图预算的编制程序及方法。

能力目标

会编制施工图预算。

(一)编制内容

施工图预算由建设项目总预算、单项工程综合预算和单位工程预算组成。建设项目总预算由单项工程综合预算汇总而成，单项工程综合预算由组成本单项工程的各单位工程预算汇总而成，单位工程预算包括建筑工程预算和设备及安装工程预算。

知识拓展

施工图预算根据建设项目实际情况，可采用三级预算编制或二级预算编制形式。当建设项目有多个单项工程时，应采用三级预算编制形式，三级预算编制形式由建设项目总预算、单项工程综合预算、单位工程预算组成。当建设项目只有一个单项工程时，应采用二级预算编制形式，二级预算编制形式由建设项目总预算和单位工程预算组成。

(二)各级预算文件的编制

各级预算文件的编制见表 3-4-1。

表 3-4-1　施工图预算的编制

预算书名称	编制公式		
单位工程施工图预算	单位工程施工图预算＝建筑安装工程预算＋设备及工、器具购置费		
	建筑安装工程预算	方法1：工料单价法	Σ(子目工程量×子目工料单价)＋企业管理费＋利润＋规费＋税金
		方法2：全费用综合单价法	分部分项工程费＋措施项目费
		注：全费用综合单价＝人＋材＋机＋管＋利＋规＋税	
	设备及工、器具购置费	设备购置费＝设备原价＋设备运杂费	
		工、器具购置费(未达到固定资产标准)＝设备购置费×定额费费率	
单项工程综合预算	单项工程综合预算＝Σ单位建筑工程费用＋Σ单位设备及安装工程费用		

预算书名称		编制公式
建设项目 总预算	三级预算编制	总预算＝∑单项工程施工图预算＋工程建设其他费用＋预备费＋建设期利息＋铺底流动资金
	二级预算编制	总预算＝∑单位建筑工程费用＋∑单位设备及安装工程费用＋工程建设其他费用＋预备费＋建设期利息＋铺底流动资金

【企业案例3-3】　某住宅楼工程施工图预算。（扫描二维码）

【企业案例3-4】　某综合楼工程施工图预算。（扫描二维码）

某宿舍楼招标
控制价

某土建工程施工
图预算编制实例

任务3-4-1
习题解答

【任务3-4-1】

1. 某单项工程的单位建筑工程预算为1 000万元，单位安装工程预算为500万元，设备购置预算为600万元，未达到固定资产标准的工、器具购置预算为60万元，若预备费费率为5％，则该单项工程施工图预算为（　　）万元。

　　A. 1 500　　　　B. 2 100　　　　C. 2 160　　　　D. 2 268

2. 关于各级施工图预算的构成内容说法中，下列正确的是（　　）。

　　A. 建设项目总预算反映施工图设计阶段建设项目的预算总投资

　　B. 建设项目总预算由组成该项目的各个单项工程综合预算费用相加而成

　　C. 单项工程综合预算由单项工程的建筑工程费和设备及工、器具购置费组成

　　D. 单位工程预算由单位建筑工程预算和单位安装工程预算费用组成

3. 未达到固定资产标准的工、器具购置费的计算基数一般为（　　）。

　　A. 工程建设其他费用　　　　　　　　B. 建设安装工程费

　　C. 设备购置费　　　　　　　　　　　D. 设备及安装工程费

如何审查施工图预算

二、施工图预算的审查

知识目标

了解施工图预算审查的内容；
掌握不同施工图预算审查方法的特点。

会审查施工图预算。

(一)审查内容

对施工图预算进行审查,有利于核实工程实际成本,更有针对性地控制工程造价。施工图预算应重点审查:工程量的计算;定额的使用;设备材料及人工、机械价格的确定;相关费用的选取和确定。

(1)工程量的审查。工程量计算是编制施工图预算的基础性工作之一,对施工图预算的审查,应首先从审查工程量开始。

(2)定额使用的审查。应重点审查定额子目的套用是否正确。同时,对于补充的定额子目,要对其各项指标消耗量的合理性审查并按程序报批,及时补充至定额当中。

(3)设备材料及人工、机械价格的审查。设备材料及人工、机械价格受时间、资金和市场行情等因素的影响较大,而且在工程总造价中所占比例较高,因此,应作为施工图预算审查的重点。

(4)相关费用的审查。审查各项费用的选取是否符合国家和地方有关规定,审查费用的计算和计取基数是否正确、合理。

(二)审查方法

施工图预算的常用审查方法见表3-4-2。

表3-4-2　施工图预算的常用审查方法

序号	审查方法	介绍	优点	缺点
1	全面审查法 (逐项审查法)	全面审查法(逐项审查法)按预算定额顺序或施工的先后顺序,逐一进行全部审查	全面、细致,审查的质量高	工作量大审查时间较长
2	标准预算审查法	标准预算审查法对于利用标准图纸或通用图纸施工的工程,先集中力量编制标准预算,然后以此为标准对施工图预算进行审查	审查时间较短,审查效果好	应用范围较小
3	分组计算审查法	分组计算审查法将相邻且有一定内在联系的项目编为一组,审查某个分量,并利用不同量之间的相互关系判断其他几个分项工程量的准确性	可加快工程量审查的速度	审查的精度较差
4	对比审查法	对比审查法是指用已完工程的预结算或虽未建成但已审查修正的工程预结算对比审查拟建类似工程施工图预算	审查速度快	需要有较为丰富的相关工程数据库
5	筛选审查法	筛选审查法对数据加以汇集、优选、归纳,建立基本值,并以基本值为准进行筛选,对于未被筛下去的,即不在基本值范围内的数据进行较为详尽的审查	便于掌握,审查速度较快	有局限性,较适用于住宅工程或不具备全面审查条件的工程项目

序号	审查方法	介绍	优点	缺点
6	重点抽查法	重点抽查法是指抓住工程预算中的重点环节和部分进行审查	重点突出，审查时间较短，审查效果较好	对审查人员的专业素质要求较高
7	利用手册审查法	利用手册审查法是指将工程常用的构配件事先整理成预算手册，按手册对照审查		
8	分解对比审查法	分解对比审查法是将一个单位工程按直接费和间接费进行分解，然后再将直接费按工种和分部工程进行分解，分别与审定的标准预结算进行对比分析		

【企业案例 3-5】 某住宅楼工程施工图预算审查。（扫描二维码）

【任务 3-4-2】

某商住楼主楼
工程结算实例

任务 3-4-2
习题解答

1. 审查施工图预算应首先从审查（　　）开始。

　　A. 定额使用　　　　　　　　B. 工程量

　　C. 设备材料价格　　　　　　D. 人工、机械使用价格

2. 下列方法中，不属于施工图预算审查方法的是（　　）。

　　A. 筛选审查法　　　　　　　B. 对比分析法

　　C. 重点抽查法　　　　　　　D. 利用手册审查法

3. 采用分组计算审查法审查施工图预算的特点是（　　）。

　　A. 可加快审查进度，但审查精度较差

　　B. 审查质量高，但审查时间较长

　　C. 应用范围广，但审查工作量大

　　D. 审查效果好，但应用范围有局限性

第四章 建设工程发承包阶段工程费用的约定

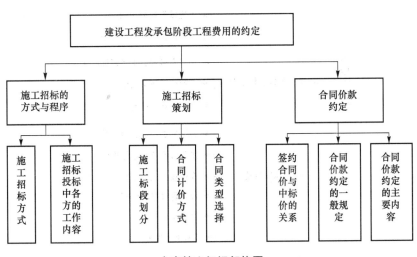

本章核心知识架构图

本章核心知识架构

第一节 施工招标的方式与程序

建设工程发承包既是完善市场经济体制的重要举措，也是维护工程建设市场竞争秩序的有效途径。在市场经济条件下，招标投标是一种优化资源配置、实现有序竞争的交易行为，也是工程发承包的主要方式。

一、施工招标方式

知识目标

了解建设工程招标分类；
熟悉公开招标与邀请招标的优缺点。

能力目标

能正确选用施工招标方式。

(一)建设工程招标分类

依据不同的标准，工程项目招标投标的分类如图 4-1-1 所示。

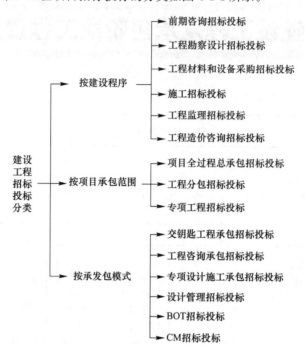

图 4-1-1　工程项目招标投标的分类

本章所指招标为施工招标投标。

(二)施工招标方式

根据《中华人民共和国招标投标法》(以下简称《招标投标法》)和《中华人民共和国政府采购法》，施工招标方式按竞争程度由高到低可分为公开招标、邀请招标、竞争性谈判、单一来源采购、询价等。其中，竞争性谈判、单一来源采购、询价是政府采购所特有的方式。公开招标是施工招标的主要方式。

1. 公开招标

公开招标又称无限竞争性招标，是指招标人按程序，通过报刊、广播、电视、网络等媒体发布招标公告，邀请具备条件的施工承包商投标竞争，然后从中确定中标者并与之签订施工合同的过程。

公开招标方式的优点是：招标人可以在较广的范围内选择承包商，投标竞争激烈，择优率更高，有利于招标人将工程项目交予可靠的承包商实施，并获得有竞争性的商业报价。同时，也可在较大程度上避免招标过程中的贿标行为，因此，国际上政府采购通常采用这种方式。

公开招标方式的缺点是：准备招标、对投标申请者进行资格预审和评标的工作量大，招标时间长、费用高。同时，参加竞争的投标者越多，中标的机会就越小；投标风险越大，损失的费用也就越多，而这种费用的损失必然会反映在标价中，最终会由招标人承担，故这种方式在一些国家较少采用。

2. 邀请招标

邀请招标也称有限竞争性招标，是指招标人以投标邀请书的形式邀请预先确定的若干家施工承包商投标竞争，然后从中确定中标者并与之签订施工合同的过程。采用邀请招标方式时，邀请对象应以5~10家为宜，至少不应少于3家，否则就失去了竞争的意义。

与公开招标方式相比，邀请招标方式的优点是：不发布招标公告，不进行资格预审，简化了招标程序，因而，节约了招标费用，缩短了招标时间。而且由于招标人比较了解投标人以往的业绩和履约能力，从而减少了合同履行过程中承包商违约的风险。对于采购标的较小的工程项目，采用邀请招标方式比较有利。

邀请招标的缺点是：由于投标竞争的激烈程度较差，有可能会提高中标合同价，也有可能排除某些在技术上或报价上有竞争力的承包商参与投标。

🔊 知识拓展

公开招标与邀请招标在程序上的主要差异：一是使施工承包商获得招标信息的方式不同；二是对投标人资格审查的方式不同。但是，公开招标与邀请招标均要经过招标准备，资格审查与投标，开标评标与授标三个阶段。

3. 竞争性谈判

竞争性谈判是指采购人或者采购代理机构直接邀请一家以上供应商就采购事宜进行谈判的方式。其适用条件如下：

(1)招标后没有供应商投标或者没有合格标的或者重新招标未能成立的。

(2)技术复杂或者性质特殊，不能确定详细规格或者具体要求的。

(3)采用招标所需时间不能满足用户紧急需要的。

(4)不能事先计算出价格总额的。

竞争性谈判的特点是：可以缩短准备期，能使采购项目更快地发挥作用；减少工作量，省去了大量的开标、投标工作，有利于提高工作效率，减少采购成本；供求双方能够进行更为灵活的谈判；有利于对民族工业进行保护；能够激励供应商自觉将高科技应用到采购产品中，同时又能降低采购风险。

4. 单一来源采购

单一来源采购是指采购人向特定的一个供应商采购的一种政府采购方式。其适用条件如下：

(1)只能从唯一供应商处采购的。

(2)发生了不可预见的紧急情况不能从其他供应商处采购的。

(3)必须保证原有采购项目一致性或者服务配套的要求，需要继续从原供应商处添购，且添购资金总额不超过原合同采购金额10%的。

5. 询价

询价特指一种政府采购手段，是指询价小组根据采购人需求，从符合相应资格条件的供应商中确定不少于三家的供应商并向其发出询价单让其报价，由供应商一次报出不得更改的报价，然后询价小组在报价的基础上进行比较，并确定成交供应商的一种采购方式。

询价采购适用于采购的货物规格、标准统一、现货货源充足且价格变化幅度小的政府采购项目。

【任务 4-1-1】

1. 建设工程招标投标根据工程项目承包范围分为项目全过程总承包招标投标、专业工程招标投标以及( )。

    A. 工程分包招标投标   B. 施工招标投标

    C. 勘察设计招标投标   D. 材料设备招标投标

2. 关于工程项目施工公开招标方式的说法中，下列错误的是( )。

    A. 公开招标的投标竞争激烈，择优率更高

    B. 能在较大程度上避免招标过程中的贿标行为

    C. 准备招标过程的工作量较小

    D. 招标时间长、费用高

3. 在邀请招标中，被邀请的对象最少不应少于( )家。

    A. 2   B. 3

    C. 5   D. 10

二、施工招标投标中各方的工作内容

知识目标

熟悉施工招标程序；

掌握施工招标投标中的工作内容。

能力目标

知道施工招标投标中每一阶段对应的工作内容。

施工招标过程中招标人和投标人的工作内容及造价管理内容详见表 4-1-1。

表 4-1-1   施工招标过程中招标人和投标人的工作内容及造价管理内容

阶段	主要工作步骤	招标人		投标人	
		主要工作内容	其中造价管理内容	主要工作内容	其中造价管理内容
招标准备	申请审批、核准招标	将招标范围、招标方式、招标组织形式报相关部门审批、核准		组成投标小组→进行市场调查→准备投标资料→研究投标策略	进行市场调查；研究投标策略
	组建招标组织	自行建立招标组织或招标代理机构			
	策划招标方案	划分施工标段，确定合同类型	确定合同类型		

阶段	主要工作步骤	招标人		投标人	
		主要工作内容	其中造价管理内容	主要工作内容	其中造价管理内容
招标准备	招标公告或投标邀请	发布招标公告或投标邀请函		组成投标小组→进行市场调查→准备投标资料→研究投标策略	进行市场调查；研究投标策略
	编制标的或招标控制价	编制标的或确定招标控制价	编制标的或确定招标控制价		
	准备招标文件	编制资格预审文件和招标文件			
资格审查与投标	发售资格预审文件	发售资格预审文件		购买资格预审文件→填报资格预审材料	
	进行资格预审	分析评价资格预审材料→确定资格预审合格者→通知资格预审结果		回函收到资格预审结果	
	发售招标文件	发售招标文件		购买招标文件	
	现场踏勘、标前会议	组织现场踏勘和标前会议→进行招标文件的澄清和补遗		参加现场踏勘和标前会议→对招标文件提出质疑	
	投标文件的编制、递交	接收投标文件		编制、递交投标文件；	编制投标报价
开标评标与授标	开标	组织开标会议		参加开标会议	
	评标	投标文件初评→要求投标人递交澄清资料（必要时）→编写评标报告	清标	提交澄清资料（必要时）	
	授标	确定中标人→发出中标通知书→进行合同谈判→签订施工合同	合同条款谈判；签订合同价	进行合同谈判→提交履约保函→签订施工合同	合同条款谈判；签订合同价

在表 4-1-1 的造价管理内容中，由于在"建筑工程计量与计价"课程中学习了招标工程量清单、招标控制价、投标报价和标底的编制，因此本书重点讲述招标方案策划和合同条款约定的内容。

第二节　施工招标策划

施工招标策划是指建设单位及其委托的招标代理机构在准备招标文件前，根据工程项目特点及潜在投标人情况等确定招标方案。招标策划的好坏关系到招标的成败，直接影响投标人的投标报价乃至施工合同价。因此，招标策划对于施工招标投标过程中的工程造价管理起着关键作用。施工招标策划主要包括施工标段划分、合同计价方式及合同类型选择等内容。

一、施工标段划分

招标策划中
标段的划分

知识目标

熟悉影响施工标段划分的因素。

能力目标

能正确划分施工标段。

工程项目施工是一个复杂的系统工程，有些项目不能或者很难由一个投标人完成，这时需要将该项目分成几个部分进行招标，这些不同的部分就是不同的标段。当然，并不是所有的项目都必须划分标段。标段划分既要满足工程项目的本身特征、管理和投资等方面的需要，又要遵守相关法律法规的规定，并受各种客观及主观因素的影响。

1. 建筑规模

对于占地面积、建筑面积较小的单体建筑物，或者较为集中的建筑单体规模小的建筑群体，可以不分标段；对于建筑规模较大的建筑物，则要按照建筑结构的独立性进行分割划分标段；对于较为分散的建筑群体，可以按照建筑规模大小组合而定标段。

2. 专业要求

如果项目的几部分内容专业要求接近，则该项目可以考虑作为一个整体进行招标，如建筑、装修工程；如果项目的几部分内容专业要求相距甚远，且工作界面可以明晰划分的，应单独设立标段，如弱电智能化、消防、外幕墙、设备安装等。

3. 管理要求

如果一个项目各专业内容之间相互干扰不大，为方便招标人对其统一进行管理，就可以考虑对各部分内容分别进行招标；反之，由于专业之间的相互干扰会引起各个承包商之间的协调管理十分困难，这时应当考虑将整个项目发包给一个总承包商，由总包进行分包后统一进行协调管理。

4. 投资要求

标段划分对工程投资也有一定的影响，这种影响是由多方面的因素造成的，但直接影响是由管理费的变化引起的。一个项目整体招标，承包商会根据需要再进行分包，虽然分包的价格比招标人直接发包的价格高，但是总包有利于承包商的统一管理，人工、机械设备、临时设施等可以统一使用，又可能降低费用。因此，应当具体情况具体分析。

5. 各项工作的衔接

在划分标段时还应当考虑项目在建设过程中的时间和空间的衔接，应当避免产生平面或者立面交接工作责任的不清。如果建设项目各项工作的衔接、交叉和配合少，责任清楚，则可考虑分别发包；反之，则应考虑将项目作为一个整体发包给一个承包商，因为此时由一个承包商进行协调管理容易做好衔接工作。

6. 法律要求

《中华人民共和国合同法》第二百七十二条中规定，发包人不得将应当由一个承包人完成的建设工程肢解成若干部分发包给几个承包人。这里的"应当"体现在标段的合理划分上，因为标段数量过多，必将增加招标人实施招标、评标、合同管理、工程实施管理的工作量，也会增加现场施工工作界面的交叉干扰数量和管理层级数量，进而影响到整体进度、质量、投资和现场施工管理控制。

总之，应通过合理、科学的标段划分，使标段具有合理适度的规模，既要避免标段规模过小，使管理及施工单位固定成本上升，增加招标项目的投资，并有可能导致潜在大型企业、有能力的企业失去参与投标竞争的积极性；另一方面，又要避免标段规模过大，使符合资格能力条件的竞争单位数量过少而不能进行充分竞争，或者具有资格能力条件的潜在投标单位因受自身施工能力及经济承受能力的限制，而无法保质保量按期完成项目，增加合同履行的风险。

【任务 4-2-1】

课后巩固

任务 4-2-1
习题解答

1. 在工程项目招标过程中，划分标段时应考虑的因素有( )。
   A. 管理要求　　　　　　　　 B. 法律要求
   C. 工地管理　　　　　　　　 D. 建设资金到位率
   E. 履约保证金的数额
2. 对工艺成熟的一般性项目，设计专业不多时，可考虑采用( )的发包方式。
   A. 施工总承包　　 B. 平行承包　　 C. 设计施工承包　　　 D. 工程分包

二、合同计价方式

知识目标

掌握不同合同计价方式的应用范围与风险分摊。

能力目标

能正确选择合同计价方式。

(一)合同计价方式分类

施工合同中计价方式可分为三种，即总价方式、单价方式和成本加酬金方式。相应的施工合同也称为总价合同、单价合同和成本加酬金合同。其中，成本加酬金的计价方式又可根据酬金的计取方式不同，分为百分比酬金、固定酬金、浮动酬金和目标成本加奖罚四种计价方式。不同计价方式的合同比较见表 4-2-1。

表 4-2-1　不同计价方式的合同比较

合同类型	总价合同	单价合同	成本加酬金合同			
			百分比酬金	固定酬金	浮动酬金	目标成本加奖罚
应用范围	广泛	广泛	有局限性			酌情
建设单位造价控制	易	较易	最难	难	不易	有可能
施工单位承包风险	大	小	基本没有		不大	有

(二)合同计价方式的适用条件

《建设工程工程量清单计价规范》(GB 50500—2013)规定：不实行招标的工程合同价款，应在发承包双方认可的工程价款基础上，由发承包双方在合同中约定。实行工程量清单计价的工程，应采用单价合同；建设规模较小，技术难度较低，工期较短，且施工图设计已审查批准的建设工程可采用总价合同；紧急抢险、救灾以及施工技术特别复杂的建设工程可采用成本加酬金合同。

课后巩固

任务 4-2-2
习题解答

【任务 4-2-2】

1. 下列合同计价方式中，建设单位最容易控制造价的是(　　)。
   A. 成本加浮动酬金合同　　　　　B. 单价合同
   C. 成本加百分比酬金合同　　　　D. 总价合同
2. 下列不同计价方式的合同中，施工承包单位承担风险相对较大的是(　　)。
   A. 成本加固定酬金合同　　　　　B. 成本加浮动酬金合同
   C. 单价合同　　　　　　　　　　D. 总价合同
3. 施工合同中，合同计价方式包括(　　)。
   A. 总价方式　　　　　　　　　　B. 单价方式
   C. 成本加利润方式　　　　　　　D. 平均估算方式
   E. 成本加酬金方式

三、合同类型选择

情景剧视频

招标策划中合同类型的选择

知识目标

掌握影响合同类型选择的因素。

能力目标

能正确选择合同类型。

依据计价方式不同，施工合同可分为单价合同、总价合同及成本加酬金合同。合同类型不同，双方的义务和责任不同，各自承担的风险也不尽相同。

(一)单价合同

单价合同是发承包双方约定以工程量清单及其综合单价进行合同价款计算、调整和确认的建设工程施工合同。

实行工程量清单计价的工程，一般应采用单价合同方式，即合同中的清单综合单价在合同约定的条件内固定不变，超过合同约定条件时，要依据合同约定进行调整；工程量清单项目及工程量依据承包人实际完成且应予计量的工程量确定。

(二)总价合同

总价合同是发承包双方约定以施工图及其预算和有关条件进行合同价款计算、调整和确认的建设工程施工合同。

总价合同是以施工图为基础，在工程内容明确、发包人的要求条件清楚、计价依据确定的条件下，发承包双方依据承包人编制的施工图预算商谈确定合同价款。当合同约定工程施工内容和有关条件不发生变化时，发包人付给承包人的合同价款总额就不发生变化。当工程施工内容和有关条件发生变化时，发承包双方根据变化情况和合同约定调整合同价款，但对工程量变化引起的合同价款调整应遵循以下原则：

(1)若合同价款是依据承包人根据施工图自行计算的工程量确定时，除工程变更造成的工程量变化外，合同约定的工程量是承包人完成的最终工程量，发承包双方不能以工程量变化作为合同价款调整的依据。

(2)若合同价款是依据发包人提供的工程量清单确定时，发承包双方依据承包人最终实际完成的工程量(包括工程变更，工程量清单的错、漏)调整确定合同价款。

(三)成本加酬金合同

成本加酬金合同是发承包双方约定以施工工程成本再加合同约定酬金进行合同价款计算、调整和确认的建设工程施工合同。

(四)合同类型选择

建设单位应综合考虑以下因素来选择合适的合同类型：

(1)工程项目复杂程度。建设规模大且技术复杂的工程项目，承包风险较大，各项费用不易准确估算，因而不宜采用固定总价合同。最好是对有把握的部分采用固定总价合同，估算不准的部分采用单价合同或成本加酬金合同。有时，在同一施工合同中采用不同的计价方式，是建设单位与施工承包单位合理分担施工风险的有效方法。

(2)工程项目设计深度。工程项目的设计深度是选择合同类型的重要因素。如果已完成工程项目的施工图设计，施工图纸和工程量清单详细而明确，则可选择总价合同；如果实际工程量与预计工程量可能有较大出入时，应优先选择单价合同；如果只完成工程项目的初步设计，工程量清单不够明确时，则可选择单价合同或成本加酬金合同。

(3)施工技术先进程度。如果在工程施工中有较大部分采用新技术、新工艺，建设单位和施工承包单位对此缺乏经验又无国家标准，为了避免投标单位盲目地提高承包价款，或由于对施工难度估计不足而导致承包亏损，不宜采用固定总价合同，而应选用成本加酬金合同。

(4)施工工期紧迫程度。对于一些紧急工程(如灾后恢复工程等)要求尽快开工，且工期较紧时，可能仅有实施方案还没有施工图纸，施工承包单位不可能报出合理的价格，此时选择成本加酬金合同较为合适。

单价合同和总价合同实际应用中需注意问题

总之，对于一个工程项目而言，究竟采用何种合同类型，不是固定不变的。在同一个工程项目中，不同的工程部分或不同阶段可以采用不同类型的合同，在进行招标策划时必须依据实际情况，权衡各种利弊，然后再做出最佳决策。

【企业案例 4-1】 单价合同和总价合同实际应用中需注意的问题。(扫描二维码)

【企业案例 4-2】 甲乙双方签订某工程总价合同，总价包干，招标文件规定："一切在议标时没有加入文件的项目，均被视作已包括在造价中"，乙方的投标文件中有河道清淤报价，但未包括鱼塘清淤工作，投标的施工方案中已考虑了鱼塘清淤。施工中，涉及鱼塘清淤的签证单上，乙方写明"鱼塘清淤不属于合同承包范围，需签证"，但甲方在签证单意见栏内写明"清淤工作属于合同包干范围"，双方发生争议，申请仲裁。(扫描二维码)

企业案例 4-2

课后巩固

任务 4-2-3
习题解答

【任务 4-2-3】

1. 实际工程量与预计工程量可能有较大出入时，建设单位应优先采用的合同计价方式是（　　）。
   - A. 单价合同
   - B. 成本加固定酬金合同
   - C. 总价合同
   - D. 成本加浮动酬金合同

2. 关于建设工程施工合同类型选择的说法中，下列正确的是（　　）。
   - A. 建设规模大且技术复杂的工程项目，应当采用固定总价合同
   - B. 如果已完成工程项目的施工图设计，施工图纸和工程量清单详细而明确，不宜选择总价合同
   - C. 对于一些紧急工程，要求尽快开工且工期较紧时，不宜采用成本加酬金合同
   - D. 如果工程的实际工程量与预计工程量可能有较大出入时，应优先选择单价合同

3. 下列工程项目中，不宜采用固定总价合同的有（　　）。
   - A. 建设规模大且技术复杂的工程项目
   - B. 施工图纸和工程量清单详细而明确的项目
   - C. 施工中有较大部分采用新技术且施工单位缺乏经验的项目
   - D. 施工工期紧的紧急工程项目
   - E. 承包风险不大，各项费用易于准确估算的项目

第三节　合同价款约定

知识目标

熟悉合同价与中标价的关系；
掌握合同价款约定的规定和内容。

能力目标

会对合同价款的主要条款进行约定。

建设工程分为直接发包与招标发包，但无论采用何种形式，一旦确定了发承包关系，则发包人与承包人均应本着公平、公正、诚实、信用的原则通过签订合同来明确双方的权利和义务，而实现项目预期建设目标的核心内容是合同价款的约定。

一、签约合同价与中标价的关系

签约合同价是指合同双方签订合同时在协议书中列明的合同价格，对于以单价合同形

式招标的项目，工程量清单中各种价格的总计即为合同价。

合同价就是中标价。因为中标价是指评标时经过算术修正的，并在中标通知书中申明招标人接受的投标价格。法理上，经公示后招标人向投标人发出中标通知书（投标人向招标人回复确认中标通知书已收到）后，中标的中标价就受到法律保护，招标人不得以任何理由反悔。这是因为合同价格属于招标投标活动中的核心内容，根据《招标投标法》第46条"招标人和中标人应当……按照招标文件和中标人的投标文件订立书面合同。招标人和中标人不得再行订立背离合同实质性内容的其他协议"的规定，发包人应根据中标通知书确定的价格签订合同。

二、合同价款约定的一般规定

(一)实行招标的工程

《建设工程工程量清单计价规范》(GB 50500—2013)第7.1.1条规定："实行招标的工程合同价款应在中标通知书发出之日起30天内，由发承包双方依据招标文件和中标人的投标文件在书面合同中约定。合同约定不得违背招标、投标文件中关于工期、造价、质量等方面的实质性内容。招标文件与中标人投标文件不一致的地方，应以投标文件为准"。

合同价款约定的
一般规定

根据上述规定，招标工程合同价款的约定应满足以下几个方面的要求。

1. 合同价款约定的依据

中标人确定后，招标人应当向中标人发出中标通知书，并同时将中标结果通知所有未中标的投标人，中标通知书对招标人和中标人具有法律效力。中标通知书发出后，招标人改变中标结果，或者中标人放弃中标项目的，应当依法承担法律责任。因此，招标人向中标的投标人发出的中标通知书，是招标人和中标人签订合同的依据。

2. 合同价款约定的时限

招标人和中标人应当在投标有效期内，并在自中标通知书发出之日起30天内，按照招标文件和中标人的投标文件订立书面合同。中标人无正当理由拒签合同的，招标人取消其中标资格，其投标保证金不予退还；给招标人造成的损失超过投标保证金数额的，中标人还应当对超过部分予以赔偿。发出中标通知书后，招标人无正当理由拒绝签合同的，招标人向中标人退还投标保证金，给中标人造成损失的，还应当赔偿损失。因此，合同价款约定的时限是：自招标人发出中标通知书之日起30天内。

3. 合同价款约定的内容

根据《建设工程工程量清单计价规范》(GB 50500—2013)的规定，实行招标的工程，合同约定不得违背招标、投标文件中关于工期、造价、质量等方面的实质性内容。招标文件与中标人投标文件不一致的地方，应以投标文件为准。因此，合同价款约定的内容应当依据招标文件和中标人的投标文件，不得违背工期、造价、质量等方面的实质性内容。

但有时招标文件与中标人的投标文件可能有不一致的地方，这时要以中标人的投标文件为准。这是因为在招标投标过程中，招标公告为要约邀请，投标人的投标文件是要约，中标通知书为承诺。要约应当在内容上具体确定，表明经受要人承诺，要约人（投标人）接受该意思表示约束；要约到达受要人（招标人）时生效；承诺是受要人同意要约的意思表示，承诺的内容应当与要约内容一致，受要人对要约内容作出实质性变更的，为新要约。因此在签订合同时，当招标文件与中标人的投标文件有不一致的地方时，应以投标文件为准。

招标人如与投标人签订不符合法律规定的合同时，应承担以下法律后果：

(1)《招标投标法》第五十九条："招标人与中标人不按照招标文件和中标人的投标文件

订立合同的，或者招标人、中标人订立背离合同实质性内容的协议的，责令改正；可以处中标项目金额千分之五以上千分之十以下的罚款"。

(2)《最高人民法院关于审理建设工程施工合同纠纷案件适用法律问题的解释》(法释〔2004〕14号)第21条："当事人就同一建设工程另行订立的建设工程施工合同与经过备案的中标合同实质性内容不一致的，应当以备案的中标合同作为结算工程价款的依据"。

目前，出现投标文件与招标文件不一致而又中标的现象，关键在于评标过程中对于投标文件没有实质性响应招标文件的投标，没有给予否决；对一些需要投标人澄清的问题，未采取措施请其澄清。因此，招标人应高度重视评标工作，不要让评标工作的失误带给自身不利的法律责任和后果。

【企业案例4-3】 备案施工合同与补充协议不一致的纠纷处理。(扫描二维码)

【企业案例4-4】 黑白合同纠纷处理。(扫描二维码)

企业案例4-3

企业案例4-4

🔊 知识拓展

以上两个案例，都涉及"黑白合同"的问题。为什么法院在价款结算的处理上有时采信白合同，有时又采信黑合同？

首先，什么是"黑白合同"？目前立法中并无"黑白合同"的概念，建设工程领域中的"黑白合同"，是指建设工程施工合同的当事人就同一建设工程签订的两份或两份以上实质性内容相异的合同。在实践中，通常把经过招标投标并经备案的正式合同称为"白合同"，把未经备案却实际履行的合同称为"黑合同"。

其次，司法实践中对"黑白合同"的处理原则及所依据的相关法律规定。目前，在司法实践中关于"黑白合同"的处理原则基本如下：工程属经过依法招标投标后确定施工企业中标的，双方依照招标投标文件签订中标合同并备案。如双方还签订有一份与备案的中标合同在实质内容上不同的合同，最终工程价款结算仍应按备案的中标合同为准。工程未经过招标投标的，备案的施工合同与双方另行签订的施工合同实质内容上不一致的，工程价款结算应按双方实际履行的合同约定进行处理。

上述处理原则的法律依据是《招标投标法》及最高人民法院对黑白合同专门作出的司法解释。

《招标投标法》第四十六条规定："招标人和中标人应当自中标通知书发出之日起三十日内，按照招标文件和中标人的投标文件订立书面合同。招标人和中标人不得再行订立背离合同实质性内容的其他协议。"第五十九条规定："招标人与中标人不按照招标文件和中标人的投标文件订立合同的，或者招标人、中标人订立背离合同实质性内容的协议的，责令改正；可以处中标项目金额千分之五以上千分之十以下的罚款"。

由此可见，为维护公平竞争，维护其他未中标的投标人的权益，法律要求招标人与中标人必须按招标投标文件中的内容订立合同，而不能私下订立与此有实质性变化的合同。所谓的实质性变化，就是该变化将导致双方的利益与此前约定的利益相差较大。一般而言，对施工合同来讲，如果工程价款，包括金额、支付方式、结算方式、工期、工程质量，这些条款发生较大变化，就被认为有实质性变化。其他一些小的变化，不影响双方实质性权利义务的，也是允许变更的。

《最高人民法院关于审理建设工程施工合同纠纷案件适用法律问题的解释》(法释〔2004〕14号)第二十一条规定："当事人就同一建设工程另行订立的建设工程施工合同与经过备案的中标合同实质性内容不一致的，应当以备案的中标合同作为结算工程价款的依据"。

根据最高院解释可知：对于经过招标投标的工程，工程价款的结算，以备案的中标合同为准。双方如果签订与备案的中标合同在实质内容上不一致的合同的，无论该合同签订在备案合同之前还是备案合同之后，无论双方实际履行的是备案合同还是未备案的合同，均以备案合同为准；未经招标而通过直接发包方式进行发包的工程，虽然也需要在当地的招标投标办公室备案，但这种备案合同与前面讲的经招标投标后备案的合同，是不一样的，不适用上述规定。这种情况下，发生价款结算争议的，法院一般主要根据实际履行情况，并考察两份合同签订时间的先后，来确定价款结算以哪份合同为准。

因此，【企业案例4-3】中，属于招标工程，法院判令依照备案的中标合同结算工程价款。【企业案例4-4】中，属非招标工程，有多份施工合同，由于针织厂提供付款依据表明双方实际履行的是未备案的合同，而且实际施工范围也基本与未备案合同一致，不包括备案合同中约定的水电安装，故法院认为双方实际履行的是未备案合同，价款结算应以此为依据。

4. 合同价款约定的形式

合同形式是指当事人合意的外在表现形式，是合同内容的载体。《中华人民共和国合同法》第十条规定："当事人订立合同，有书面形式、口头形式和其他形式。法律、行政法规规定采用书面形式的，应该采用书面形式。"因此，实行招标的工程应采用书面合同。

(二)不实行招标的工程

《建设工程工程量清单计价规范》(GB 50500—2013)规定：不实行招标的工程合同价款，应在发承包双方认可的工程价款基础上，由发承包双方在合同中约定；不采用工程量清单计价的建设工程，应执行本规范除工程量清单等专门性规定外的其他规定。《建设工程价款结算暂行办法》(财建〔2004〕369号)规定：非招标工程的合同价款依据审定的工程预(概)算书由发、承包人在合同中约定。

实行招标的工程必须采用工程量清单计价方式，不实行招标的工程常采用定额计价方式。因此，"发承包双方认可的工程价款"一般是指双方都认可的施工图预算；对不实行招标的工程，除合同签订的依据和时限没有统一要求外，其他要求均与招标工程相同，如合同价款约定的内容和形式等。

课后巩固

任务 4-3-1
习题解答

【任务 4-3-1】

关于合同价款与合同类型的说法中，下列正确的是（　　）。

A. 招标文件与投标文件不一致的地方，以招标文件为准

B. 中标人应当自中标通知书收到之日起30天内与招标人订立书面合同

C. 工期特别紧、技术特别复杂的项目应采用总价合同

D. 实行工程量清单计价的工程，鼓励采用单价合同

情景剧视频

合同经济条款
约定（上）

三、合同价款约定的主要内容

根据《建设工程工程量清单计价规范》(GB 50500—2013)第7.2.1条的规定，发承包双方应在合同条款中对下列事项进行约定：

(1)预付工程款的数额、支付时间及抵扣方式。

(2)安全文明施工措施的支付计划、使用要求等。

(3)工程计量与支付进度款的方式、数额及时间。

(4)合同价款的调整因素、方法、程序、支付及时间。

(5)施工索赔与现场签证的程序、金额确认与支付时间。

(6)承担计价风险的内容、范围以及超出约定内容、范围的调整办法。

(7)工程竣工价款结算编制与核对、支付及时间。

(8)工程质量保证金的数额、预留方式及时间。

(9)违约责任以及发生合同价款争议的解决方法及时间。

(10)与履行合同、支付价款有关的其他事项等。

情景剧视频

合同经济条款
约定（下）

合同中对以上条款内容没有约定或约定不明的，发承包双方在合同履行中发生争议由双方协商确定；当协商不能达成一致时，应按《建设工程工程量清单计价规范》(GB 50500—2013)规定执行。

🔊 知识拓展

需要说明的是，合同中涉及价款的事项较多，能够详细约定的事项应尽可能具体约定，约定的用词应尽可能唯一，如有几种解释，最好对用词进行定义，尽量避免因理解上的歧义造成合同纠纷。

（一）预付工程款的数额、支付时间及抵扣方式

工程预付款是指建设工程施工合同订立后，由发包人按照合同约定，在正式开工前预先付给承包人的工程款，是施工准备和所需材料、结构件等流动资金的主要来源，国内习惯上又称为预付备料款。在《建设工程价款结算暂行办法》(财建〔2004〕369号)、《建筑工程施工发包与承包计价管理办法》(住建部〔2014〕16号)和《建设工程施工合同（示范文本）》(GF—2017—0201)中都有明确规定。

在施工合同专用条款中，一般要对以下内容进行约定。

工程预付款约定

1. 预付款支付比例或金额

(1)根据工程类型及承包范围,包工包料工程的预付款比例不低于合同额(扣除暂列金额)的10%,不高于合同额(扣除暂列金额)的30%;形式可以是绝对数或额度(百分数)。如"工程预付款为50万""工程预付款为合同金额的10%"。

(2)对于先期材料用量大的项目,也可利用下列公式计算预付款数额:

$$工程预付款数额 = \frac{年度工程造价 \times 材料比例(\%)}{年度施工天数} \times 材料储备定额天数 \quad (4\text{-}3\text{-}1)$$

式中,年度施工天数按365日历天;材料储备定额天数由当地材料供应的在途天数、加工天数、整理天数、供应间隔天数、保险天数等因素决定。

【例4-3-1】 某工程合同总价为5 000万元,合同工期为180天,材料费占合同总价的60%,材料储备定额天数为25天,材料供应在途天数为5天,则预付款是多少?

解: 工程预付款数额 $= \dfrac{5\ 000 \times 60\%}{180} \times 25 = 417(万元)$

2. 预付款支付期限

预付款最迟应在开工通知载明的开工日期7天前支付。发包人逾期支付预付款超过7天的,承包人有权向发包人发出要求预付的催告通知,发包人收到通知后7天内仍未支付的,承包人有权暂停施工。

> **◁)) 知识拓展**
>
> 开工日期的确定。根据文件规定:项目新开工时间,是指工程项目设计文件中规定的任何一项永久性工程第一次正式破土开槽开始施工的日期,不需开槽的工程,正式开始打桩的日期就是开工日期;铁路、公路、水库等需要进行大量土方、石方工程的,以开始进行土方、石方工程的日期作为正式开工日期;工程地质勘察、平整场地、旧建筑物的拆除、临时建筑、施工用临时道路和水、电等工程开始施工的日期不能算作正式开工日期;分期建设的项目分别按各期工程开工的日期计算,如二期工程应根据工程设计文件规定的永久性工程开工的日期计算。

3. 预付款扣回方式

预付款是发包人为帮助承包人顺利启动项目而提供的一笔无息贷款,属于预支性质,因此合同中要约定抵扣方式,在进度款支付时按此约定方式扣回。扣款方法有以下两种:

(1)双方在合同中约定。一般是在承包人完成金额累计达到合同总价的一定比例后,发包人从每次应付给承包人的金额中扣回,发包人至少在合同规定的完工期前将预付款的总金额逐次扣回。

【例4-3-2】 某工程,建设单位与施工单位按照《建设工程施工合同(示范文本)》(GF—2017—0201)签订了施工合同,合同工期为9个月,合同价为840万元,各项工作均按最早时间安排且匀速施工,经项目监理机构批准的施工进度计划如图4-3-1所示(时间单位:月),施工单位的报价单(部分)见表4-3-1。施工合同中约定:预付款按合同价的20%支付,工程款付至合同价的50%时开始扣回预付款,3个月内平均扣回;质量保修金为合同价的5%,从第1个月开始,按月应付款的10%扣留,扣足为止。问题:

例题 4-3-2 讲解

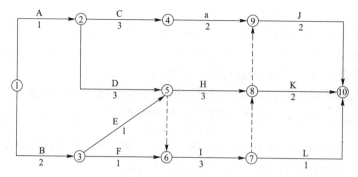

图 4-3-1 施工进度计划

表 4-3-1 施工单位报价单

工作	A	B	C	D	E	F
合价/万元	30	54	30	84	300	21

(1)开工后前 3 个月施工单位每月应获得的工程款为多少？

(2)①工程预付款为多少？②预付款从何时开始扣回？③开工后前 3 个月总监理工程师每月应签证的工程款为多少？

解： (1)开工后前 3 个月施工单位每月应获得的工程款如下：

第 1 个月：$30+54\times1/2=57$(万元)

第 2 个月：$54\times1/2+30\times1/3+84\times1/3=65$(万元)

第 3 个月：$30\times1/3+84\times1/3+300+21=359$(万元)

(2)①预付款为：$840\times20\%=168$(万元)

②前 3 个月施工单位累计应获得的工程款为：$57+65+359=481$(万元)，$481>840\times50\%=420$(万元)，因此，预付款应从第 3 个月开始扣回。

③开工后前 3 个月总监理工程师签证的工程款如下：

第 1 个月：$57-57\times10\%=51.3$(万元)

第 2 个月：$65-65\times10\%=58.5$(万元)

前 2 个月扣留保险金$(57+65)\times10\%=12.2$(万元)

应扣保修金总额为：$840\times5\%=42.0$(万元) $42-12.2=29.8$(万元)

由于 $359\times10\%=35.9$(万元)>29.8(万元)

第 3 个月应签证的工程款为：$359-29.8-168/3=273.2$(万元)

(2)双方约定利用公式计算起扣点。其是指从未施工工程尚需的主要材料及构件的价值相当于工程预付款数额时起扣，此后每次结算工程款时，按材料所占比重扣减工程价款，至竣工前全部扣清。其计算公式如下：

$$T=P-\frac{M}{N} \tag{4-3-2}$$

式中 T——起扣点(即预付款开始扣回时)的累计完成工程额；

P——承包合同总额；

M——工程预付款总额；

N——主要材料及构件所占比重(双方合同中约定)。

在应用公式计算预付款扣还时，要特别注意第一次(起扣月)和最后一次的扣还额。其计算公式如下：

$$第一次（起扣月）扣还预付款额 = \left(\sum_{i=1}^{t} T_i - T\right) \times N \qquad (4\text{-}3\text{-}3)$$

$$第二次及以后各次扣还预付款额 = T_i \times N \qquad (4\text{-}3\text{-}4)$$

$$最后一次扣还预付款额 = M - 以前个月扣还预付款的总额 \qquad (4\text{-}3\text{-}5)$$

式中　T_i——第 i 月已完工程款；

　　　t——开工月份至起扣月之间的时间（月）；

　　　T——起扣点；

　　　N——主要材料及构件所占比重（双方合同中约定）；

　　　$\sum_{i=1}^{t} T_i$——开工至起扣月之间已完工程款的总额。

【例 4-3-3】 已知某工程合同价款总额为 6 000 万元，其主要材料及构件所占比重为 60%，预付款总额为工程价款总额的 20%，则预付款起扣点是多少？

解： 预付款为 $6\,000 \times 20\% = 1\,200$（万元）

$$起扣点 = 6\,000 - \frac{1\,200}{60\%} = 4\,000（万元）$$

【例 4-3-4】 某建设项目施工合同 2 月 1 日签订，合同总价为 6 000 万元，合同工期为 6 个月，双方约定 3 月 1 日正式开工。物价指数与各月工程款数据见表 4-3-2。

表 4-3-2　物价指数与各月工程款

月份 项目	3 月	4 月	5 月	6 月	7 月	8 月
计划工程款	1 000	1 200	1 200	1 200	800	600
实际工程款	1 000	800	1 600	1 200	860	580
人工费指数	100	100	100	103	115	120
材料费指数	100	100	100	104	130	130

合同中规定：预付款为合同总价的 30%，工程预付款应从未施工工程尚需主要材料及构配件价值相当于工程预付款数额时起扣，每月以抵充工程款方式陆续收回（主要材料及设备费比重为 60%）。

问题：预付款是多少？第几个月起扣？如何扣？

解： 预付款：$6\,000 \times 30\% = 1\,800$（万元）

起扣点：$6\,000 - 1\,800/0.6 = 3\,000$（万元），因 3、4、5 月累计工程款为 3 400 万元，故从 5 月起扣。

5 月扣：$(3\,400 - 3\,000) \times 60\% = 240$（万元）

6 月扣：$1\,200 \times 60\% = 720$（万元）

7 月扣：$860 \times 60\% = 516$（万元）

8 月扣：$1\,800 - (240 + 720 + 516) = 324$（万元）

4. 承包人提交预付款担保期限

预付款担保是指承包人与发包人签订合同后领取预付款前，为保证正确、合理使用发包人支付的预付款而提供的担保。其主要作用是保证承包人能够按合同规定的目的使用并及时偿还发包人已支付的全部预付款。如果承包人中途毁约，中止工程，使发包人不能在规定期限内从应付工程款中扣除全部预付款，则发包人有权从该项担保金额中获得补偿。

承包人提交预付款担保的期限一般约定在合同签订后、发包人支付预付款前的时间内。

例题 4-3-4 讲解

预付款担保

5. 预付款担保形式

对于小额预付款，可采用特定的查账方式或要求承包方提供购买材料的合同和发票等；对于预付款数额较大的，可采用预付款担保方式。

预付款担保的主要形式是银行保函。担保金额通常与发包人的预付款是等值的。预付款一般逐月从进度款中扣除，银行保函的担保金额也应逐月减少。承包人的预付款保函的担保金额根据预付款扣回的数额相应扣减，但在预付款全部扣回之前一直保持有效。预付款担保也可以采用发承包双方约定的其他形式，如由担保公司提供担保，或采取抵押等担保形式。

企业案例4-5

【企业案例4-5】 某建设单位(甲方)拟建造一栋3 600 m² 的职工住宅楼，采用工程量清单招标方式由施工单位(乙方)承建。甲乙双方签订的施工合同中关于工程预付款的约定如下：于工程开工之日支付合同造价的10%作为预付款。工程实施后，预付款从工程后期进度款中扣回。问题：该合同签订的预付款条款是否妥当？如何修改？(扫描二维码)

🔊 知识拓展

工程承发包实践中，经常出现发包人并不提供工程预付款，而是要求承包人垫资施工到工程一定部位的情况。对此，施工企业需要高度关注。2005年1月1日开始施行的《最高人民法院关于审理建设工程施工合同纠纷案件适用法律问题的解释》(法释〔2004〕14号)中第六条第一款规定："当事人对垫资和垫资利息有约定，承包人请求按照约定返还垫资及其利息的，应予支持，但是约定的利息计算标准高于中国人民银行发布的同期同类贷款利率的部分除外"；该条第三款还规定："当事人对垫资利息没有约定，承包人请求支付利息的，不予支持"。该条规定对施工企业的合同管理提出了新要求，要求施工企业对合同中垫资条款的计息办法予以约定；否则，施工企业的垫资施工将无异于为发包人提供无息贷款。

【任务 4-3-2】

任务 4-3-2
习题解答

1. 已知某建筑工程施工合同总额为8 000万元，工程预付款按合同金额的20%计取，主要材料及构件造价占合同额的50%。预付款起扣点为( )万元。

　　A. 1 600　　　　　　B. 4 000　　　　　　C. 4 800　　　　　　D. 6 400

2. 在用起扣点计算法扣回预付款时，起扣点计算公式为 $T = P - \dfrac{M}{N}$，式中 N 是指( )。

　　A. 工程预付款总额　　　　　　B. 工程合同总额
　　C. 主要材料及构件所占比重　　D. 累计完成工程金额

3. 根据《建设工程工程量清单计价规范》(GB 50500—2013)，关于工程预付款的支付和扣回说法中，下列正确的是( )。

　　A. 预付款的比例原则上不低于签约合同价的10%，不高于签约合同价的20%
　　B. 预付款担保必须采用银行保函的形式
　　C. 在预付款全部扣回之前，预付款保函应始终保持有效
　　D. 当约定需提交预付款保函时，则保函的担保金额必须大于预付款金额

(二)安全文明施工措施的支付计划、使用要求

安全文明施工措施费是指按照国家现行的建筑施工安全、施工现场环境与卫生标准和有关规定，购置和更新施工安全防护用具及设施、改善安全生产条件和作业环境所需要的费用。在《企业安全生产费用提取和使用管理办法》(财企〔2012〕16号)、《建筑工程安全防护、文明施工措施费用及使用管理规定》(建办〔2005〕89号)、《建筑工程施工合同(示范文本)》(GF—2017—0201)中都有明确规定。

根据上述规定，关于安全文明施工费支付比例和支付期限可按如下内容进行约定：

(1)安全文明施工费要分期支付，一般应在开工后28天内预付安全文明施工费总额的50%，其余部分与进度款同期支付。例如，可约定"工程开工前，支付安全防护、文明施工措施费用的30%；基础完工时，支付安全防护、文明施工措施费用的30%；主体完工时，支付安全防护、文明施工措施费用的30%；装修工程开始前，全部支付完毕"。

合同没有约定或约定不明时，按《建筑工程安全防护、文明施工措施费用及使用管理规定》(建办〔2005〕89号)规定：建设单位与施工单位在施工合同中对安全防护、文明施工措施费用预付、支付计划未作约定或约定不明的，合同工期在一年以内的，建设单位预付安全防护、文明施工措施项目费用不得低于该费用总额的50%；合同工期在一年以上的(含一年)，预付安全防护、文明施工措施费用不得低于该费用总额的30%，其余费用应当按照施工进度支付。

(2)安全文明施工费使用要求的约定。根据安全文明施工费包含的内容，合同中应约定明确的使用要求。

【企业案例4-6】 安全文明施工费使用要求明细表。(扫描二维码)

企业案例4-6

【企业案例4-7】 某交通工程，发包人甲按相关招标投标程序依法将该工程发包给乙公路工程施工总承包企业承建，乙因施工需要，在道路上挖坑，但没有设置警示标志和封闭式围挡。丙夜间骑自行车不慎掉入深坑，造成医疗费、误工费等损失5万元。事后调查证实，发包人甲未按合同约定如期支付安全文明施工费。那么针对对丙造成的伤害，发包人甲和承包人乙的责任该如何划分呢？(扫描二维码)

企业案例4-7

【任务4-3-3】

1. 发包人应当在开工后的(　　)天内支付安全文明施工费。
   A. 7　　　　　　　　　　　　B. 14
   C. 21　　　　　　　　　　　 D. 28

2. 根据《建设工程工程量清单计价规范》(GB 50500—2013)，发包人应在工程开工后的28天内预付不低于当年施工进度计划的安全文明施工费总额的(　　)。
   A. 30%　　　　　　　　　　 B. 40%
   C. 50%　　　　　　　　　　 D. 60%

任务4-3-3
习题解答

(三)工程计量的规则、周期及方法

所谓工程计量，就是发承包双方根据合同约定，对承包人完成合同工程的数量进行的计算和确认。具体来说，就是双方根据设计图纸、技术规范以及施工合同约定的计量方式和计算方法，对承包人已经完成的质量合格的工程实体数量进行测量与计算，并以物理计量单位或自然计量单位进行标识、确认的过程。在《建设工程工程量清单计价规范》

（GB 50500—2013）、《建筑工程施工发包与承包计价管理办法》（住建部〔2014〕16 号）和《建设工程施工合同（示范文本）》（GF—2017—0201）中都有明确规定。

施工合同中一般要约定计量规则、计量周期和计量方法。

1. 计量规则

《建设工程工程量清单计价规范》（GB 50500—2013）第 8.1.1 条规定：工程量必须按照相关工程现行国家计量规范规定的工程量计算规则计算。因此，合同中一般约定工程所在地省、市定额站发布的定额、清单计价办法及配套的费用定额、价目表等规范文件作为计量依据。由于定额、清单计价办法等规范文件都有时效性，一般几年更换一次，因此约定时一定注明是哪一年发布的版本。如《山东省建筑工程消耗量定额》（2016）、《山东省建筑工程工程量清单计价规则》（2011）、《江苏省建筑与装饰工程计价定额》（2014）、《广西壮族自治区安装工程消耗量定额》（2015）等。

2. 计量周期

单价子目：可按月计量，如每月 25 日；也可按工程形象进度计量，如可约定±0.000 以下基础及地下室、主体结构 1～3 层、4～6 层等。

总价子目：可按月计量，也可按批准的支付分解表计量。如安全文明施工费是总价子目，一般是按批准的支付分解表计量支付的。

【例 4-3-5】 某教学楼工程施工合同专用条款中约定如下：

工程量计算规则：按《山东省建筑工程消耗量定额》（2016）、《山东省安装工程消耗量定额》（2016）、《山东省建设工程费用项目组成及计算规则》（2016）

计量周期：每月 30 日报送上月 25 日至当月 25 日已完成的工程量报告。

单价合同计量的约定：以承包人完成施工图纸中合同工程应予计量的且按照本合同工程量计算规则规定的定额规则计算。

3. 计量方法

施工合同中一般要对单价合同和总价合同约定不同的计量方法，成本加酬金合同按单价合同的计量规定进行计量。

（1）单价合同计量方法。单价合同工程量必须以承包人完成合同工程应予计量的且按照现行国家工程量计算规范规定的工程量计算规则，计算得到的工程量确定。

（2）总价合同计量。采用清单方式招标形成的总价合同，工程量应按照与单价合同相同的方式计算。采用经审定批准的施工图及其预算方式发包形成的总价合同，除按照工程变更规定引起的工程量增减外，总价合同各项目的工程量是承包人用于结算的最终工程量。总价合同约定的项目计量应以合同工程审定批准的施工图为依据，发承包双方应在合同中约定工程计量的形象目标或时间节点进行计量。

（四）进度款支付周期及付款申请单编制、提交、审核与支付

进度款支付是指发包人在合同工程施工过程中，按合同约定对付款周期内承包人完成的合同价款给予支付的款项，也就是合同价款的期中支付。发承包双方应按合同约定的时间、数额及程序，根据工程计量结果，支付进度款。在《建设工程工程量清单计价规范》（GB 50500—2013）、《建设工程施工合同（示范文本）》（GF—2017—0201）中都有明确规定。

施工合同中要约定进度款支付周期及付款申请单编制、提交、审核与支付。

1. 进度款支付周期

工程量的正确计量是发包人向承包人支付工程款的前提和依据，因此进度款支付周期应与合同约定的工程计量周期一致。一般为按月或按形象进度节点支付，按月支付时必须约定清楚每月的时间点，按形象进度时必须明确进度节点的具体标准条件。

【企业案例 4-8】 某建设单位(甲方)拟建造一栋教学楼，采用工程量清单招标方式由施工单位(乙方)承建。甲乙双方签订的施工合同中关于工程进度款支付时间为：基础工程完成后，支付合同总价的 10%；主体结构三层完成后，支付合同总价的 20%；主体结构全部封顶后，支付合同总价的 20%；工程基本竣工时，支付合同总价的 30%。为确保工程如期竣工，乙方不得因甲方资金的暂时不到位而停工和拖延工期。问题：该合同签订的进度款支付条款是否妥当？为什么？

2. 付款申请单编制、提交、审核与支付

(1)进度款支付申请单的编制。承包人应在每个计量周期到期后向发包人提交已完工程进度款支付申请一式四份，详细说明此周期认为有权得到的款额，包括分包人已完工程的价款。支付申请的内容包括：累计已完成的合同价款；累计已实际支付的合同价款；本周期合计完成的合同价款，其中包括本周期已完成单价项目的金额，本周期应支付的总价项目的金额，本周期已完成的计日工价款，本周期应支付的安全文明施工费，本周期应增加的金额；本周期合计应扣减的金额，其中包括本周期应扣回的预付款，本周期应扣减的金额；本周期实际应支付的合同价款。

(2)进度款支付申请的提交。按月支付进度款时，支付申请单通常按照计量周期约定时间按月向监理人提交，并附上已完成工程量报表和有关资料。按支付分解表支付进度款时，要按支付分解表约定的时间向监理人提交付款申请单。

(3)进度款支付申请的审核与支付。监理人应在收到承包人进度付款申请单以及相关资料后 7 天内完成审查并报送发包人，发包人应在收到后 7 天内完成审批并签发进度款支付证书。发包人逾期未完成审批且未提出异议的，视为已签发进度款支付证书。

发包人和监理人对承包人的进度付款申请单有异议的，有权要求承包人修正和提供补充资料，承包人应提交修正后的进度付款申请单。监理人应在收到承包人修正后的进度付款申请单及相关资料后 7 天内完成审查并报送发包人，发包人应在收到监理人报送的进度付款申请单及相关资料后 7 天内，向承包人签发无异议部分的临时进度款支付证书。存在争议的部分，按照争议解决的约定处理。

发包人应在进度款支付证书或临时进度款支付证书签发后 14 天内完成支付，发包人逾期支付进度款的，应按照中国人民银行发布的同期同类贷款基准利率支付违约金。发包人签发进度款支付证书或临时进度款支付证书，不表明发包人已同意、批准或接受了承包人完成的相应部分的工作。

对已签发的进度款支付证书进行阶段汇总和复核中发现错误、遗漏或重复的，发包人和承包人均有权提出修正申请。经发包人和承包人同意的修正，应在下期进度付款中支付或扣除。

进度款支付申请的审核和支付流程如图 4-3-2 所示。

【任务 4-3-4】

1. 由发包人提供的工程材料、工程设备的金额，应在合同价款的期中支付和结算中予以扣除，具体的扣除标准是(　　)。

　　A. 按签约单价和签约数量　　　　B. 按实际采购单价和实际数量

　　C. 按签约单价和实际数量　　　　D. 按实际采购单价和签约数量

2. 某进度款支付申请报告包括了以下内容：①累计已完成的合同价款；②累计已实际支付的合同价款；③本周期已完成的计日工价款；④本周期应扣除预付款。据此，发包人本周期应支付的合同价款是（   ）。

A. ①+②−③−④　　　　　　　B. ①−②+③−④

C. ②−①+③−④　　　　　　　D. ①+②+③−④

3. 关于施工合同履行期间的期中支付说法中，下列正确的是（   ）。

A. 双方对工程计量结果的争议，不影响发包人对已完工工程的期中支付

B. 对已签发支付证书中的计算错误，发包人不得再予以修正

C. 进度款支付申请中应包括累计已完成的合同价款

D. 本周期实际支付的合同额为本期完成的合同价款合计

4. 承包人应在每个计量周期到期后，向发包人提交已完成工程进度款支付申请，支付申请包括的内容有（   ）。

A. 累计已完成的合同价款　　　　B. 本期合计完成的合同价款

C. 本期合计应扣减的金额　　　　D. 累计已调整的合同金额

E. 预计下期将完成的合同价款

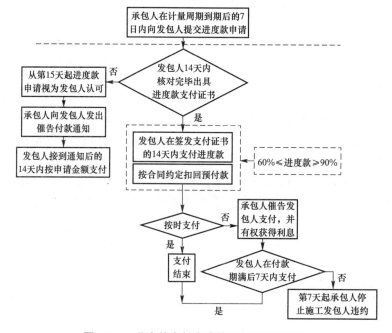

图 4-3-2　进度款支付申请的审核和支付流程

（五）合同价款的调整因素、方法、程序、支付及时间

签约时的合同价是发承包双方在工程合同中约定的工程造价，然而承包人按合同约定完成了全部承包工作后，发包人应付给承包人的合同总金额往往不等于签约合同价，原因在于发包人确定的最终工程造价中必然包括合同价款调整，即影响工程造价的因素出现后，发承包双方应根据合同约定，对其合同价款进行调整。这些在《建设工程工程量清单计价规范》(GB 50500—2013)、《建设工程施工合同（示范文本）》(GF—2017—0201)中都有明确的

规定。

施工合同中必须对价款调整因素进行明确约定，否则属于"合同中没有约定或约定不清"，容易引起争议。实践中，合同签约时可参照《建设工程工程量清单计价规范》(GB 50500—2013)中有关合同价款调整的具体条款。本书将在第五章第二节详细讲述。

企业案例4-9

【企业案例4-9】 某工程关于合同价款约定部分的内容。(扫描二维码)

(六)索赔的程序与支付时间

建设工程施工中的索赔是指在工程合同履行过程中，当事人一方因非己方的原因而遭受经济损失或工期延误，按照合同约定或法律规定，应由对方承担责任，而向对方提出工期和(或)费用补偿要求的行为。在《建设工程工程量清单计价规范》(GB 50500—2013)、《建设工程施工合同(示范文本)》(GF—2017—0201)中都有明确规定。

施工合同中要对索赔的程序及支付时间进行约定。根据《建设工程施工合同(示范文本)》(GF—2017—0201)的规定，索赔程序及时效如图4-3-3所示。

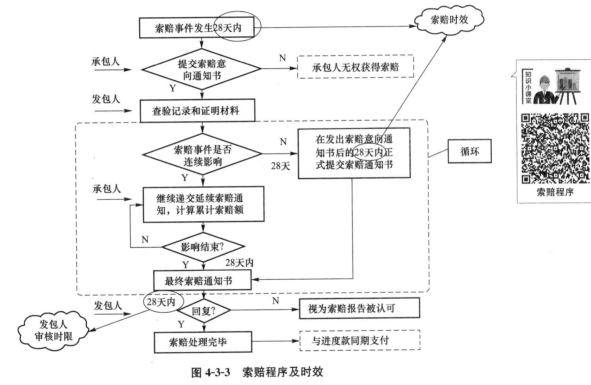

图4-3-3 索赔程序及时效

【任务4-3-5】

任务4-3-5
习题解答

1. 关于建设工程索赔程序的说法中，下列正确的是( )

A. 设计变更后，承包人应在28天内向发包人提交索赔通知

B. 索赔事件持续进行时，承包人应在事件终了后立即提交索赔报告

C. 索赔意向通知发出后的14天内，承包人应向工程师提交索赔报告及有关资料

D. 工程师收到承包人送交的索赔报告和有关资料后28天内未予答复或未对承包人作进一步要求，视为该索赔已被认可

2. 关于建设工程施工合同索赔的说法中，下列正确的是(   )。

    A. 发包人可以在索赔事件发生后暂不通知承包人，待工程结算时一并处理

    B. 发包人向承包人提出索赔，承包人无权要求发包人补充提供索赔理由和证据

    C. 承包人在收到发包人的索赔资料后，未在规定时间内作出答复，视为该索赔事件成立

    D. 承包人未在索赔事件发生后的规定时间内发出索赔通知的，应免除发包人的一切责任

(七)承担计价风险的内容、范围

合同计价风险
分担原则

风险是一种客观存在的、可能会带来损失的、不确定的状态，具有客观性、损失性、不确定性三大特性。工程中的风险主要是在设计、施工、设备调试及移交运行等全过程中可能发生的风险，本书所说的风险是指工程建设施工阶段发承包双方在招标投标活动和合同履行中所面临涉及工程计价方面的风险，即隐含于已标价工程量清单综合单价中，用于化解发承包双方在工程合同中约定内容和范围内的市场价格波动风险的费用。在《建设工程工程量清单计价规范》(GB 50500—2013)、《建设工程施工合同(示范文本)》(GF—2017—0201)中都有明确规定。

在工程施工阶段，发承包双方都面临许多风险，但不是所有的风险以及无限度的风险都应由承包人承担，而是应按风险共担的原则，对风险进行合理分摊。其具体体现则是应在招标文件或合同中对发承包双方各自应承担的计价风险内容及其风险范围或幅度进行界定和明确，而不能要求任一方承担所有风险或无限度风险。因此，合同要约定风险范围及内容。

1. 投标人的计价风险

投标人应完全承担的风险是技术风险和管理风险，如管理费和利润；应有限度承担的是市场风险，如材料价格、施工机械使用费；完全不承担的是法律、法规、规章和政策变化的风险。

所谓有限风险，是指双方约定一个涨跌幅度，当情况变化在此幅度内时风险由一方承担，超出此幅度的风险则由另一方承担，因此，合同中必须对材料市场价格波动幅度进行约定。

根据《建设工程施工合同(示范文本)》(GF—2017—0201)通用条款中的相关规定，材料单价涨跌幅度超过基准价格5%时要调整。这里的基准价格是指由发包人在招标文件或专用合同条款中给定的材料、工程设备的价格，该价格原则上应当按照省级或行业建设主管部门或其授权的工程造价管理机构发布的信息价编制。

但是，《建设工程施工合同(示范文本)》(GF—2017—0201)通用条款约定的涨跌幅度不是唯一不变的，发承包双方可在专用条款中另行约定。如双方可在专用条款中约定材料单价涨跌幅度超过基准价格8%时要调整。

企业案例4-10

【企业案例4-10】 某工程项目采用了单价施工合同。工程招标文件参考资料中提供的用砂地点距工地4 km。但是开工后，检查该砂质量不符合要求，承包商只得从另一距工地20 km的供砂地点采购。由于供砂距离的增大，必然引起费用的增加，承包商经过仔细认真计算后，在业主指令下达的第3天，向业主的造价工程师提交了将原用砂单价每立方米提高5元的要求。该要求是否合理？

2. 招标人的计价风险

(1)国家法律、法规、规章和政策发生变化。由于发承包双方都是国家法律、法规、规章和政策的执行者，当其发生变化影响合同价款时，应由发包人承担。此类变化主要反应在规费、税金上。

(2)根据我国目前工程建设的实际情况，各地建设主管部门均根据当地人力资源和社会保障主管部门的有关规定发布人工成本信息或人工调整，对此关系职工切身利益的人工费调整不应由承包人承担。

(3)目前，我国仍有一些原材料按照《中华人民共和国价格法》的规定实行政府定价或政府指导价，如水、电、燃油等。按照《中华人民共和国合同法》第六十三条规定："执行政府定价或者政府指导价的，在合同约定的交付期限内政府价格调整时，按照交付时的价格计价。逾期交付标的物的，遇价格上涨时，按照原价格执行；价格下降时，按照新价格执行。逾期提取标的物或者逾期付款的，遇价格上涨时，按照新价格执行；价格下降时，按照原价格执行。"因此，对政府定价或政府指导价管理的原材料价格应按相关文件规定进行合同价款调整，不应在合同中违规约定。

工程建设中逾期交付标的物是指因承包人原因导致工期延误的，其含义为：由于非承包人（如监理方、设计方）原因导致工期延误的，采用不利于发包人的原则调整合同价款；由于承包人原因导致工期延误的，采用不利于承包人的原则调整合同价款。

企业案例 4-11

【企业案例 4-11】 某公路建设指挥部拟对某公路工程进行公开招标，招标文件载明："本合同在施工工期内不进行价格调整，投标人在报价时应将此因素考虑在内""对于其他需要投标人自己购买的材料，所发生的一切费用均应包括在投标人的报价之中"。开标后昌达建筑公司中标，双方签订施工承包合同中约定"本合同在施工期间不进行价格调整，承包人应在投标时考虑这一因素"。在工程施工期间，当地建设主管部门下发《关于对在建高速公路项目主要材料涨价实施价格补贴的指导性意见》，该意见针对当时全国建材价格持续上涨的情况，要求各单位根据风险共担、合理补偿原则，对在建的高速公路土建主体工程的水泥、钢筋、钢绞线等主要材料涨价幅度大于 5% 的实施补贴，由建设单位和施工单位根据项目实际情况，确定各自分摊比例，适当补贴。工程完工后，昌达公司要求补偿材料上涨差价，双方发生争议，昌达公司起诉至法院。

(八)竣工结算的编制与核对、支付及时间

竣工结算是由承包人或受其委托具有相应资质的工程造价咨询人编制，并应由发包人或受其委托具有相应资质的工程造价咨询人核对的造价文件。在《建设工程工程量清单计价规范》(GB 50500—2013)、《建设工程施工合同(示范文本)》(GF—2017—0201)中都有明确规定。

施工合同中要约定承包人提交竣工付款申请单的期限、竣工付款申请单应包括的内容、发包人审批竣工付款申请单的期限、发包人完成竣工付款的期限、关于竣工付款证书异议部分复核的方式和程序。

工程质量保证金

承包人应在工程竣工验收合格后 28 天内向发包人和监理人提交竣工结算申请单，并提交完整的结算资料，有关竣工结算申请单的资料清单和份数等要求由合同当事人在专用合同条款中约定。竣工结算申请单应包括以下内容：竣工结算合同价格；发包人已支付承包人的款项；应扣留的质量保证金；发包人应支付承包人的合同价款。

(九)工程质量保证金的数额、预留方式及时间

建设工程质量保证金是指发包人与承包人在建设工程承包合同中约定，从应付的工程

款中预留，用以保证承包人在缺陷责任期内对建设工程出现的缺陷进行维修的资金。缺陷是指建设工程质量不符合工程建设强制性标准、设计文件，以及承包合同的约定。缺陷责任期一般为1年，最长不超过2年，由发承包双方在合同中约定。目前，建设工程质量保证金执行《住房和城乡建设部、财政部关于印发建设工程质量保证金管理办法的通知》（建质〔2017〕138号），该通知对质量保证金的数额、预留方式及时间均作了详细规定。

（1）发包人应按照合同约定方式预留保证金，保证金总预留比例不得高于工程价款结算总额的3%。合同约定由承包人以银行保函替代预留保证金的，保函金额不得高于工程价款结算总额的3%。

（2）缺陷责任期从工程通过竣工验收之日起计。由于承包人原因导致工程无法按规定期限进行竣工验收的，缺陷责任期从实际通过竣工验收之日起计。由于发包人原因导致工程无法按规定期限进行竣工验收的，在承包人提交竣工验收报告90天后，工程自动进入缺陷责任期。缺陷责任期内，承包人认真履行合同约定的责任；到期后，承包人向发包人申请返还保证金。

（3）发包人在接到承包人返还保证金申请后，应于14天内会同承包人按照合同约定的内容进行核实。如无异议，发包人应当按照约定将保证金返还给承包人。对返还期限没有约定或者约定不明确的，发包人应当在核实后14天内将保证金返还承包人，逾期未返还的，依法承担违约责任。发包人在接到承包人返还保证金申请后14天内不予答复，经催告后14天内仍不予答复，视同认可承包人的返还保证金申请。

【企业案例4-12】 某建设单位（甲方）拟建一栋办公楼，采用工程量清单招标方式由某施工单位（乙方）承建。甲乙双方签订的施工合同中竣工结算条款为：工程竣工验收后，进行竣工结算。结算时按全部工程造价的3%扣留质量保证金。在保修期（50年）满后，质量保证金及其利息扣除已支出费用后的剩余部分退还给乙方。该合同条款是否妥当？为什么？

企业案例4-12

【任务4-3-6】

1. 缺陷是指建设工程质量不符合工程建设强制性标准、设计文件，以及承包合同的约定。缺陷责任期一般为（　　）年，最长不超过（　　）年，由发承包双方在合同中约定。

   A.1，1　　　　　B.1，2　　　　　C.2，2　　　　　D.2，1

2. 发包人应按照合同约定方式预留保证金，保证金总预留比例不得高于工程价款结算总额的（　　）。

   A.5%　　　　　B.10%　　　　　C.3%　　　　　D.双方约定数额

任务4-3-6
习题解答

第五章　建设工程施工阶段工程费用的调整

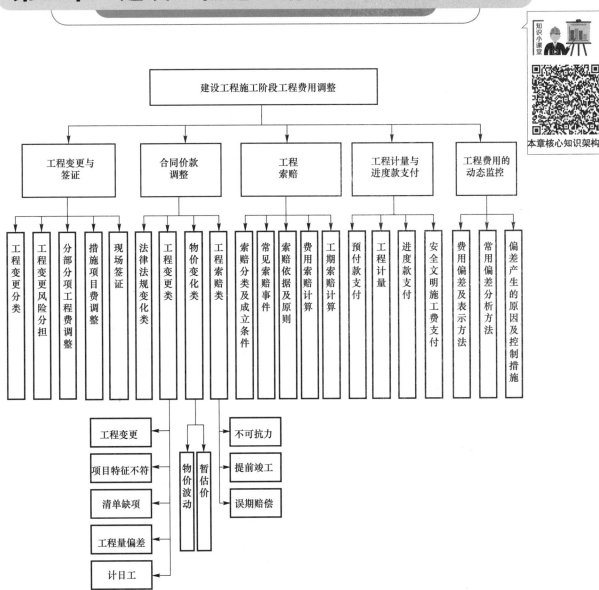

本章核心知识架构图

施工阶段是实现建设工程价值的主要阶段，也是资金投入量最大的阶段。该阶段由于施工组织设计、工程变更、索赔、工程计量方式的差别以及工程实施中各种不可预见因素的存在，使得施工阶段的造价管理难度加大。

第一节 工程变更与签证

一、工程变更分类

工程变更是指工程实施过程中由发包人提出或由承包人提出经发包人批准的任何一项工作的增、减、取消或施工工艺、顺序、时间的改变；设计图纸的修改；施工条件的改变；招标工程量清单的错、漏从而引起合同条件的改变或工程量的增减变化。

实践中，施工期间会出现与合同签订时情况不符合的各种变更，以这些变更是否影响工程造价为标准，可分为以下几种：

（1）条件变更。条件变更是指施工过程中因发包人未能按合同约定提供必需的施工条件，以及发生不可抗力导致工程无法按预定计划实施。例如，发包人承诺交付的后续施工图纸未到，致使工程中途停工；发包人提供的施工临时用电，因社会电网紧张而断电，导致施工无法正常进行。需要注意的是，在合同条款中，这类变更通常在发包人义务中约定。

（2）计划变更。计划变更是指施工过程中建设单位因上级指令、技术因素或经营需要，调整原定施工进度计划，改变施工顺序和时间安排。例如，在小区群体工程施工中，根据销售进展情况，部分房屋需提前竣工，另一部分房屋适当延迟交付。需要注意的是，这类变更通常在施工中需要双方签订补充协议来约定。

（3）设计变更。设计变更是指建设工程施工合同履约过程中，对原设计内容进行的修改、完善和优化。设计变更包括的内容十分广泛，是工程中变更的主体内容，占有工程变更的较大比例。常见的设计变更有：设计错误或图纸错误而进行的设计变更；因设计遗漏或设计深度不够而进行的设计补充或变更；应发包人、监理人请求或承包人建议对设计所作的优化调整等。在合同条款中约定的变更主要是指这类变更。

（4）施工方案变更。施工方案变更是指在施工过程中承包人因工程地质条件变化、施工环境和施工条件的改变等因素影响，向监理工程师或发包人提出的改变原施工措施方案的过程。施工措施方案的变更，一般应根据合同约定经监理工程师或发包人审查同意后方可实施，否则引起的费用增加和工期延误将由承包人自行承担。实践中，重大施工方案的变更还应征求设计单位的意见。在建设工程施工合同履约过程中，施工方案变更存在于工程施工的全过程。例如，某工程原定深排水工程采用钢板支撑方式进行施工，后施工过程中由于现场地质条件的变化，已不能采用原定的方案，修改为大开挖方式进行施工。在合同条款中约定的变更包括这类变更。

（5）新增工程。新增工程是指施工过程中，建设单位扩大建设规模，增加原招标工程量清单之外的施工内容。在合同条款中约定的变更包括这类变更。

二、工程变更引起合同价款调整的风险分担

根据《建设工程工程量清单计价规范》（GB 50500—2013）的相关规定，工程变更的风险由发包人承担，引起合同价款增减时应进行调整。

在工程实践中，在工程量清单计价模式下工程变更管理的关键问题是变更价款的确定以及确定程序，如图 5-1-1 所示。

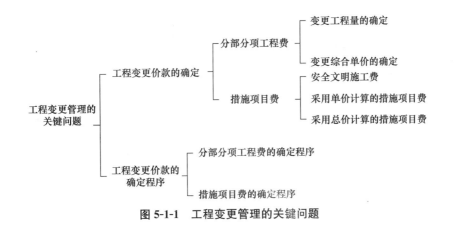

图 5-1-1　工程变更管理的关键问题

工程变更处理流程

三、工程变更引起分部分项工程费变化的调整方法

$$工程变更分部分项工程费＝变更量×变更综合单价 \qquad (5\text{-}1\text{-}1)$$

(一)变更量的确定

《建设工程工程量清单计价规范》(GB 50500—2013)第 8.2.2 条规定:施工中进行工程计量,当发现招标工程量清单中出现缺项、工程量偏差,或因工程变更引起工程量增减时,应按承包人在履行合同义务中完成的工程量计算。由此规定可知,工程变更量应按照承包人在变更项目中实际完成的工程量计算。

(二)变更综合单价的确定

在《建设工程工程量清单计价规范》(GB 50500—2013)中,对变更后综合单价的确定分为三种情况,如图 5-1-2 所示。

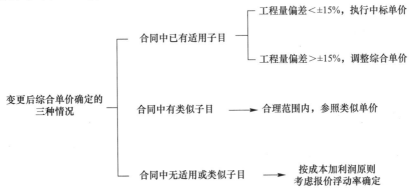

图 5-1-2　变更后综合单价确定的三种情况

1. 合同中已有适用子目综合单价的确定

采用"合同中已有适用子目"的前提如下:

(1)变更项目与合同中已有项目性质相同,即两者的图纸尺寸、施工工艺和方法、材质完全一致。

(2)变更项目与合同中已有项目施工条件一致。

(3)变更工程的增减工程量在执行原有单价的合同约定幅度范围内。

(4)合同已有项目的价格没有明显偏高或偏低。

(5)不因变更工作增加关键线路工程的施工时间。

实践中，这类变更主要包括以下两种情况：

(1)工程量的变化。由于设计图纸深度不够或者招标工程量清单计算有偏差，导致在实施过程中工程量产生变化。

(2)工程量的变更。施工中由于工程变更使某些工作的工程量单纯地进行增减，不改变施工工艺、材质等，如某办公楼工程墙面贴瓷砖，合同中约定工程量是 3 000 m²，在实际施工中业主进行变更，增加了墙面贴瓷砖工程，面积增加至 3 200 m²。

对于这类工程量出现偏差的变更，价款调整原则如图 5-1-3 所示。

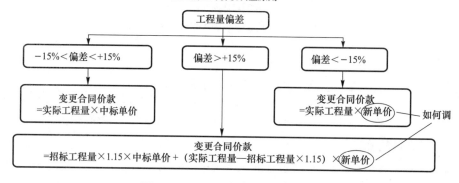

图 5-1-3　工程量偏差价款调整原则

工程变更估价方法(上)

因此，如何确定新的综合单价是关键。通常有两种方法：一是发承包双方协商确定；二是与招标控制价相联系。与招标控制价相联系确定新的综合单价时一般采用以下公式：

当 $P_0 < P_2 \times (1-L) \times (1-15\%)$ 时，$P_1 = P_2 \times (1-L) \times (1-15\%)$。

当 $P_0 > P_2 \times (1+15\%)$ 时，$P_1 = P_2 \times (1+15\%)$。

当 $P_0 > P_2 \times (1-L) \times (1-15\%)$ 或 $P_0 < P_2 \times (1+15\%)$ 时，P_1 不调整。

式中　P_0——承包人在工程量清单中填报的综合单价；

　　　P_1——按照最终完成工程量重新调整后的综合单价；

　　　P_2——发包人招标控制价中相应项目的综合单价；

　　　L——承包人报价浮动率。

招标工程：报价浮动率 $L = (1 - 中标价/招标控制价) \times 100\%$

非招标工程：报价浮动率 $L = (1 - 报价值/施工图预算) \times 100\%$

以上关于新综合单价的确定方法可以用图 5-1-4 表示。

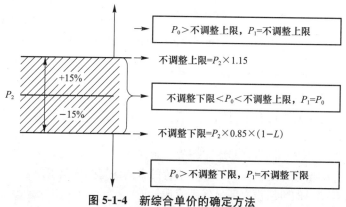

图 5-1-4　新综合单价的确定方法

178

综上所述，当工程量出现偏差引起合同价款调整时，要先判断偏差是否超过15%，再调整综合单价，具体流程如图5-1-5所示。

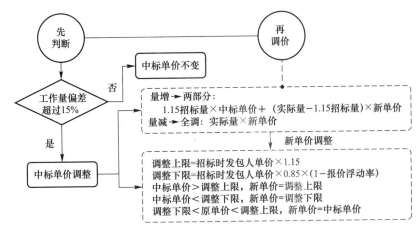

图 5-1-5　综合单价调整流程

【例 5-1-1】　对某招标工程进行报价分析，在不考虑安全文明施工费的前提下，承包人中标价为 1 500 万元，招标控制价为 1 600 万元，设计院编制的施工图预算为 1 550 万元，承包人认为的合理报价为 1 540 万元，则承包人的报价浮动率是多少？

解： 报价浮动率 $L=(1-1\ 500/1\ 600)\times100\%=6.25\%$

【例 5-1-2】　某工程项目变更工程量偏差超过 15%，招标控制价中综合单价为350 元，投标报价下浮率为 6%。问题：(1)若中标综合单价为 287 元，变更后综合单价如何调整？(2)若中标综合单价为 406 元，变更后综合单价如何调整？

解： (1)$350\times(1-6\%)\times(1-15\%)=279.65$(元)

由于 287＞279.65，该项目变更后的综合单价可不予调整。

(2)$350\times(1+15\%)=402.5$(元)

由于 406＞402.5，该项目变更后的综合单价应调整为 402.5 元。

例题 5-1-2 讲解

【企业案例 5-1】　某食品厂项目进行公开招标，招标工程量清单项目特征中规定：厂区主要道路上要求回填中粗砂，工程量为 40 m，其余道路为素土夯填，工程量为 221 m，且合同附件中工程量清单也有此规定。在投标报价时，为了能够中标，承包商对中粗砂的价格报的相对较低，同时，为了竣工结算时获得更多的收益提高了夯填土的报价，中粗砂比回填土报价每立方米多 70 元。在实际施工中，考虑到工程性质及周围环境，同时考虑靠近长江，取河砂比异地取土方便且质量更好，因此，建设方最终决定所有道路回填都用中粗砂，最终中粗砂回填工程量增加了 30 000 m³。竣工结算时，工程量变化是否超过 15%成为双方争议的一个焦点。承包商认为：由于变更后增加的工程量太大，远远超过了 15%，并且施工期间中粗砂价格有所涨幅，要求对中粗砂综合单价重新组价，在原报价基础上增加37 元/m³，应补偿差价$(70+37)\times30\ 000=321$(万元)。建设方认为：原清单中存在 30 000 m³的项目，工程量没有发生变化，并且在清单中存在中粗砂的报价，应直接进行套用，应补偿差价$70\times30\ 000=210$(万元)。双方发生争议。

企业案例 5-1

任务 5-1-1
习题解答

【任务 5-1-1】

1. 某独立土方工程，招标文件中估计工程量为 100 万 m³，单价为 5 元/m³；实际完成工程量超过估计量 15％时，单价调为 4 元/m³；该工程实际完成工程量为 130 万 m³，其应结算的工程款为多少？

2. 某工程施工过程中，建设单位提出变更，在报告厅处新增加轻质材料隔墙 1 200 m²。已标价工程量清单中此轻质隔墙工程量为 5 000 m²，综合单价为 350 元/m²，招标控制价中该轻质隔墙综合单价为 380 元/m²。问新增轻质隔墙的价格是多少？

2. 合同中有类似子目综合单价的确定

实践中，此类变更主要包括以下两种情况：

(1)变更项目与合同中已有的工程量清单项目，两者的施工图改变，但是施工方法、材料、施工环境不变，只是尺寸更改引起工程量变化。如水泥砂浆找平层厚度的改变。这种情形有两种计算方法。

第一种比例分配法。具体为：每单位变更工程的人工费、机械费、材料费的消耗量按比例进行调整，人工单价、材料单价、机械台班单价不变；变更工程的管理费及利润执行原合同固定的费率。其计算公式如下：

工程变更估价
方法(下)

$$\text{变更项目综合单价} = \text{投标综合单价} \times (\text{变更后的量}/\text{变更前的量}) \qquad (5\text{-}1\text{-}2)$$

这种方法将变更前后价差与量差近似为线性关系考虑，计算简便。

【例 5-1-3】 某道路工程在挖方、填方以及路面三项子目的合同工程量清单表中，水泥路面原设计厚度为 20 cm，单价为 24 元/m²，现设计变更为厚度为 22 cm，则变更后的路面单价是多少？

解： 由于施工工艺、材料、施工条件均未发生变化，只改变了水泥路面的厚度，所以只需将水泥路面的单价按比例进行调整即可。

$$24 \times 22/20 = 26.4(\text{元/m}^2)$$

第二种数量插入法。数量插入法是指不改变原项目综合单价，确定变更新增部分的单价，原综合单价加上新增部分的单价即得出变更项目的综合单价。变更新增部分的单价是测定变更新增部分人、材、机成本，以此为基数取管理费和利润来确定的单价。其计算公式如下：

$$\text{变更项目综合单价} = \text{原综合单价} + \text{新增部分综合单价} \qquad (5\text{-}1\text{-}3)$$

$$\text{新增部分综合单价} = \text{新增部分净成本} \times (1 + \text{管理费费率} + \text{利润率}) \qquad (5\text{-}1\text{-}4)$$

这种方法需要测算新增部分净成本，计算麻烦，但精确度高。

【例 5-1-4】 某合同中墙面水泥砂浆抹灰厚度为 6 cm，综合单价为 25 元/m²，现变更墙面抹灰厚度为 8 cm。经测定水泥砂浆抹灰增厚 1 cm 的净成本是 8 元/m²，测算原综合单价的管理费费率为 6％，利润率为 5％，则调整后的单价是多少？

解： 变更新增部分单价 = 8×2×(1+6％+5％) = 17.76(元/m²)

调整后单价 = 17.76+25 = 42.76(元/m²)

(2)变更项目与合同中已有项目，两者的施工方法、施工环境、尺寸不变，只是材料改变，如混凝土强度等级由 C20 变为 C25。这种情形下，由于变更项目只改变材料，因此，变更项目的综合单价只需将原有综合单价中材料的组价进行替换，即变更项目的人工费、机械费执行原清单项目，单位变更项目的材料消耗量执行原清单项目中的消耗量，对原清单报价中的材料单价按市场价进行调整；变更工程的管理费执行原合同确定的费率。其计算公式如下：

变更项目综合单价＝原报价综合单价＋(变更后材料价格－合同中的材料价格)×清单中材料消耗量 (5-1-5)

【例5-1-5】 某综合楼工程，现浇混凝土梁原设计为C25混凝土，C25混凝土梁清单综合单价为260元/m³，合同约定C25混凝土材料单价为200元/m³，参照山东省16消耗量定额报价。施工中设计变更调整为C30混凝土，甲乙双方认可的C30混凝土市场价为230元/m³。问题：变更后C30混凝土梁的综合单价为多少？

解： 查山东省16消耗量定额可知，现浇C25混凝土梁子目中C25混凝土消耗量为1.01 m³/m³。

$$C30梁综合单价＝260＋(230－200)×1.01＝290.3(元/m³)$$

3. 合同中无适用或类似子目综合单价的确定

采用"合同中无适用子目或类似子目"的前提如下：

(1)变更项目与合同中已有的项目性质不同，因变更产生新的工作，从而形成新的单价，原清单单价无法套用。

(2)因变更导致施工环境不同。

(3)承包商对原有合同项目单价采用明显不平衡报价。

(4)变更工作增加了关键路线的施工时间。

对于此类变更综合单价的确定，通常按照"成本加利润"原则，并考虑报价浮动率的方法。为何要考虑报价浮动率因素？原因是若单纯以"成本加利润"原则确定综合单价，会导致一部分应由承包人承担的风险转移到发包人，这是由于承包人在进行投标报价时中标价往往低于招标控制价，降低价格中有一部分是承包人为了低价中标自愿承担的让利风险；另一部分是承包人实际购买和使用的材料价格往往低于市场上的询价价格，承包人自愿承担的正常价差风险。前面关于工程量变化超过15%时综合单价调整公式中引入报价浮动率，也是基于同样的原因。

合同中无适用或类似子目变更综合单价的确定过程如图5-1-6所示。

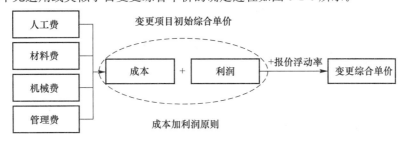

图5-1-6 综合单价确定过程

(1)成本和利润的确定。成本一般采用定额组价法，由承包人根据国家或地方颁布的定额标准和相关的定额计价依据，根据变更工程资料、计量规则和计价办法、工程造价管理机构发布的信息价(若工程造价管理机构发布的信息价缺价的，由承包人通过市场调查取得合法依据的市场价格)确定；利润根据行业利润率确定，可参照当地费用定额中的利润率。

(2)报价浮动率的确定。同前面工程量偏差综合单价的调整。

【例5-1-6】 某工程招标控制价为8 413 949元，中标人的投标报价为7 972 282元，承包人报价浮动率为多少？施工过程中，屋面防水采用PE高分子防水卷材(1.5 mm)，清单项目中无类似项目，工程造价管理机构发布有该卷材单价为18元/m²，该项目综合单价如何确定？

解：$L=(1-7\,972\,282\div8\,413\,949)\times100\%=(1-0.947\,5)\times100\%=5.25\%$

查项目所在地该项目定额人工费为 3.78 元，除卷材外的其他材料费为 0.65 元，机械费为 1.5 元，费用定额中管理费和利润率分别为 5% 和 8%。

该项目成本价$=(3.78+18+0.65+1.5)\times(1+5\%)=25.13(元/m^2)$

利润$=25.13\times8\%=2.01(元/m^2)$

该项目综合单价$=(25.13+2.01)\times(1-5.25\%)=25.72(元)$

发承包双方可按 25.72 元协商确定该项目综合单价。

【例 5-1-7】 某工程合同实施过程中发生了变更事件，在已标价清单中没有适用也没用类似单价，且工程造价管理机构发布的信息价格也缺价，承包人根据变更资料、计量规则、计价办法和有依据的市场价格计算出变更项目的价格为 10 万元，已知该项目招标控制价为 1 000 万元，中标价为 900 万元(招标控制价和中标价中均包含 20 万元的安全文明施工费)，则该变更工程项目确认的变更价格为多少？

解：报价浮动率$=(900-20)\div(1\,000-20)=0.898$

变更价格$=10\times0.898=8.98(万元)$

四、工程变更引起措施项目费变化的调整方法

措施项目费包括总价措施项目费和单价措施项目费。总价措施项目费一般包括安全文明施工费，夜间施工增加费，二次搬运费，冬、雨期施工增加费，已完工程及设备保护费等；单价措施项目费包括脚手架、模板、垂直运输、超高施工增加、大型机械进出场、施工排水降水等。通常能够引起措施费变化的情况有工程变更、招标工程量清单缺失、工程量偏差等情况。

根据《建设工程工程量清单计价规范》(GB 50500—2013)规定，措施项目要按照一定的调整程序，区分三种情况(单价计算的措施项目费、总价计算的措施项目费、安全文明施工费)分别进行调整。

(一)措施项目费调整程序

措施项目费调整程序如图 5-1-7 所示。

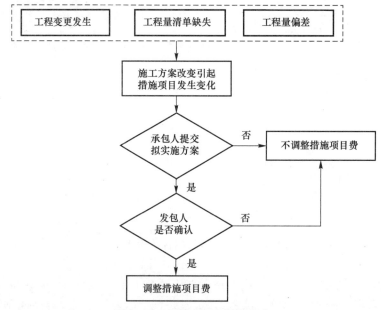

图 5-1-7 措施项目费调整程序

(二)单价措施项目费的调整方法

采用单价计算的措施项目费包括脚手架费、混凝土模板及支架费、垂直运输费、超高施工增加费、大型机械设备进出场及安拆费、施工排水降水费6项。

此类费用确定方法与工程变更分部分项工程费的确定方法相同。

(三)总价措施项目费的调整方法

采用总价计算的措施项目费包括夜间施工增加费、非夜间施工照明费、二次搬运费、地上地下建筑物的临时保护费、已完工程及设备保护费。计算方法为:当变更导致计算基数(如分部分项工程费)变化时,总价措施项目费按计算基数增加或减少的比例进行据实调整,费率和计算基数按照各省市规定计算。但要考虑承包人的报价浮动率。其计算公式如下:

调整后措施项目费＝变更前措施项目费±变更部分措施项目费×(1－报价浮动率)

(5-1-6)

变更部分措施项目费＝计算基数变化量×原措施费费率

(四)安全文明施工费的确定方法

安全文明施工费必须按照国家、行业建设主管部门的规定计算,不得作为竞争性费用,除非变更导致其计价基数的变化。计算方法同总价措施项目费。

【例 5-1-8】 某工程为 18 层框架结构,高度为 52.8 m,建筑面积为 13 892m²。该工程于 2014 年 12 月 5 日发标,2014 年 12 月 25 日开标,中标人已在 2014 年 12 月 29 日与发包人签订了建设工程施工合同,合同中约定发承包双方执行国家有关调价文件,开工日期定为 2015 年 1 月 8 日。在开工之前,建设行政主管部门下发了综合人工单价调价文件,规定将建筑工程的综合人工单价由原 53 元/工日调整为 76 元/工日,并在调价文件中规定:综合人工单价调整后,调增部分计入差价,从 2014 年 12 月 1 日起执行。凡是 2014 年 12 月 1 日以后完成的工程量,应执行调整后的标准。

中标价中土建工程的分部分项工程费为 4 896 500.00 元,其中含人工费 865 200.00 元,其他项目费为 459 800.00 元(含暂列金额为 320 000.00 元)。

施工单位投标单位报价时承诺:对该工程除安全文明施工措施费、规费、税金应按规定计取外,其余措施项目费、管理费、利润等均按相应规定费率下浮 6％计取;人工单价为50 元/工日。假设其他项目费中不含人工费。问题:

(1)已知工程所在地造价管理部门颁布的费用定额,措施费费率分别为:冬、雨期施工费为 0.8％,夜间施工费为 0.7％,二次搬运费为 0.6％,计费基础为省价直接工程费;安全文明施工为 0.4％,计费基础为直接费。投标时施工单位计算的省价直接工程费为3 650 000.00 元,脚手架费为 165 000.00 元(其中人工费为 85 000.00 元),混凝土模板费为236 000.00 元(其中人工费为 150 000.00 元)。该工程的措施项目清单见表 5-1-1,请按上述给出的条件和相关规定调整其措施项目费。

表 5-1-1　措施项目清单

序号	项目名称	计量单位	工程数量
1	安全文明施工措施费	1	1
2	冬、雨期施工费	1	1
3	夜间施工费	1	1
4	二次搬运费	1	1
5	混凝土模板费	1	1
6	脚手架费	1	1

（2）已知工程所在地造价管理部门颁布的费用定额，规费费率为 4.3%，税金为 3.43%。请根据本题目所给条件和相关规定，调整并计算该工程土建部分的含税工程价款。

解：（1）人工费调整后，该工程土建分部分项工程费中的人工差价为：

$$(865\ 200.00 \div 50) \times (76-53) = 397\ 992.00（元）$$

除了安全文明施工措施费以外，其余各项措施项目费均按相应规定费率下浮 6% 计取，计算如下：

1）冬、雨期施工费：$3\ 650\ 000.00 \times 0.8\% \times (1-6\%) = 27\ 448.00（元）$

2）夜间施工费：$3\ 650\ 000.00 \times 0.7\% \times (1-6\%) = 24\ 017.00（元）$

3）二次搬运费：$3\ 650\ 000.00 \times 0.6\% \times (1-6\%) = 20\ 586.00（元）$

4）混凝土模板费差价：$(150\ 000/50) \times (76-53) = 69\ 000.00（元）$

混凝土模板费合计：$69\ 000.00 + 236\ 000.00 = 305\ 000.00（元）$

5）脚手架费差价：$(85\ 000/50) \times (76-53) = 39\ 100.00（元）$

脚手架费合计：$39\ 100.00 + 165\ 000.00 = 204\ 100.00（元）$

安全文明施工费计算如下：

直接费＝分部分项工程费＋措施费

$$= (4\ 896\ 500 + 397\ 992) + (27\ 448 + 24\ 017 + 20\ 586 + 305\ 000 + 204\ 100)$$

$$= 5\ 875\ 643.00（元）$$

安全文明施工费：$5\ 875\ 643.00 \times 0.4\% = 23\ 502.57（元）$

根据以上各措施项目计算结果编制措施项目费用表，见表5-1-2。

表 5-1-2　措施项目费用表

序号	项目名称	计量单位	工程数量	金额/元	
				综合单价	合价
1	安全文明施工措施费	1	1	23 502.57	23 502.57
2	冬、雨期施工费	1	1	27 448.00	27 448.00
3	夜间施工费	1	1	24 017.00	24 017.00
4	二次搬运费	1	1	20 586.00	20 586.00
5	混凝土模板费	1	1	305 000.00	305 000.00
6	脚手架费	1	1	204 100.00	204 100.00
	合价				604 653.57

（2）分部分项工程费：$4\ 896\ 500.00 + 397\ 992 = 5\ 294\ 492.00（元）$

措施项目费：604 653.57 元

因为本工程刚刚开工，而不是计算竣工结算工程价款，其他项目费中的暂列金额是否有费用项目支出还不能确定，故其他项目费应取 459 800.00 元。

规费：$(5\ 294\ 492 + 604\ 653.57 + 459\ 800.00) \times 4.3\%$

$$= 6\ 358\ 945.57 \times 4.3\% = 273\ 434.66（元）$$

税金：$(6\ 358\ 945.57 + 273\ 434.66) \times 3.43\% = 6\ 632\ 380.23 \times 3.43\% = 227\ 490.64（元）$

调整后该工程土建部分含税工程款见表5-1-3。

表 5-1-3　调整后的土建部分含税工程款

序号	项目名称	金额/元
一	分部分项工程费	5 294 492.00
二	措施项目费	604 653.57
三	其他项目费	459 800.00
四	规费	273 434.66
五	税金	227 490.64
	合计	6 859 870.87

工程变更引起合同价款调整的方法汇总如图 5-1-8 所示。

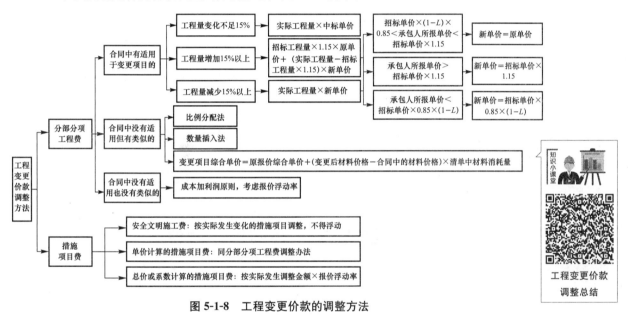

图 5-1-8　工程变更价款的调整方法

五、现场签证

现场签证不包含在施工合同和图纸中，也不像实际变更文件有一定的程序和正式手续。其特点是临时发生、内容零碎、没有规律性，但却是施工阶段投资控制的重点，也是影响工程投资的关键因素之一。

(一)目前现场签证存在的常见问题

(1)应当签证的未签证。由于有些发包人在施工过程中随意性较强，施工中经常改动一些部位，即无设计变更，也不办理现场签证，结算时往往发现补办签证困难，引起纠纷。还有一些承包人不清楚哪些费用需要进行签证，缺少签证的意识。

(2)不规范签证。现场签证一般情况下要发包人、监理人和承包人三方共同签字才能生效。缺少任何一方都属于不规范签证，不能作为结算和索赔依据。

(3)违反规定的签证。有的承包人采取不正当手段，获得一些违反规定的签证，这类签证也是不应被认可的。

(二)针对现场签证常见问题的处理方法

(1)熟悉合同。把熟悉合同作为投资控制工作的主要环节，应特别注意有关投资控制的合同条款。

(2)及时处理。一方面由于工程建设自身的特点，很多工序会被下一道工序覆盖；另一方面参加建设的各方人员都有可能变动，因此，现场签证应当做到一次一签，一事一签，及时处理。

(3)签证要客观公正。要实事求是地办理签证，维护发承包双方的合法权益。

(4)签证代表要有资格。各方签证代表要有一定的专业知识，熟悉合同和有关文件、法规、规范和标准，应具有国家有关部门颁发的有关资格证书和上岗证书。

(5)签证内容要明确，项目要齐全。签证中要注明时间、地点、工程部位、事由，并附上计算简图、标明尺寸、注上原始数据。

【例 5-1-9】 某施工单位砌 2 m 高的围墙办理签证如下："应甲方要求用 M2.5 水泥砂浆砌筑 2 m 高围墙 85 m³"。这个签证项目不齐全，因为砌围墙还需要平整场地、搭设脚手架、抹水泥砂浆面等工作，可是签证中并未详细说明，势必影响后期的结算。

(6)防止签证内容重复。特别是与预算定额中规定相重复的签证项目，不应再要求签证。

【例 5-1-10】 施工单位在某工程中回填土套用某地区 03 定额的 8-1 子目后，又要求办理土方的双轮车场内运费(运距为 100 m)的签证。因为定额的工作内容中明确素土垫层已经包括了 150 m 的运距，所以承包商该要求属于重复签证。

【企业案例 5-2】 某施工合同中关于现场签证的约定。(扫描二维码)

企业案例 5-2

第二节　合同价款调整

知识目标

掌握合同价款的调整事项。

能力目标

会对引起合同价款的各类事项进行调整。

合同价款调整是指在合同价款调整因素出现后，发承包双方根据合同约定，对合同价款进行变动的提出、计算和确认。

合同价款调整程序

一、合同价款调整程序

《建设工程工程量清单计价规范》(GB 50500—2013)中对合同价款调整程序有具体规定，如图 5-2-1 所示。

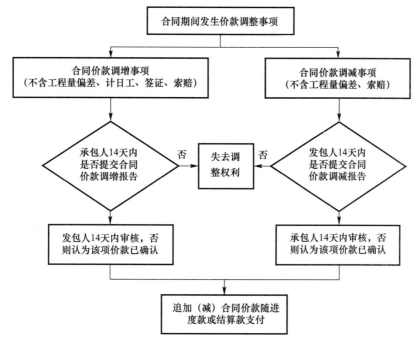

图 5-2-1　合同价款调整程序

二、合同价款调整的事项

《建设工程工程量清单计价规范》(GB 50500—2013)中规定了发承包双方按照合同约定调整的 14 个事项，大致分为五类，如图 5-2-2 所示。其中工程变更及现场签证在第一节中已讲述，本节不再赘述。

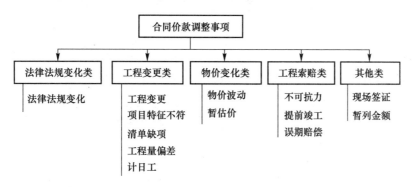

图 5-2-2　合同价款调整事项

(一)法律法规变化引起的合同价款调整

法律法规变化属于发包人完全承担的风险，因此在合同签订时，应事前约定风险分担原则，详细规定调价范围、基准日期、价款调整的计算方法等；政策性调整发生后，应按照事前约定的风险分担原则确定价款调整的数额，如在施工期内出现多次政策性调整现象，最终的价款调整数额应依据调整时间分阶段计算。

法律法规变化引起
合同价款调整

1. 法律法规变化引起合同价款调整的范围

根据《建设工程工程量清单计价规范》(GB 50500—2013)规定，引起合同价款调整的法律法规变化总共有三类：国家法律、法规、规章和政策；省级或行业建设主管部门发布的价格指导信息；政府定价或政府指导价的原材料。

2. 法律法规变化引起合同价款调整的原则

根据《建设工程工程量清单计价规范》(GB 50500—2013)规定可知，法律法规的变化属于发包人承担的风险，但并不是说任何时候发生这三类情况都要调整合同价款，是否调整还要根据风险划分界限来判断。风险划分是以基准日为界限的，如图5-2-3所示。

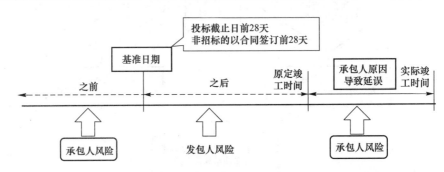

图 5-2-3　法律法规变化风险分担图

企业案例 5-3

【企业案例 5-3】　某工程 4 月 1 日投标截止，4 月 8 日开标，4 月 28 日发承包双方签订合同。合同约定 4 月 28 日为基准日期。而 3 月 25 日当地工程造价管理机构发布新的价格信息，发承包双方因是否可以调价发生纠纷。问题：此情况是否可以调价？

3. 法律法规变化引起合同价款调整的方法

(1)法律法规变化引起原报价中的规费、税金、措施费中的安全文明施工费的调整。由于规费、税金和安全文明施工措施费为不可竞争性费用，因此当法律法规变化对规费、税金和措施费中的安全文明施工费进行调整时，发承包双方应按相关调整方法进行合同价款的调整。

(2)省级或行业建设主管部门发布的政策性文件引起人工费的调整。根据《建设工程工程量清单计价规范》(GB 50500—2013)第 3.4.2 条的规定，省级或行业建设主管部门发布的人工费调整(投标报价中的人工费或人工单价高于发布的除外)，应由发包人承担。由此可知：

1)当承包人投标报价中的人工费或人工单价小于新发布的人工成本信息时，用新的人工成本信息减去旧的人工成本信息。

2)当承包人投标报价中的人工费或人工单价大于新发布的人工单价时，不予调整。

【例 5-2-1】　根据例 5-1-8 条件和相关规定，调整并计算该工程土建分部分项工程费中的人工差价应为多少？

解：人工差价应为：(865 200.00÷50)×(76－53)＝397 992.00(元)

(3)由政府定价或政府指导价管理的原材料等价格发生变化。根据《建设工程工程量清单计价规范》(GB 50500—2013)附录 A.2 的规定，施工期内，因人工、材料和工程设备、施工机械台班价格波动影响合同价格时，人工、机械使用费按照国家或省、自治区、直辖市建设行政管理部门、行业建设管理部门或其授权的工程造价管理机构发布的人工成本信息、机械台班单价或机械使用费系数进行调整。

例题 5-2-1 讲解

由此可知，政府定价或政府指导价管理的原材料等价格发生变化时，以调价差的方式调整相应的合同价款，即已经包含在物价波动事件的调价公式中，不再单独予以考虑。

【企业案例 5-4】 某道路排水工程新建提升泵站一座，新增排污能力为 2 200 m/日，铺设排水管道为 2 958 m，工期为 2015 年 6 月—2016 年 6 月。通过招标，某市政建设公司中标。施工中由于承包商购买的预定钢筋混凝土管道供货不及时和承包商其他的原因，导致工期延误 5 个月，实际竣工日期为 2016 年 11 月。施工期间，当地政府文件对 2016 年 7 月 1 日以后工程税率由 3.45% 调整到 3.48%。结算时，承包商将税率按调整后的税率 3.48% 计算，报审税费共 247.92 万元，审计部门认为虽然政府规定税率进行了调整，但是调整日期在原定竣工日期之后，而工期延误的原因是承包商造成的，认定税率按 3.45% 计算共 245.78 万元。问题：审计部门的审定意见是否正确？为什么？

企业案例 5-4

【企业案例 5-5】 三合公司和蓝山建筑公司签订的施工合同约定：合同造价包干，总承包人应负责支付一切在工程期间由于政府法律变化而产生的费用。施工期间，当地政府消防主管部门修订了工程消防验收办法，新增了消防技术测试项目，作为竣工验收的组成部分，需要增收消防预检费。蓝山建筑公司承担了该消防预检费。在竣工结算过程中，三合公司提出按照合同约定，消防预检费应由蓝山建筑公司承担。蓝山公司则认为消防预检费不属于施工单位在工程期间应承担的常规试验，不应承担相应费用。双方对此多次协商，但未达成一致。蓝山公司以拖欠工程款为由向法院起诉。

企业案例 5-5

🔊 **知识拓展**

针对当地建筑市场一定时期的特殊情况，各地建设行政主管部门会颁布一些调价文件，如《关于加强建设工程人工、材料要素价格风险控制的指导意见》《关于妥善处理建设工程材料价格异常波动问题确保工程质量安全的通知》等。这类文件多为指导性意见，并不具有强制性，所以，发承包双方签订合同时要注意约定。如约定："建筑材料价格风险因素适用当地行政主管部门的调价文件""遇特殊情况下，可有条件地适用当地行政主管部门的调价文件"。承包人在投标时可仔细研究当地造价文件，尽量促使合同引用这些文件、适用这些文件，为低价中标后的高结算助力。

【任务 5-2-1】

任务 5-2-1
习题解答

1. 为了合理划分发承包双方的合同风险，施工合同中应当约定一个基准日。对于实行招标的建设工程，一般以（ ）前的第 28 天作为基准日。
   A. 投标截止时间　　　　　　B. 招标截止日
   C. 中标通知书发出　　　　　D. 合同签订

2. 工程延误期间，因国家法律、行政法规发生变化引起工程造价变化的，则（ ）。
   A. 承包人导致的工程延误，合同价款均应予调整
   B. 发包人导致的工程延误，合同价款均应予调整
   C. 不可抗力导致的工程延误，合同价款均应予调整
   D. 无论何种情况，合同价款均应予调整

3. 关于法律法规政策变化引起合同价款调整的说法中，下列正确的是（　　）。
   A. 因国家法律、法规、规章和政策发生变化影响合同价款的风险，发承包双方可以在合同中约定共同承担
   B. 因国家法律、法规、规章和政策发生变化影响合同价款的风险，发承包双方可以在合同中约定由承包人承担
   C. 建设工程一般以建设工程施工合同签订前的第28天作为基准日
   D. 如果有关价格（如人工、材料和工程设备等价格）的变化已经包含在物价波动事件的调价公式中，则不再予以调整

（二）项目特征描述不符引起的合同价款调整

1. 项目特征描述不符的主要表现

项目特征描述不符
引起合同价款调整

项目特征是构成分部分项工程项目、措施项目自身价值的本质特征。由此可知，项目特征是区分清单项目的依据；是确定综合单价的前提；是履行合同义务的基础。

实践中，项目特征不符主要表现在以下几个方面：

（1）招标工程量清单与实际施工要求不否。例如，某办公楼工程，招标时墙体的清单特征描述为 M5.0 水泥砂浆砌筑清水砖墙厚 240 mm，实际施工图纸中该墙体为 M5.0 混合砂浆砌筑混水墙厚 240 mm。

（2）清单项目特征的描述与实际施工要求不符。例如，在进行实心砖墙的特征描述时，要从砖品种、规则、强度等级、墙体类型、墙体厚度、勾缝要求、砂浆强度等级等方面描述，其中任何一项描述错误都会构成对实心砖墙项目特征的描述与实际施工要求不符。

项目特征描述不符的形成原因主要有以下几项：

（1）工程量清单编制人员主观因素。例如，项目特征描述与设计图纸不符、计算部位表述不清晰、材料规格描述不完整、工程做法简单指向图集代码。

（2）招标时施工图的设计深度和质量问题。这主要是设计人员责任。

（3）项目特征描述方法不合理。主要表现在对项目特征进行描述时没有明确的工作目标和要求以及合理的描述程序，造成项目特征描述不准确。

2. 项目特征描述不符的责任划分

根据《建设工程工程量清单计价规范》（GB 50500—2013）规定可知，发包人在招标工程量清单中对项目特征的描述应被认为是准确和全面的，并且与实际施工要求相符合。承包人应按图纸施工。若施工图纸与项目特征描述不符，发包人应承担该风险导致的损失。

3. 项目特征描述不符调整价款的方法

招标投标过程中，承包人发现项目特征不符时应及时与发包人沟通，请发包人对该问题予以澄清。在施工过程中，发现项目特征描述与实际不符，应按变更程序，由承包人提出争议的地方，并上报发包人新的方案，并要求直到其改变为止。经发包人同意后，承包人应按照实际施工的项目特征按照"第一节工程变更引起分部分项工程费变化的调整方法"，重新确定新的综合单价，调整合同价款。

发包人在投标须知中要求承包人对招标工程量清单进行审查，补充漏项并修正错误，否则，视为投标人认可工程量清单，如有遗漏或者错误，则由投标人自行负责，履行合同过程中不会因此调整合同价款。这种看法是错误的，即使承包人对在招标工程量清单进行了审查并且没有提出异议，但并不意味着承包人应承担此项风险。所以，发包人在编制招标工程量清单时，应确保项目特征的准确性与全面性。

即使项目特征描述的准确性与全面性是由发包人负责的，但在出现项目特征与施工图纸不符时，承包人也不应进行擅自变更，直接按照图纸施工，而应先提交变更申请，再进行变更，否则擅自变更的后果很可能与发包人产生纠纷。

【例 5-2-2】 某学院教学楼，招标工程量清单中出现以下两种情况：

(1)混凝土梁清单的项目特征描述为 C25，图纸设计是 C30；

(2)混凝土板清单的项目特征描述为 C35，图纸设计是 C30，施工中设计院变更为 C25。以上两种情况如何计价？

解：(1)此情况属于项目特征清单描述与设计图纸不符，但 C25 和 C30 混凝土采用的材料、施工工艺和方法基本相似，也不会增加关键线路上工程的施工时间，可参考类似的项目单价，仅将 C25 混凝土价格替换为 C30 价格，其余不变，组成新的综合单价。

(2)此情况属于项目特征描述与实际施工不符。同样适用"已标价工程量清单中没有适用但有类似的，在合理范围内参照类似项目的单价"的原则，将 C25 混凝土价格替换为 C30 价格，其余不变，组成新的综合单价。

【例 5-2-3】 某工程的砖基础项目，招标工程量清单描述见表 5-2-1。

表 5-2-1　砖基础工程量清单

项目编码	项目名称	项目特征	计量单位	工程量	工程内容
010401001001	砖基础	1. 烧结普通砖 2. 条形基础 3. 基础厚度 370 mm 4. 砖基础高度 1.5 m 5. M7.5 水泥砂浆	m^3	150	1. 砂浆制作运输 2. 砌砖 3. 材料运输

承包商投标报价中该项的综合单价为 360 元/m^3，其中人工费单价为 76 元/工日，管理费费率为 5.1%、利润率为 6%。承包商施工时发现施工图中砖基础需要水平防潮层(抹 20 mm 厚 1∶2 水泥砂浆，掺防水粉)，应如何处理？已知工程所在地现行消耗量定额中防潮层项目见表 5-2-2。招标投标时当地工程造价管理机构发布的信息价格中 1∶2 水泥砂浆为 150 元/m^3，素水泥浆为 120 元/m^3，防水粉为 15 元/kg，灰浆搅拌机为 460 元/台班。

表 5-2-2 消耗量定额中防潮层项目

工作内容：清理基层、调配砂浆、铺抹砂浆养护　　　　　　　　　　　　　　　10 m²

定额编号		6—2—5
项目		防水砂浆 20 mm 厚
名称	单位	数量
人工 综合工日	工日	1.08
材料 水泥砂浆 1：2	m³	10.202 0
素水泥浆	m³	0.010 0
防水粉	kg	6.630 0
机械 灰浆搅拌机	台班	0.035

解： 此情况属于项目特征描述与图纸不符，投标时已标价工程量清单中无法找到适用和类似的项目单价，承发包双方应协商新的综合单价。

防潮层工程量为：150÷1.5＝100（m²）

套定额 6—2—5，防水砂浆防潮层 10（10 m²），工料分析后人材机价格为

人工：10×1.08×76＝820.8（元）

水泥砂浆 1：2：10×10.202×150＝15 303（元）

素水泥浆：10×0.01×120＝12（元）

防水粉：10×6.63×15＝994.5（元）

灰浆搅拌机：10×0.035×460＝161（元）

人材机费用合计：820.8＋15 303＋12＋994.5＋161＝17 291.3（元）

管理费：17 291.3×5.1%＝881.86（元）

利润：（17 291.3＋881.86）×6%＝1 090.39（元）

该防潮层项目总费用：17 291.3＋881.86＋1 090.39＝19 263.55（元）

调整后砖基础新综合单价：（150×360＋19 263.55）÷150＝488.42（元/m³）

（三）工程量清单缺项引起的合同价款调整

知识小课堂

工程量清单缺项引起的合同价款调整

1. 工程量清单缺项的原因及主要表现

导致工程量清单缺项的原因，一是设计变更；二是施工条件改变；三是工程量清单编制错误。实践中，工程量清单缺项主要表现在以下几个方面：

（1）若施工图表达出的工程内容，在现行国家计量规范的附录中有相应的"项目编码"和"项目名称"，但清单并没有反映出来，则应当属于清单漏项。

（2）若施工图表达出的工程内容，虽然在现行国家计量规范附录及清单中均没有反映，理应由清单编制者进行补充的清单项目，也属于清单漏项。

（3）若施工图表达出的工程内容，虽然在现行国家计量规范附录的"项目名称"中没有反映，但在招标工程量清单项目已经列出的某个"项目特征"中有所反映，则不属于清单漏项，而应当作为主体项目的附属项目，并入综合单价计价。

2. 工程量清单缺项的责任划分

根据《建设工程工程量清单计价规范》（GB 50500—2013）规定，由于招标人应对招

标文件中工程量清单的准确性和完整性负责，故工程量清单缺项导致的变更引起合同价款的增减，应由发包人承担此类风险。

3. 工程量清单缺项引起合同价款调整的方法

工程量清单缺项会引起分部分项工程费和措施费发生变化，其调整方法如图 5-2-4 所示。其中综合单价的调整按照"第一节工程变更引起分部分项工程费变化的调整方法"执行。

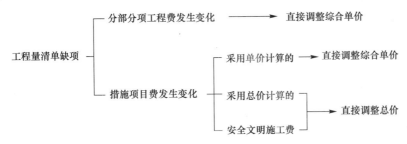

图 5-2-4　工程量清单缺项引起合同价款调整的方法

措施项目费调整流程如图 5-2-5 所示。

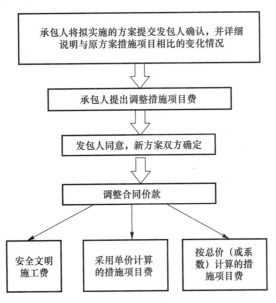

图 5-2-5　措施项目费调整流程

【**例 5-2-4**】　某工程图纸中有 C25 混凝土圈梁 23 m³，但招标工程量清单中缺少该项目，应如何处理？

解：招标工程量清单缺项的风险由发包人承担，承包人应按照工程变更中关于分部分项工程费的调整方法，调整合同价款，引起措施项目变化时应同时调整措施费。经查阅招标投标时基础资料，承包商投标报价中人工费单价为 76 元/工日，管理费费率为 5.1%、利润率为 6%。招标投标时当地工程造价管理机构发布的信息价格中 C25 混凝土为 350 元/m³，水费为 1 元/m³，草袋为 3 元/m²，混凝土振捣器为 360 元/台班。工程所在地现行消耗量定额中圈梁相关定额项目见表 5-2-3。

例题 5-2-4 讲解

表 5-2-3　消耗量定额中圈梁项目

工作内容：混凝土浇筑、振捣、养护　　　　　　　　　　　　　　　　　　10 m²

定额编号			4-2-26
项目			圈梁
名称		单位	数量
人工	综合工日	工日	21.61
材料	现浇混凝土 C25	m³	10.15
	草袋	m²	8.260 0
	水	m³	1.670 0
机械	混凝土振捣器	台班	0.670 0

套用定额 4－2－26，C25 混凝土圈梁 2.3(10 m³)，工料分析后人材机价格为：

人工：2.3×21.61×76＝3 777.43(元)

现浇混凝土 C25：2.3×10.15×350＝8 170.75(元)

草袋：2.3×8.26×3＝57.0(元)

水：2.3×1.67×1＝3.84(元)

混凝土振捣器：2.3×0.67×360＝554.76(元)

人材机费用合计：3 777.43＋8 170.75＋57.0＋3.84＋554.76＝12 563.78(元)

管理费：12 563.78×5.1%＝640.75(元)

利润：(12 563.78＋640.75)×6%＝792.27(元)

该圈梁项目综合单价：(12 563.78＋640.75＋792.27)÷23＝608.56(元/m³)

圈梁项目缺失会引起混凝土模板的变化，因此还应调整措施费。由于混凝土模板属于单价措施项目，调整方法同圈梁混凝土项目，在此不再赘述。

任务 5-2-2
习题解答

【任务 5-2-2】

1. 招标工程量清单是招标文件的组成部分，其准确性由(　　)负责。

　　A. 招标代理机构

　　B. 招标人

　　C. 编制工程量清单的造价咨询机构

　　D. 招标工程量清单的编制人

2. 关于招标工程量清单缺项、漏项的处理说法中，下列正确的是(　　)。

　　A. 工程量清单缺项、漏项及计算错误带来的风险由发承包双方共同承担

　　B. 分部分项工程量清单漏项造成新增工程量的，应按变更事件的有关方法
　　　　调整合同价款

　　C. 分部分项工程量清单缺项引起措施项目发生变化的，应按与分部分项工
　　　　程相同的方法进行调整

　　D. 招标工程量清单中措施工程项目缺项，投标人在投标时未予以填报的，
　　　　合同实施期间不予增加

(四)工程量偏差引起的合同价款调整

1. 工程量偏差的含义

工程量偏差是指承包人按照合同工程的图纸(含经发包人批准由承包人提供的图纸)实施,按照现行国家计量规范规定的工程量计算规则计算得到的完成合同工程项目应予计量的工程量与相应的招标工程量清单项目列出的工程量之间出现的量差。

$$工程量偏差 = 应予计量的工程量 - 招标工程量 \tag{5-2-1}$$

2. 工程量偏差的责任划分

根据《建设工程工程量清单计价规范》(GB 50500—2013),发承包双方共同承担工程量偏差±15%以外引起的价款调整风险,发包人承担±15%以内的风险。

3. 工程量偏差引起合同价款调整的方法

由于工程量偏差引起合同价款调整时,应按照第一节"工程变更引起分部分项工程费变化的调整方法",重新确定新的综合单价,调整合同价款。

【例 5-2-5】 某工程项目招标工程量清单数量为 1 520 m³。问题:(1)施工中由于设计变更调增为 1 824 m³,增加 20%,该项目招标控制价综合单价为 350 元,投标报价为 406 元,应如何调整?(2)施工中由于设计变更调减为 1 216 m,减少 20%,该项目招标控制价综合单价为 350 元,投标报价为 287 元,应如何调整?

例题 5-2-5 讲解

解: (1)$406 \div 350 = 1.16$,偏差为 16%,综合单价调整为

$$350 \times (1 + 15\%) = 402.5(元) < 406(元),变更后综合单价为 402.5 元$$
$$S = 1.15 \times 1\ 520 \times 406 + (1\ 824 - 1.15 \times 1\ 520) \times 402.5$$
$$= 709\ 688 + 76 \times 402.5 = 740\ 278(元)$$

(2)综合单价不调整。

$$350 \times (1 - 6\%) \times (1 - 15\%) = 279.65(元) < 287(元),综合单价不调整$$
$$S = 1\ 216 \times 287 = 348\ 992(元)$$

【例 5-2-6】 某土方工程原计划土方量为 400 m³,因设计变更实际土方量为 480 m³,原定土方单价为 80 元/m³。施工合同约定:实际工程量超过计划工程量 15% 以上时超过部分按原单价的 90% 计算,计算该土方工程结算价。

解: $(480 - 400) \div 400 \times 100\% = 20\% > 15\%$,超过部分单价要调整。

土方结算价为:$400 \times 1.15 \times 80 + (480 - 400 \times 1.15) \times 80 \times 90\% = 38\ 240(元)$

【例 5-2-7】 某大学一栋学生宿舍楼项目的投标文件中,内墙乳胶漆抹灰项目工程量为 22 962.71 m²,综合单价为 19 元/m²。施工中,承包方发现各层宿舍房间的内置阳台内墙里面乳胶漆项目漏项,经监理工程师和业主确认,其工程量偏差为 4 320 m²。根据《建设工程工程量清单计价规范》(GB 50500—2013)的规定,发承包双方协商此项目综合单价调减为 18 元/m²。问题:计算内墙乳胶漆的最终结算款。

解: 实际工程量 $= 22\ 962.71 + 4\ 320 = 27\ 282.71(m^2)$

最终结算款为:$1.15 \times 22\ 962.71 \times 19 + (27\ 282.71 - 1.15 \times 22\ 962.71) \times 18$
$$= 517\ 495.90(元)$$

【任务 5-2-3】

1. 根据《建设工程工程量清单计价规范》(GB 50500—2013),当实际增加的工程量超过清单工程量 15% 以上,且造成按总价方式计价的措施项目发生变化的,应将( )。

   A. 综合单价调高,措施项目费调增

任务 5-2-3
习题解答

B. 综合单价调高，措施项目费调减

C. 综合单价调低，措施项目费调增

D. 综合单价调低，措施项目费调减

2. 某工程项目招标工程量清单数量为 1 520 m³，施工中由于设计变更调增为 1 824 m³，该项目招标控制价综合单价为 350 元，投标报价为 406 元，应如何调整？

(五)计日工引起的合同价款调整

1. 计日工的含义

计日工是指在施工过程中，承包人完成发包人提出的工程合同范围以外的零星项目或工作，按合同中约定的单价计价的一种方式。

计日工以完成零星工作所消耗的人工工时、材料数量、机械台班进行计量，并按照计日工表中填报的适用项目的单价进行计价支付。计日工适用的所谓零星工作一般是指合同约定之外的或者因变更而产生的、工程量清单中没有相应项目的额外工作，尤其是那些时间紧迫不允许事先商定价格的额外工作。计日工为额外工作和变更的计价提供了一个方便快捷的途径。

2. 计日工的计价表

《建设工程工程量清单计价规范》(GB 50500—2013)中计日工计价表见表 5-2-4。

表 5-2-4　计日工表

工程名称：　　　　　　　标段：　　　　　　　　　　　　第　页　共　页

编号	项目名称	单位	暂定数量	实际数量	综合单价/元	合价/元	
						暂定	实际
一	人工						
1							
人工小计							
二	材料						
1							
材料小计							
三	施工机械						
1							
施工机械小计							
四	企业管理费和利润						
总计							

3. 计日工的计价原则

(1)招标控制价中计日工的计价原则。由以上规定可知，在编制招标控制价时，计日工的"项目名称""计量单位""暂估数量"由招标人填写。

1)计日工单价的确定。对计日工中的人工单价和施工机械台班单价应按省级、行业建设主管部门或其授权的工程造价管理机构公布的单价计算；材料应按工程造价管理机构发布的工程造价信息中的材料单价计算，工程造价信息未发布材料单价的材料，其价格应按市场调查确定的单价计算。

2)计日工暂定数量的确定。计日工数量的主要影响因素有工程的复杂程度、工程设计质量及设计深度等。一般而言，工程较复杂、设计质量较低、设计深度不够(如招标时未完

计日工引起的
合同价款调整

成施工图设计），则计日工所包括的人工、材料、施工机械等暂定数量应较多；反之则少。计日工暂定数量的确定方法主要有经验法和百分比法两种。

①经验法：即通过委托专业咨询机构，凭借其专业技术能力与相关数据资料预估计日工的人工、材料、施工机械等使用数量。

②百分比法：即首先对分部分项工程的人、材、机进行分析，得出其相应的消耗量；其次，以人、材、机消耗量为基准按一定百分比取定计日工人工、材料与机械的暂定数量。如一般工程的计日工人工暂定数量可取分部分项人工消耗总量的1%；材料消耗主要是辅助材料的消耗，按不同专业人工消耗材料类别列项，按人工日消耗量计算材料暂定数量；施工机械的列项和计量，除考虑人工因素外，还要考虑各种机械消耗的种类，可按分部分项工程各种施工机械消耗量的1%取值；最后，按照招标工程的实际情况，对上述百分比取值进行一定的调整。

（2）投标报价中计日工的计价原则。编制投标报价时，计日工中的人工、材料、机械台班单价由投标人自主确定，按已给暂定数量计算合价计入投标总价中。

计日工单价的报价：如果是单纯报计日工单价，而且不计入总价中，可以报高一些，以便在招标人额外用工或使用施工机械时可多盈利。但如果计日工单价要计入总报价时，则需要具体分项是否报高价，以免抬高总报价。总之，要分析招标人在开工后可能使用的计日工数量，再来确定报价方针。

（3）结算时计日工的计价原则及程序。根据《建设工程工程量清单计价规范》(GB 50500—2013)规定，结算时计日工计价原则及程序如图5-2-6所示。

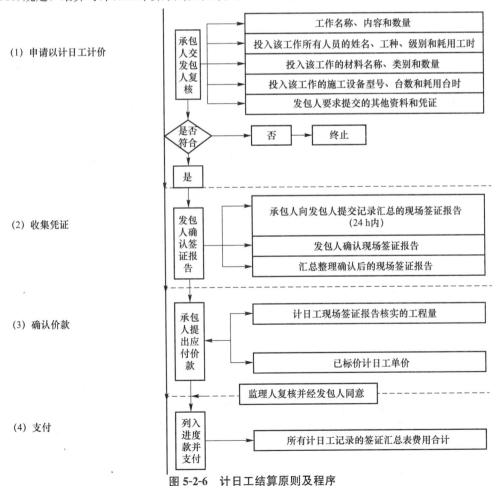

图 5-2-6　计日工结算原则及程序

(4)计日工中未约定人、材、机单价时的计算。《建设工程工程量清单计价规范》(GB 50500—2013)第9.7.4条规定:"任一计日工项目实施结束后,承包人应按照确认的计日工现场签证报告核实该类项目的工程数量,并应根据核实的工程数量和承包人已标价工程量清单中的计日工单价计算,提出应付价款;已标价工程量清单中没有该类计日工单价的,由发承包双方按本规范第9.3节的规定商定计日工单价计算。"

【例5-2-8】 根据《建设工程工程量清单计价规范》(GB 50500—2013),关于计日工的说法中,下列正确的是( )。

A. 招标工程量清单计日工数量为暂定,计日工费不计入投标总价

B. 发包人通知承包人以计日工方式实施的零星工作,承包人可以视情况决定是否执行

C. 计日工表的费用项目包括人工费、材料费、施工机械使用费、企业管理费和利润

D. 计日工金额不列入期中支付,在竣工结算时一并支付

【分析】 本题考查的是工程变更类合同价款调整事项。选项A错误,招标工程量清单计日工数量为暂定,计日工费计入投标总价;选项B错误,发包人通知承包人以计日工方式实施的零星工作,承包人应予执行;选项D错误,每个支付期末,承包人应与进度款同期向发包人提交本期间所有计日工记录的签证汇总表,以说明本期间自己认为有权得到的计日工金额,调整合同价款,列入进度款支付。

(六)物价波动引起的合同价款调整

物价波动引起的
合同价款调整

物价变化引起的合同价款调整可以看作是发承包双方的一种博弈。发包人通常倾向于不调价,因为允许调价增大了发包人承担的风险,增加了不确定性。而承包人则希望调价,以保障自身利益不受损害,甚至在物价波动引起的合同价款调整中实现盈利。这时,发承包双方就进入了一种僵持状态,博弈加剧,需要寻找一个双方都可以接受的均衡点。这个均衡点就是双方约定一个涨跌幅度,幅度以内不调价,承包人承担风险,幅度以外予以调价,发包人承担风险。这在《建设工程工程量清单计价规范》(GB 50500—2013)、《建设工程施工合同(示范文本)》(GF—2017—0201)中都有明确规定。根据规定,合同中无约定时,发承包双方应以±5%为风险分担点,进行合同价款调整。常用方法有价格指数调整法和造价信息调整法。

1. 采用价格指数调整价格差额

采用价格指数
调整价格差额

(1)适用范围。该方法主要适用于施工中所用的材料品种较少,但每种材料使用量较大的土木工程,如公路、水坝等。

(2)调整公式。价格指数法调整公式如下:

$$\Delta P = P_0 \left[A + \left(B_1 \times \frac{F_{t1}}{F_{01}} + B_2 \times \frac{F_{t2}}{F_{02}} + B_3 \times \frac{F_{t3}}{F_{03}} + \cdots + B_n \times \frac{F_{tn}}{F_{0n}} \right) - 1 \right] \tag{5-2-2}$$

式中 ΔP——需调整的价格差额;

P_0——约定的付款证书中承包人应得到的已完成工程量的金额。此项金额应不包括价格调整、不计质量保证金的扣留和支付、预付款的支付和扣回。约定的变更及其他金额已按现行价格计价的,也不计在内;

A——定值权重(即不调部分的权重);

$B_1,B_2,\cdots,B_n$——各可调因子的变值权重(即可调部分的权重)为各可调因子在投标函投标总报价中所占的比例;

$F_{t1},F_{t2},\cdots,F_{tn}$——各可调因子的现行价格指数,指约定的付款证书相关周期最后一天的前42天的各可调因子的价格指数;

F_{01}，F_{02}，…，F_{0n}——各可调因子的基本价格指数，指基准日期的各可调因子的价格指数。

(3)采用价格指数法调整的两个前提。

1)在投标函附录中要有指数和权重表，即合同中要约定 A、B_1，B_2，…，B_n、F_{t1}，F_{t2}，…，F_{tn}、F_{01}，F_{02}，…，F_{0n} 的数值。价格指数和权重表见表 5-2-5。

表 5-2-5　价格指数和权重

名称		基本价格指数		权　重			价格指数来源
		代号	指数值	代号	允许范围	投标人建议值	
定值部分				A			
变值部分	人工费	F_{01}		B_1	—至—		
	钢材	F_{02}		B_2	—至—		
	水泥	F_{03}		B_3	—至—		
	……	……		……	……		
合计						1.00	

2)合同中要约定当发生物价波动时采用价格指数法调整。物价波动引起合同价款调整的方法有三种，发承包双方要在合同中约定具体采用哪一种进行调整。当双方约定采用价格指数法时，物价波动超出约定幅度时才能用此方法进行合同价款调整。

(4)采用价格指数法调整的注意事项。

1)以上价格调整公式中的各可调因子、定值和变值权重，以及基本价格指数及其来源在投标函附录价格指数和权重表中约定。价格指数应首先采用工程造价管理机构提供的价格指数，缺乏上述价格指数时，可采用工程造价管理机构提供的价格代替。

2)工期延误后的价格调整。由于发包人原因导致工期延误的，则对于计划进度日期(或竣工日期)后续施工的工程，在使用价格调整公式时，应采用计划进度日期(或竣工日期)与实际进度日期(或竣工日期)的两个价格指数中较高者作为现行价格指数。由于承包人原因导致工期延误的，则对于计划进度日期(或竣工日期)后续施工的工程，在使用公式时，应采用计划进度日期(或竣工日期)与实际进度日期(或竣工日期)的两个价格指数中较低者作为现行价格指数。

【例 5-2-9】　某城区道路扩建项目进行施工招标，投标截止日期为 2011 年 8 月 1 日。通过评标确定招标人后，签订的施工合同总价为 80 000 万元，工程于 2011 年 9 月 20 日开工。施工合同中约定：

①预付款为合同总价的 5%，分 10 次按相同比例从每月应支付的工程进度款中扣还。

②工程进度款按月支付，进度款金额包括：当月完成的清单子目合同价款，当月确认的变更、索赔金额，当月价格调整金额，扣除合同约定应当抵扣的预付款和扣留的质量保证金。

③质量保证金从月进度付款中按 5% 扣留，最高扣至合同总价的 5%。

④工程价款结算时人工单价、钢材、水泥、沥青、砂石料及机械使用费采用价格指数法给承包商以调价补偿，各项权重系数及价格指数见表 5-2-6。

根据表 5-2-7 所列前四个月的完成情况，计算 11 月份应当实际支付给承包人的工程款数额。

例题 5-2-9 讲解

表 5-2-6　工程调价因子权重系数及价格指数

名称	人工	钢材	水泥	沥青	砂石料	机械费	定值部分
权重系数	0.12	0.10	0.08	0.15	0.12	0.10	0.33
2011 年 7 月指数	91.7	78.95	106.97	99.92	114.57	115.18	—
2011 年 8 月指数	91.7	82.44	106.8	99.13	114.26	115.39	—
2011 年 9 月指数	91.7	86.53	108.11	99.09	114.03	115.41	—
2011 年 10 月指数	95.96	85.84	106.88	99.38	113.01	114.94	—
2011 年 11 月指数	95.96	86.75	107.27	99.66	116.08	114.91	—
2011 年 12 月指数	101.47	87.8	128.37	99.85	126.26	116.41	—

表 5-2-7　该工程前四个月的完成情况　　　　　　万元

支付项目	9 月份	10 月份	11 月份	12 月份
截至当月完成的清单子目价款	1 200	3 510	6 950	9 840
当月确认的变更金额（调价前）	0	60	−110	100
当月确认的索赔金额（调价前）	0	10	30	50

解：11 月份完成合同价款为：$6\,950-3\,510=3\,440$（万元）

11 月份确认的变更和索赔金额均是调价前的，所以应当计算在调价基数内；基准日期为 2011 年 7 月 3 日，所以应当选取 7 月份的价格指数作为各可调因子的基本价格指数。根据以上分析，11 月份价格调整金额为

$$(3\,440-110+30)\times\left[\left(0.33+0.12\times\frac{95.96}{91.7}+0.1\times\frac{86.75}{78.95}+0.08\times\frac{107.27}{106.97}+0.15\times\right.\right.$$

$$\left.\left.\frac{99.66}{99.92}+0.12\times\frac{116.08}{114.57}+0.1\times\frac{114.91}{115.18}\right)-1\right]$$

$$=3\,360\times[(0.33+0.125\,6+0.109\,9+0.080\,2+0.149\,6+0.121\,6+0.099\,8)-1]$$

$$=56.11（万元）$$

11 月份应扣预付款：$80\,000\times5\%\div10=400$（万元）

11 月份应扣质量保证金：$(3\,440-110+30+56.11)\times5\%=170.81$（万元）

11 月份应当实际支付的进度款金额：$3\,440-110+30+56.11-400-170.81$
$$=2\,845.3（万元）$$

课后巩固

任务 5-2-4
习题解答

【任务 5-2-4】

1. 由于发包人原因导致工期延误的，对于计划进度日期后续施工的工程，在使用价格调整公式时，现行价格指数应采用（　　）。
   - A. 计划进度日期的价格指数
   - B. 实际进度日期的价格指数
   - C. A 和 B 中较低者
   - D. A 和 B 中较高者
2. 某工程约定采用价格指数法调整合同价款，具体约定见表 5-2-8 数据，本期完成合同价款为 1 584 629.37 元，其中，已按现行价格计算的计日工价款为 5 600 元，发承包双方确认应增加的索赔金额为 2 135.87 元，请计算应调整的合同价款差额。

表 5-2-8　工程调价因子权重系数及价格指数

序号	名称、规格、型号	变值权重 B	基本价格指数 F_0	现行价格指数 F_t
1	人工费	0.18	110%	121%
2	钢材	0.11	4 000 元/t	4 320 元/t
3	预拌混凝土 C30	0.16	340 元/m³	357 元/m³
4	页岩砖	0.05	300 元/千匹	318 元/千匹
5	机械费	0.08	100%	100%
	定值权重 A	0.42	—	—
	合计	1		

2. 采用造价信息调整价格差额

(1)适用范围。该方法主要适用于施工中所用的材料品种较多,相对而言每种材料使用量较小的房屋建筑与装饰工程。

(2)适用前提。

1)在合同中应明确调整材料价格依据的造价文件,以及要发生费用调整所达到的价格波动幅度。对需要进行调整的材料,发承包双方应根据产品质量、市场行情、当地造价管理机构发布的价格信息综合考虑其单价。

2)合同中要约定当发生物价波动时采用造价信息法调整。物价波动引起合同价款调整的方法有三种,发承包双方要在合同中约定具体采用哪一种进行调整。当双方约定采用造价信息法时,物价波动超出约定幅度时才能用此方法进行合同价款调整。

(3)人工费调整。根据《建设工程工程量清单计价规范》(GB 50500—2013)规定,人工费是按照不利于发包人原则进行调整:承包人人工费报价小于新人工成本信息时,人工费价差=新人工成本信息−原人工成本信息;承包人人工费大于新人工成本信息时,不调整。

人工费调整的主要依据是工程所在地的造价管理机构定期发布的造价文件,各地市发布的造价文件中调整人工费的形式不同,归纳起来有两类:一是规定人工费的计价系数,如天津市建设工程定额站发布的《基价调整——2011 年四季度人工费计价系数》中规定,计价系数为 1.714,计价基数为 08 预算基价人工工日单价;二是直接规定各人工工种的当期价格,如山东省定额站 2015 年《关于发布我省建设工程定额人工单价的通知》中规定,调整山东省建筑、安装、市政、园林绿化、房屋修缮、仿古建筑等各专业建设工程计价依据中的定额人工单价水平,由原来的 66 元/工日调整为 76 元/工日。

1)当规定人工费计价系数时。当造价机构发布了人工费调整的计价系数后,按合同约定人工费要按照造价信息进行调整的,发承包双方应对原投标报价中的人工单价乘以计价系数后得到新的人工单价。当确定了新的人工单价后,通常可采用以下两种方法调整工程价款:

①如果合同中有规定的原报价人工单价的,计算公式如下:

人工费调整额=(新的人工单价−原报价人工单价)×人工消耗量　　　(5-2-3)

②如果合同中规定有调价公式的,也可按照调价公式进行总价价差的调整。

【例 5-2-10】　某市地铁 1 号线定于 2014 年 8 月 20 日开工,2016 年 10 月 22 日竣工,发

承包双方合同约定：对因物价波动引起的人工费调整按工程施工期国家、省市发布的法律法规以及政策性调整文件进行调整，执行该省现行计价定额。由于建筑市场劳务实际价格有较大幅度的提高，燃油费、电价逐步上涨，该省现行计价定额人工明显偏低，省建设厅发布文件对现行计价定额的人工费进行调整，规定人工费调整从 2014 年 9 月 1 日起执行，调整方法是按单位工程 2014 年 9 月 1 日以后实际完成的实物量所对应的定额人工费合计乘以 10% 计算。问题：该工程人工费如何调整？

解： 根据合同及文件规定，该工程人工费属于调整范围，文件规定的调整方法是调价系数法。该省现行定额中人工单价为 49.07 元/工日，调整后人工单价为 49.07×110% = 53.98(元/工日)。人工费调整额为该工程 9 月 1 日以后实际完成的工程量中人工消耗量乘以 (53.98−49.07)。

2)当直接规定新人工单价时。当造价机构发布了各种新的人工单价时，按合同约定人工单价要按照造价文件的规定进行调整，计算公式如下：

$$人工费调整额 = (新的人工单价 − 原报价中的人工单价)×人工消耗量 \quad (5\text{-}2\text{-}4)$$

【例 5-2-11】 某工程总合同额为 1 700 万元，招标投标时，投标人人工单价报价为 53 元/工日，当时工程造价管理机构发布文件中的人工单价是 60 元/工日。后因为发包人原因造成推迟开工。开工时当地工程造价管理机构发布文件中的人工单价是 76 元/工日，发承包双方同意对人工费进行调价。承包人认为应按(76−53)调整，发包人认为应按(76−60)调整，双方发生争议。问题：人工费如何调整？

分析： 本工程人工费应该调整。因为开工时当地工程造价管理机构发布的人工费价格发生调整，此部分费用由发包人承担。投标时工程造价管理机构发布的人工单价是 60 元，承包人报价是 53 元，人工费存在差异，也就是说承包人愿意承担这部分人工费价差的风险，承担的风险价格为(60−53=7)，开工时承包人应继续承担该部分风险，不能因为物价波动而改变。开工时当地工程造价管理机构发布的人工单价是 76 元，因此承包人应继续承担(60−53=7)的风险，而发包人应承担(76−60)的上涨风险。

解： 发包人的计算方法正确。人工费调整为：76−60=16(元/工日)。

(4)材料费调整。根据《建设工程工程量清单计价规范》(GB 50500—2013)规定，材料费是按照不利于承包人的原则进行调整。

1)当承包人投标报价中材料单价低于基准单价时。这种情况下，投标时就存在材料价差，也就是说承包人愿意承担这部分材料价差的风险，承担的风险价格为(基准价−投标报价)。此时，双方约定的风险幅度计算公式为

$$风险上限 = 基准单价×(1+合同约定的风险幅度 5\%) \quad (5\text{-}2\text{-}5)$$
$$风险下限 = 投标报价×(1−合同约定的风险幅度 5\%) \quad (5\text{-}2\text{-}6)$$

施工中，当材料实际价格在风险上限和风险下限之间时，不调整材料价差；当材料实际价格大于风险上限时，材料调整额 = 材料实际价格 − 风险上限，为正值，调增；当材料实际价格小于风险下限时，材料调整额 = 材料实际价格 − 风险下限，为负值，调减。调整方法如图 5-2-7 所示。

【例 5-2-12】 某工程结算时，发生以下情况：该工程招标时当地造价管理部门发布的钢筋单价为 4 000 元/吨，承包商投标报价中钢筋单价为 3 900 元/吨，合同约定承包人承担 5% 的材料价格风险。施工中经发承包方共同考察后确认钢筋市场价为 4 400 元/吨，结算时双方对钢筋价格调整有了争议：

承包商认为调整后价格为：3 900+(4 400−3 900×1.05)=4 205(元/吨)
发包人认为调整后价格为：3 900+(4 400−4 000×1.05)=4 100(元/吨)

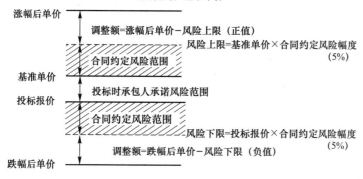

图 5-2-7　承包人投标报价中材料单价低于基准单价

你认为谁说的对?

解: 调整后价格应如图 5-2-8 所示。

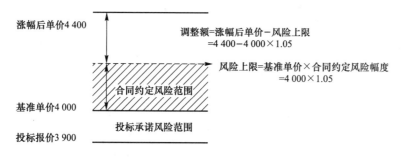

钢筋调整后价格=投标报价+调整价差额
＝3 900+（4 400−4 000×1.05）=4 100 （元/吨）

图 5-2-8　结算价格调整

因而发包人的意见正确。承包人计算错误的原因如图 5-2-9 所示。

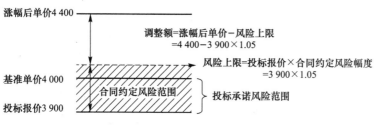

钢筋调整后价格=投标报价+调整额
＝3 900+（4 400−3 900×1.05）=4 205 （元/吨）

图 5-2-9　承包人计算错误的原因分析

2）当承包人投标报价中材料单价高于基准单价时。这种情况下,投标时即存在材料价差,也就是说发包人愿意承担这部分材料价差的风险,承担的风险价格为(投标报价−基准价)。此时,双方约定的风险幅度计算公式为

$$风险上限=投标报价×（1+合同约定的风险幅度 5\%） \tag{5-2-7}$$

$$风险下限=基准单价×（1−合同约定的风险幅度 5\%） \tag{5-2-8}$$

施工中，当材料实际价格在风险上限和风险下限之间时，不调整材料价差；当材料实际价格大于风险上限时，材料调整额＝材料实际价格－风险上限，为正值，调增；当材料实际价格小于风险下限时，材料调整额＝材料实际价格－风险下限，为负值，调减。调整方法如图5-2-10所示。

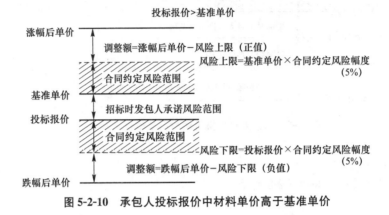

图 5-2-10　承包人投标报价中材料单价高于基准单价

【例 5-2-13】　某工程合同中约定承包人承担5％的商品混凝土价格风险。其预算用量为1 500 t，承包人投标报价为285元/t，同期行业部门发布的商品混凝土价格为280元/t，结算时该商品混凝土价格跌至2 600元/t，问题：计算该商品混凝土的结算价款。

解：发包人承诺的风险为285－280＝5(元/t)

商品混凝土单价调整额＝285＋(260－280×0.95)＝279(元/t)

商品混凝土结算价＝1 500×279＝418 500(元)

3)当承包人投标报价中材料单价等于基准单价时。这种情况下，投标时不存在材料价差，也就是说招投标时发承包双方都不承担材料价差的风险。此时，双方约定的风险幅度计算公式为

$$风险上限＝基准单价×(1＋合同约定的风险幅度5％) \qquad (5-2-9)$$

$$风险下限＝基准单价×(1－合同约定的风险幅度5％) \qquad (5-2-10)$$

施工中，当材料实际价格在风险上限和风险下限之间时，不调整材料价差；当材料实际价格大于风险上限时，材料调整额＝材料实际价格－风险上限，为正值，调增；当材料实际价格小于风险下限时，材料调整额＝材料实际价格－风险下限，为负值，调减。调整方法如图5-2-11所示。

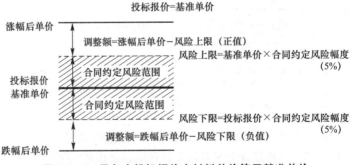

图 5-2-11　承包人投标报价中材料单价等于基准单价

1. 某建筑工程钢筋综合用量为 1 000 t。施工合同中约定，结算时对钢筋综合价格涨幅±5%以上部分依据造价处发布的基准价调整价格差额。承包人投标报价为 2 400 元/t，投标期、施工期造价管理机构发布的钢筋综合基准价格分别为 2 500 元/t、2 800 元/t，则需调增钢筋材料费用为（ ）万元。

A. 17.5　　　　B. 28.0　　　　C. 30.0　　　　D. 40.0

2. 施工合同中约定，承包人承担的钢筋价格风险幅度为±5%，超出部分依据《建设工程工程量清单计价规范》(GB 50500—2013)造价信息法调差。已知投标人投标价格、基准期发布价格分别为 2 400 元/t、2 200 元/t，2015 年 12 月、2016 年 7 月的造价信息发布价分别为 2 000 元/t、2 600 元/t。该两月钢筋的实际结算价格应分别为多少？

(4)机械费调整。机械费的调整方法同人工费。

(七)暂估价引起合同价款调整的方法

1. 暂估价的含义及特点

暂估价是指招标人在工程量清单中提供的用于支付必然发生但暂时不能确定价格的材料、工程设备的单价以及专业工程的金额。暂估价产生的根本原因是为了使确定的中标价更加科学合理。工程中有些材料、设备因为技术复杂或不能确定详细规格，或不能确定具体要求，其价格会难以一次确定，因而在投标阶段，投标人往往在该部分使用不平衡报价，调低价格而低价中标，损害发包人的利益。在招标投标阶段使用暂估价，可以避免投标人通过不平衡报价而低价中标，使其在同等水平上进行比价，更能反映出投标人的实际报价，使确定的中标价更加科学合理。

暂估价具有以下特点：

(1)是否适用暂估价及适用暂估价的材料、工程设备或专业工程的范围以及所给定的暂估价的金额，决定权完全在发包人。

(2)发包人在工程量清单中对材料、工程设备或专业工程给定暂估价的，该暂估价构成合同价的组成部分。

(3)在签订合同之后的合同履行过程中，发承包人还需按照合同所约定的程序和方式确定适用暂估价的材料、工程设备或专业工程的实际价格，并根据实际价格和暂估价之间的差额(含与差额相对应的税金等其他费用)来确定和调整合同价格。

2. 暂估价的适用情况

暂估价一般适用于：设计图纸和招标文件未明确材料品牌、规格及型号；同等质量、规格及型号，由于档次不一，市场价格悬殊；某些专业工程需要二次设计才能计算价格；某些项目由于时间仓促，设计不到位。具体分以下四种情况：

(1)材料价款有较大调整：主要是指材料用量很大，如钢筋、混凝土等；材料价格波动大，档次不一，价格差异大，如地面砖、石材等装饰材料。

(2)材料性质有特殊要求：主要是指用于工程关键部位、质量要求严格的材料，如钢材、防水材料、保温材料等；材料规格型号、质量标准及样式颜色有特殊要求的，如装修的面层材料、洁具等。

（3）工程设备价款有较大调整：主要是指设计文件和招标文件不能明确规定价格、型号和质量的工程设备，如电梯等；同等质量、规格及型号，但市场价格悬殊、档次不一的工程设备。

（4）专业工程定价不明确：包括两种情况：一是施工招标阶段，施工图纸尚不完善，需要由专业单位对原图纸进行深化设计后，才能确定其规格、型号和价格的成套设备或分包单位；二是某些总包单位无法自行完成，需要通过分包的方式委托专业公司完成的分包工程，如桩基工程、电梯安装、幕墙、外保温、消防、精装修、景观绿化等。

3. 暂估价计价原则

（1）招标控制价中暂估价计价原则。材料、工程设备暂估单价和专业工程暂估价均由发包人提供，为暂估价格。暂估价数量和拟用项目应结合工程量清单中的"暂估价表"予以补充说明。

（2）投标报价价中暂估价计价原则。编制投标报价时，材料、工程设备暂估单价必须按照招标人提供的暂估单价计入分部分项工程费用中的综合单价；专业工程暂估价必须按照招标人提供的其他项目清单中列出的金额填写。

（3）竣工结算中暂估价的计价原则。根据《建设工程工程量清单计价规范》（GB 50500—2013）规定，结算时暂估价调整方法见表 5-2-9。

表 5-2-9　暂估价引起的合同价款调整方法

项目	性质	合同价款调整方法	
给定暂估价的材料、工程设备	不属于依法必须招标项目	由承包人按合同约定采购，经发包人确认后以此为依据取代暂估价，调整合同价款	
	属于依法必须招标项目	由发承包双方以招标方式选择供应商，依法确定中标价格后，以此为依据取代暂估价，调整合同价款	
给定暂估价的专业工程	不属于依法必须招标项目	按工程变更的合同价款调整方法，确定专业工程价款，并以此为依据取代专业工程暂估价，调整合同价款	
	属于依法必须招标项目	承包人不参加投标的专业工程，应由承包人作为招标人，与组织招标工作有关的费用应被认为已经包括在承包人的投标总报价中	以中标价为依据取代专业工程暂估价，调整合同价款
		承包人参加投标的专业工程，应由发包人作为招标人，与组织招标工作有关的费用由发包人承担，同等条件下优先选择承包人中标	

知识拓展

确定暂估价材料、工程设备实际价格的方法主要有公开招标、邀请招标、询价、竞争性谈判、承包人提供价格发包人考察确认等。一般情况下，除大宗材料、设备（如电梯）用公开招标方式外，其他暂估价材料、工程设备宜用竞争性谈判或询价采购方式确定实际市场价格，以缩短采购准备时间。

课后巩固

任务 5-2-6
习题解答

关于施工期间合同暂估价的调整的说法中，下列正确的有(　　)。

　　A. 不属于依法必须招标的材料，应直接按承包人自主采购的价格调整暂估价

　　B. 属于依法必须招标的工程设备，以中标价取代暂估价

　　C. 属于依法必须招标的专业工程，承包人不参加投标的，应由承包人作为招标人，组织招标的费用一般由发包人另行支付

　　D. 属于依法必须招标的专业工程，承包人参加投标的，应由发包人作为招标人，同等条件下优先选择承包人中标

　　E. 不属于依法必须招标的专业工程，应按工程变更事件的合同价款调整方法确定专业工程价款

(八)不可抗力引起的合同价款调整

知识小课堂

不可抗力引起的
合同价款调整

不可抗力是指合同当事人在签订合同时不可预见，在合同履行过程中不可避免且不能克服的自然灾害和社会性突发事件，如地震、海啸、瘟疫、骚乱、戒严、暴动、战争以及当地气象、地震、卫生等部门规定的情形。由此可见，不可抗力事件具有自然性和社会性，必须同时满足四个条件：不能预见；一旦发生不能避免；不能克服；是客观事件。因此，发承包双方应当在合同专用条款中明确约定不可抗力的范围以及具体的判断标准。如几级地震、几级大风以上属于不可抗力。

不可抗力风险分担如图 5-2-12 所示。

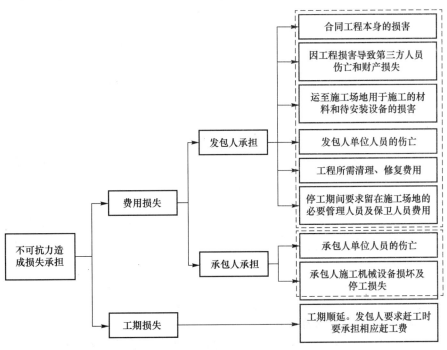

图 5-2-12　不可抗力造成损失的承担

【例 5-2-14】 某工程项目在一个关键工作面上发生了 4 项临时停工事件:

事件 1: 5 月 20 日至 5 月 26 日承包商的施工设备出现了从未出现过的故障。

事件 2: 应于 5 月 24 日交给承包商的后续图纸直到 6 月 10 日才交给承包商。

事件 3: 6 月 7 日到 6 月 12 日施工现场爆发泥石流。

事件 4: 6 月 11 日到 6 月 14 日该地区的供电全面中断。

承包商按规定的索赔程序针对上述 4 项临时停工事件向业主提出了索赔,试说明每项事件工期和费用索赔能否成立? 为什么?

解: 事件 1: 工期和费用索赔均不成立,因为设备故障属于承包商应承担的风险。

事件 2: 工期和费用索赔均成立,因为延误图纸交付时间属于业主应承担的风险。

事件 3: 泥石流属于不可抗力,双方共同分担风险,工期索赔成立,设备和人工的窝工费用索赔不成立。

事件 4: 工期和费用索赔均成立,因为停电属于业主应承担的风险。

【任务 5-2-7】

课后巩固

任务 5-2-7
习题解答

因不可抗力造成的损失,应由承包人承担的情形是( )。
A. 因工程损害导致的承包人人员伤亡　　B. 承包人的停工损失
C. 因工程损害导致的第三方人员伤亡　　D. 工程清理费用
E. 应监理人要求承包人照管工程的费用

不可抗力引起合同价款调整的依据及方法见表 5-2-10。

表 5-2-10　不可抗力引起合同价款调整的依据及方法

具体内容	承担者	计算方法
工程本身的损害及导致第三方人员伤亡和财产损失以及运至施工场地用于施工的材料和待安装设备的损害	发包人	实际损失
发承包双方人员伤亡	人员所在单位	实际支出
承包人的施工机械设备损坏及停工损失	承包人	分情况
停工期间应发包人要求留在施工场地的必要的管理人员及保卫人员的费用	发包人	实际支出
工程所需清理、修复费用	发包人	实际支出
工期	发包人	延长

表 5-2-10 中,承包人的施工机械设备损坏及停工损失计算要根据不同情况确定。当机械设备是自有时,按实际修理费用计算设备损坏费;当机械设备是租赁时,要按照与出租方的合同约定计算损坏或赔偿费用。对于停工损失,均按窝工考虑。

【例 5-2-15】 某施工合同约定,现场主导施工机械一台,由承包人租赁,台班单价为 200 元/台班,租赁费为 100 元/天,人员工资为 50 元/工日,窝工补贴为 20 元/工日,以人工费和机械费为基础的综合费费率为 30%。在施工过程中,发生了多年不遇的沙尘暴,影响造成施工单位机械损坏和人员窝工 2 天。问题:该事件应如何处理?

解: 多年不遇沙尘暴属于不可抗力,施工单位机械损坏和人员窝工损失由承包人自己承担,不能索赔费用。

【任务 5-2-8】

1. 下列在施工合同履行期间由不可抗力造成的损失中，应由承包人承担的是（ ）。
   A. 因工程损害导致的第三方人员伤亡
   B. 因工程损害导致的承包人人员伤亡
   C. 工程设备的损害
   D. 应监理人要求承包人照管工程的费用

2. 因不可抗力造成的损失，应由承包人承担的情形是（ ）。
   A. 因工程损害导致第三方财产损失
   B. 运至施工场地用于施工的材料的损害
   C. 承包人的停工损失
   D. 工程所需清理费用

3. 某工程屋面施工过程中因不可抗力而引起施工单位的供电设施发生火灾，使屋面保温工作延长 2 天，增加人工费 1.5 万元，其他损失费用 5 万元，则下列说法正确的是（ ）。
   A. 施工单位可获得费用补偿 6.5 万元，工期顺延 2 天
   B. 施工单位不能获得费用补偿，但工期可顺延 2 天
   C. 施工单位可获得费用补偿 6.5 万元，但工期不能顺延
   D. 施工单位不能获得费用补偿，也不能顺延工期

课后巩固

任务 5-2-8
习题解答

（九）提前竣工（赶工补偿）引起合同价款的调整

为了保证工程质量，承包人除根据标准规范、施工图纸进行施工外，还应当按照科学合理的施工组织设计，按部就班地进行施工作业。因为有些施工流程必须有一定的时间间隔，例如，现浇混凝土必须有一定时间的养护才能进行下一个工序，刷油漆必须等上道工序所刮腻子干燥后方可进行，所以，《建设工程质量管理条例》第 10 条规定："建设工程发包单位不得迫使承包方以低于成本的价格竞标，不得任意压缩合理工期"。当发包人要求提前竣工时应支付赶工补偿费。

知识小课堂

赶工费用与
赶工补偿

1. 提前竣工的含义

提前竣工（赶工）费是指承包人应发包人的要求而采取加快工程进度措施，使合同工程工期缩短，由此产生的应由发包人支付的费用。

实践中，提前竣工的原因通常有以下几项：

(1) 由于非承包商责任造成工期拖延，业主希望工程能按时交付，由业主指令承包商采取加速措施。

(2) 工程未拖延，由于市场等原因业主希望工程提前交付，与承包商协商采取加速措施。

(3) 由于发生干扰事件，已经造成工期拖延，业主直接指定承包商加速施工，并且最终确定工期拖延是业主原因，如不可抗力发生后业主为按期完工要求承包商加速施工。

在此情形下，提前竣工与赶工补偿是连为一体的，若没有提前竣工的事实则也不存在赶工补偿的问题。赶工补偿费是因发包人提前竣工的需求，承包人采取相关措施实施赶工，

209

为此发包人需要向承包人支付的合同价款增加额，因此，赶工补偿费是发包人对承包人提前竣工的一种补偿机制。赶工补偿费和赶工费是不同的。

2. 赶工费用与赶工补偿费的区别

（1）赶工费用是在合同签约之前，依照招标人要求压缩的工期天数是否超过定额工期的20％来确定，在招标文件中也有明示是否存在赶工费用。

（2）赶工补偿费是在合同签约之后，因发包人要求合同工程提前竣工，承包人因此不得不投入更多的人力和设备、采用加班或倒班等措施压缩工期，这些赶工措施可能造成承包商大量的额外花费，为此承包商有权获得直接和间接的赶工补偿。提前竣工每日历天应补偿的赶工补偿费用应在合同中约定，作为增加合同价款的费用，在竣工结算中一并支付。

赶工费和赶工补偿的区别如图5-2-13和表5-2-11所示。

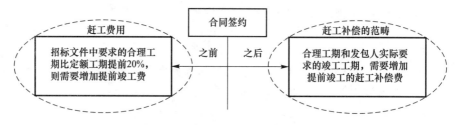

图 5-2-13　赶工费和赶工补偿的时间区别

表 5-2-11　提前竣工与赶工补偿的区别

项目	提前竣工	赶工补偿
概念	签约前因发包人的需求，发承包双方约定的合同工期，在少于定额工期内完成	开工后因发包人提出提前竣工的需求，承包人采取措施实施赶工，对此发包人需向承包人支付的合同价款的增加额。它是发包人对承包人提前竣工的一种补偿机制
区别	合同签约前，依据招标人要求合同约定的工期天数是否超过定额工期的20％来确定。在招标文件中已有明示是否存在赶工费用	合同签约后，因发包人要求合同工程提前竣工，为此承包商有权获得直接和间接的赶工补偿，一般没有约定，因而由此易发生索赔
法律属性	索赔	索赔
计算方法	提前日历天×合同约定每日历天赶工补偿额	赶工日历天×每日历天赶工补偿额

🔊 知识拓展

尽管发承包双方在合同中约定了建设工期，但由于建设工程的不确定性，往往会出现工程变更、双方违约行为、不可抗力等事件，导致工期顺延或延误，使得合同工程的建设工期呈现动态特点，出现了定额工期、实际工期、合同工期、顺延工期和延误工期等。

定额工期是指按照国家颁布的工期定额计算出的工期；合同工期是发承包双方在合同中约定的工期，法律规定应当依据工期定额合理计算工期，压缩的工期天数不得超过定额工期的20％，超过者应增加赶工费用；顺延工期是指因非承包人责任而延误了的工期，为可原谅的工期延误，引起原因为发包人或第三人，也可能是不可抗力事件，法律责任由发包人承担；延误工期是因承包人原因耽误的工期，为不可原谅的工期延误，法律责任由承包人承担；实际工期是工程从开工到竣工交付之间的总日历天数。

$$实际工期＝合同工期＋顺延工期＋延误工期 \qquad (5\text{-}2\text{-}11)$$

$$承包人应获得工期＝合同工期＋顺延工期 \qquad (5\text{-}2\text{-}12)$$

当承包人应获得工期＞0 时，表明延误工期＝0，承包人有取得提前竣工的赶工补偿费用的权利；当承包人应获得工期＜0 时，表明延误工期＞0，承包人不能取得提前竣工的赶工补偿费用的权利，还要承担工期延误的误期赔偿费。

当合同工期＜定额工期×80％时，表明发包人提出了超出合理工期的要求，应支付赶工费用。

3. 赶工补偿费计算

$$赶工补偿费＝每日历天赶工补偿额×赶工日历天 \qquad (5\text{-}2\text{-}13)$$

式中，每日历天赶工补偿额主要包括以下几项：

(1)人工费增加，例如新增加投入人工的报酬，不经济使用人工的补贴等；

(2)材料费的增加，例如可能造成不经济使用材料而损耗过大，材料提前交货可能增加的费用、材料运输费的增加等；

(3)机械费的增加，例如可能增加机械设备投入，不经济地使用机械等。具体计算见表5-2-12。

表 5-2-12　每日历天赶工补偿额的计算

可能的费用	说明	计算基础
人工费	业主指令工程加速造成增加劳动力投入，不经济使用劳动力使生产效率降低	报价中的人工费单价，实际劳动力使用量，已完成工程中劳动力计划用量
	节假日加班、夜班补贴	实际加班数，合同约定的加班补贴费
材料费	增加材料的投入，不经济地使用材料	实际材料用量，已完工程材料计划量，材料实际价款
	因材料需提前交货给供应商的补偿	实际支出
	改变运输方式	材料数量，实际运输价格，合同约定的材料价款
	材料代用	代用材料的数量差，价款差
机械费	增加机械使用时间，不经济地使用机械	实际费用，报价中机械费，实际租金等
	增加新设备的投入	新设备报价，新设备使用时间
企业管理费	增加管理人员的工资，增加人员的其他费用（福利、补贴、交通费、劳保等）	实际增加人数，月份，报价中的费率标准
	增加临时设施费	实际增加量，实际费用
	现场日常管理支出	实际开支数，原报价中包含的数量
其他	分包商索赔等	按实际支出计算
利润	承包商加速施工应合理获得的利润	按承包商实际应得的利润计算

任务 5-2-9
习题解答

【任务 5-2-9】

以下有关提前竣工的说法正确的是（   ）。

A. 发包人应当依据相关工程的工期定额合理计算工期，压缩的工期天数不得超过定额工期的 20%

B. 如果承包人实际竣工日期早于计划竣工日期，承包人有权向发包人提出并得到提前竣工天数和合同约定的每日历天应奖励额度的乘积计算的提前竣工奖励

C. 双方应当在合同中约定提前竣工奖励的最高限额

D. 发包人要求合同工程提前竣工，发包人无须征得承包人同意

E. 发包人要求合同工程提前竣工，发包人应承担承包人由此增加的赶工费

（十）误期赔偿引起合同价款的调整

1. 误期赔偿费的含义

误期赔偿费是指承包人未按照合同工程的计划进度施工，导致实际工期超过合同工期（包括经发包人批准的延长工期），承包人应向发包人赔偿损失的费用。性质是对承包人误期完工造成发包人损害的一种强有力的补救措施，是发包人对承包人的一种索赔，目的是为了保证合同目标的正常实现，保护业主的正当权利，实现合同公平、公正、自由的原则。因此误期赔偿不是罚款。

误期赔偿费是获得赔偿一方因对方违约而损失的额度，罚款则带有惩罚性质，通常大于实际损失。因此，合同约定的误期赔偿费标准明显高于业主损失的；或被认为带有惩罚性质，则有可能被法律认定此规定没有效力。

2. 误期赔偿费计算

$$误期赔偿费＝延误日历天数×每日历天约定的赔偿额 \qquad (5\text{-}2\text{-}14)$$

式中，延误日期天数就是延误工期，是不可原谅的延误工期。每日历天约定的赔偿额通常由发包人在招标文件中确定，发包人在确定时要考虑以下因素：

(1)由于本工程拖期竣工而不能使用，租赁其他建筑物时的租赁费用。

(2)继续使用原建筑物或租赁其他建筑物的维修费用。

(3)由于工程拖期而引起的投资（或贷款）利息。

(4)工程拖期带来的附加监理费。

(5)原计划项目使用后的收益落空部分，如过桥费、发电站的电费等。

【例 5-2-16】 某工程发承包双方签订的合同共有 3 栋楼，并约定承包人必须按合同期交工，否则每误期一天向开发商支付 20 000 元。在实际施工过程中，1 号楼和 2 号楼均已按期完成，3 号楼因承包人原因导致工期延误 5 天，3 号楼的价款占整个合同价款的 40%。则误期赔偿款应该如何确定？

解：按照合同约定 3 号楼的价款占整个合同价款的 40%，则 3 号楼导致的误期赔偿标准为 20 000×40%＝8 000（元/天），按合同约定的误期赔偿标准以及实际误期时间，误期赔偿款为：8 000×5＝40 000（元）。

【任务 5-2-10】

发承包双方可以在合同中约定误期赔偿费，明确每日历天应赔偿额度，以下有关说法正确的是（　　）。

A. 如果承包人的实际进度迟于计划进度，发包人有权向承包人索取并得到实际延误天数和合同约定的每日历天应赔偿额度的乘积计算的误期赔偿费，没有最高限额

B. 如果约定的误期赔偿费低于发包人由此造成的损失的，承包人仍按合同约定的误期赔偿费支付

C. 承包人支付误期赔偿费后，则可免除其应承担的责任

D. 误期赔偿费应按已颁发工程接收证书并未延误竣工日期单项（或单位）工程造价占合同价款的比例幅度予以扣减

课后巩固

任务 5-2-10
习题解答

第三节　工程索赔

　　工程索赔是指在工程合同履行过程中，当事人一方因非己方的原因而遭受经济损失或工期延误，按照合同约定或法律规定，应由对方承担责任，而向对方提出工期和（或）费用补偿要求的行为。索赔是合同双方依据合同约定维护自身合法利益的行为，它的性质属于经济补偿行为，而非惩罚。本书主要是从承包人索赔的角度进行阐述。

一、索赔分类

　　根据不同的分类标准，索赔可分为若干类型，具体如图 5-3-1 所示。

　　（1）工期索赔。由于非施工承包单位的原因导致施工进度拖延，要求批准延长合同工期的索赔，称为工期索赔。工期索赔形式上是对权利的要求，以避免在原定合同竣工日不能竣工时，被建设单位追究拖期违约责任。一旦获得批准合同工期延长后，施工承包单位不仅可免除承担拖期违约赔偿费的严重风险，而且可因提前交工获得奖励，最终仍反映在经济收益上。

　　（2）费用索赔。费用索赔是施工承包单位要求建设单位补偿其经济损失，当施工的客观条件改变导致施工承包单位增加开支时，要求对超出计划成本的附加开支给予补偿，以挽回不应由其承担的经济损失。

　　（3）工程延误索赔。因建设单位未按合同要求提供施工条件，如未及时交付设计图纸、施工现场、道路等，或因建设单位指令工程暂停或不可抗力事件等原因造成工期拖延的，施工承包单位对此提出索赔，这是工程实施中常见的一类索赔。

　　（4）工程变更索赔。由于建设单位或监理人指令增加或减少工程量或者增加附加工程、修改设计、变更工程顺序等，造成工期延长和费用增加，施工承包单位对此提出索赔。

　　（5）合同终止索赔。由于建设单位违约及不可抗力事件等原因造成合同非正常终止，施工承包单位因其蒙受经济损失而向建设单位提出索赔。

　　（6）加速施工索赔。由于建设单位或监理人指令施工承包单位加快施工速度，缩短工

期，引起施工承包单位人、财、物的额外开支而提出的索赔。

(7)不可预见的不利条件索赔。在工程实施过程中，因人力不可抗拒的自然灾害、特殊风险，以及一个有经验的施工承包单位通常不能合理预见的不利施工条件和外界障碍，如地下水、地质断层、溶洞、地下障碍物等引起的索赔。

(8)其他索赔。如因货币贬值、汇率变化、物价上涨、政策法令变化等原因引起的索赔。

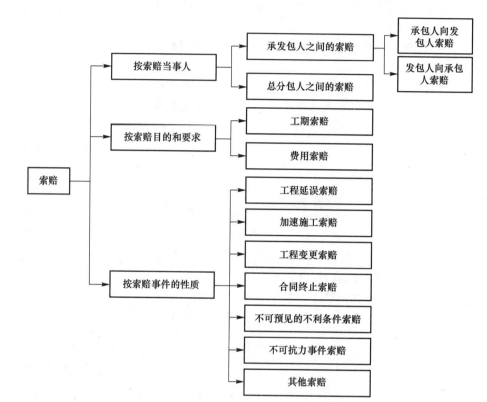

图 5-3-1　索赔分类

二、索赔成立条件

(1)索赔双方有合同关系，这是索赔前提。

(2)索赔事件已造成了承包人直接经济损失或工期延误。

(3)索赔费用增加或工期延误的事件是因非承包人的原因发生的。

(4)承包人已经按照工程施工合同规定的期限和程序提交了索赔意向通知书、索赔报告及相关证明材料。

三、常见施工合同条款中引起发承包双方的索赔事件

索赔的主要依据是合同，合同条款中明示或隐含了可以索赔的事件，熟悉这些事件及可补偿内容，是进行合理索赔的前提。《标准施工招标文件》中承包人的索赔事件及可补偿内容见表5-3-1。

表 5-3-1 《标准施工招标文件》中承包人的索赔事件及可补偿内容

序号	索赔事件	可补偿内容			原因
		工期	费用	利润	
1	延迟提供图纸	√	√	√	业主原因
2	延迟提供施工场地	√	√	√	
3	发包人提供材料、工程设备不合格或延迟提供或变更交货地点	√	√	√	
4	承包人依据发包人提供的错误资料导致测量放线错误	√	√	√	
5	因发包人原因造成工期延误	√	√	√	
6	发包人暂停施工造成工期延误	√	√	√	
7	工程暂停后因发包人原因无法按时复工	√	√	√	
8	因发包人原因导致承包人工程返工	√	√	√	
9	监理人对已经覆盖的隐蔽工程要求重新检查且检查结果合格	√	√	√	
10	因发包人提供的材料、工程设备造成工程不合格	√	√	√	
11	承包人应监理人要求对材料、工程设备和工程重新检验且检验结果合格	√	√	√	
12	发包人在工程竣工前提前占用工程	√	√	√	
13	因发包人违约导致承包人暂停施工	√	√	√	
14	施工中发现文物、古迹	√	√		非业主原因或非主观原因、未影响工作量
15	施工中遇到不利物质条件	√	√		
16	因发包人的原因导致工程试运行失败		√	√	补偿费用＋利润，未影响工期
17	工程移交后因发包人原因出现新的缺陷或损坏的修复		√	√	
18	异常恶劣的气候条件导致工期延误	√			发包人承担风险
19	因不可抗力造成工期延误	√			
20	承包人提前竣工		√		只影响费用，未造成工程量增加
21	提前向承包人提供材料、工程设备		√		
22	因发包人原因造成承包人人员工伤事故		√		
23	基准日后法律的变化		√		
24	工程移交后因发包人原因出现的缺陷修复后的试验和试运行		√		
25	因不可抗力停工期间应监理人要求照管、清理、修复工程		√		

通过对表 5-3-1 中事件类型的分析，可知由承包人原因引起发包人索赔的事件如图 5-3-2 所示；由甲方原因和甲方责任引起承包人索赔的事件如图 5-3-3 和图 5-3-4 所示。

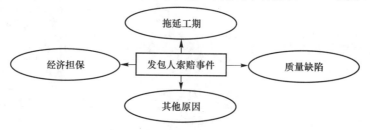

图 5-3-2　发包人索赔事件类型

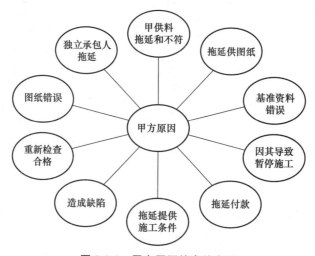

图 5-3-3　甲方原因的事件类型

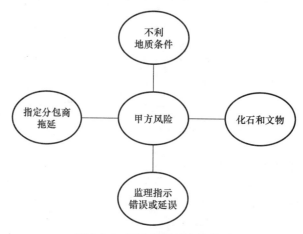

图 5-3-4　甲方责任的事件类型

企业案例 5-6

【企业案例 5-6】　某施工单位与建设方签订了固定总价合同，合同工期为 8 个月。建设方在施工方进入施工现场后，因资金紧缺，无法如期支付工程款，口头要求施工方暂停施工一个月，乙方也口头答应。工程按合同规定期限验收时，建设方发现工程质量有问题，要求返工。两个月后，返工完毕。结算时建设方认为施工方延迟交付工程，应按合同约定偿付逾期违约金。施工方认为临时停工是建设方要求的，乙方为抢工期，加快施工进度才出现了质

216

量问题。因此延迟交付的责任不在乙方。甲方则认为临时停工和不顺延工期是当时乙方答应的。乙方应履行承诺，承担违约责任。问题：此合同争议依据合同法律规范应如何处理？

四、索赔依据及原则

(一)索赔依据

提出索赔和处理索赔都要以文件和凭证作为依据，主要有以下几项：

(1)工程施工合同文件。工程施工合同是工程索赔中最关键和最主要的依据。工程施工期间，发承包双方关于工程的洽商、变更等书面协议或文件，也是索赔的重要依据。

(2)国家法律、法规。国家规定的相关法律、行政法规是工程索赔的法律依据。工程所在地的地方性法规或地方政府规章，也可以作为工程索赔的依据，但应当在施工合同专用条款中约定为工程合同的适用法律。

(3)国家、部门和地方有关的标准、规范和定额。对于工程建设的强制性标准，是合同双方必须严格执行的；对于非强制性标准，必须在合同中有明确规定约定情况下才能作为索赔的依据。

(4)工程施工合同履行过程中与索赔事件有关的各种凭证。这是承包人因索赔事件所遭受费用或工期损失的事实依据，它反映了工程的计划情况和实际情况。

(二)索赔原则

对表5-3-1中引起索赔的事件及可补偿内容进行分析，可知索赔事件原因不同，可索赔内容也不同，索赔时要遵循合理索赔原则，见表5-3-2。

表5-3-2　合同条款中承包人合理索赔原则

事件原因		工期	费用	利润	备注
业主因素		●	●	●	并非所有业主责任的事件都要索赔工期、费用、利润，只有该事件影响哪项，才能索赔相应项。如提前交材料和设备、要求提前设工、试运行失败、缺陷
客观因素	不处理无法施工	●	●		古物、不利物质条件
	暂时不能施工	●			异常恶劣气候、不可抗力

【任务 5-3-1】

1. 根据《标准施工招标文件》(2007年版)通用合同条款，承包人最有可能同时获得工期、费用和利润补偿的索赔事件是(　　)。
   A. 基准日后法律的变化
   B. 因发包人原因导致工程试运行失败
   C. 发包人提前向承包人提供工程设备
   D. 发包人在工程竣工前占用工程

2. 下列索赔事件引起的费用索赔中，可以获得利润补偿的有(　　)。
   A. 施工中发现文物　　　　　　B. 延迟提供施工场地
   C. 承包人提前竣工　　　　　　D. 延迟提供图纸
   E. 基准日后法律的变化

五、费用索赔计算

(一)费用索赔组成

对于不同原因引起的索赔,承包人可索赔的具体费用内容是不同的,但归纳起来,索赔费用的要素与工程造价的构成基本类似,包括人工费、材料费、机械费、现场管理费、总部管理费、保险费、保函手续费、利息、利润、分包费用等。

(1)人工费。人工费包括完成合同之外的额外工作所花费的人工费用;由于非承包商原因导致工效降低所增加的人工费用;超过法定工作时间加班劳动的人工费用;法定人工费增长;非承包商责任工程延期导致的人员窝工费和工资上涨费等。计算停工损失中,人工费通常按窝工考虑,以人工单价乘以折算系数,或者直接以窝工人工单价计算。

(2)材料费。材料费包括由于索赔事件的发生造成材料实际用量超过计划用量增加的材料费;由于发包人原因导致工程延期期间的材料价格上涨和超期储存费用。材料费中应包括运输费、仓储费及合理的损耗费用,如果由于承包商管理不善造成材料损坏失效,则不能列入索赔款项内。

(3)机械费。机械费主要包括由于完成合同之外的额外工作所增加的机械费;非因承包商原因导致功效降低所增加的机械使用费;由于发包人或工程师指令错误或延迟导致机械停工的台班停滞费。在计算机械设备台班停滞费时不能按机械设备台班费计算,因为台班费中包括设备使用费。如果机械设备是承包人自有设备,一般按台班折旧费、人工费与其他费之和计算;如果是承包人租赁的设备,一般按台班租金加上每台班分摊的施工机械进出场费计算。

(4)现场管理费。现场管理费包括承包人完成合同之外的额外工作以及由于发包人原因导致工期延期期间的现场管理费用,含管理人员工资、办公费、通信费、交通费等。

$$现场管理费索赔金额=索赔的直接成本费用×现场管理费费率 \qquad (5\text{-}3\text{-}1)$$

式中,现场管理费费率的确定可选用以下方法:

1)合同百分比法,即管理费费率在合同中规定;

2)行业平均水平法,即采用公开认可的行业标准费率;

3)原始估价法,即采用投标报价时确定的费率;

4)历史数据法,即采用以往相似工程的管理费费率。

(5)总部管理费。总部管理费主要是指由于发包人原因导致工程延期期间所增加的承包人向公司总部提交的管理费,包括总部职工工资、办公大楼折旧、办公用品、财务管理、通信设施以及总部领导人员赴工地检查指导工作等开支。总部管理费索赔金额的计算,目前没有统一的办法,通常可以采用按总部管理费的费率。

【例 5-3-1】 某工程合同价格为 5 000 万元,计划工期为 200 天,施工期间因非承包人原因导致工期延误 10 天。若同期该公司承揽的所有工程合同总价为 2.5 亿元,计划总部管理费为 1 250 万元,则承包人可以索赔的总部管理费为多少?

解: 延期工程应分摊的总部管理费为 $1\,250 \times \dfrac{5\,000}{25\,000} = 250$(万元)

延期工程的日平均总部管理费为 $\dfrac{250}{200} = 1.25$(万元)

索赔的总部管理费为 $10 \times 1.25 = 12.5$(万元)

(6)保险费。因发包人原因导致工程延期时,承包人必须办理工程保险、施工人员意外伤害保险等各项保险的延期手续。对于由此而增加的费用，承包人可以提出索赔。

（7）保函手续费。因发包人原因导致工程延期时，承包人必须办理相关履约保函的延期手续，对于由此而增加的手续费，承包人可以提出索赔。

（8）利息。利息包括发包人拖延支付工程款利息；发包人延迟退还工程质量保证金的利息；承包人垫资施工的垫资利息；发包人错误扣款的利息等。具体利息标准，双方可以在合同中约定，没有约定或约定不明的，按照中国人民银行发布的同期同类贷款利率计算。

（9）利润。一般来说，由于工程范围的变更，发包人提供的文件有缺陷和错误，发包人未能提供施工现场以及发包人违约导致合同终止等事件引起的索赔，承包人都可以列入利润。索赔利润的计算通常是与原报价中的利润百分率保持一致，但是应当注意的是，由于工程量清单中的综合单价已经包括了利润，因此在索赔计算中不应重复计算。同时，由于一些引起索赔的事件，也可能是合同中约定的合同价款调整因素，如工程变更、法律法规的变化以及物价变化等，因此对于已经进行了合同价款调整的索赔事件，承包人在索赔费用计算时不能重复计算。

（10）分包费用。由于发包人的原因导致分包工程费用增加时，分包人只能向总承包人提出索赔，但分包人的索赔款项应当列入总承包人对发包人的索赔款项中。分包费用索赔指的是分包人的索赔费用，一般也包括与上述费用类似的内容索赔。

索赔费用的组成内容见表5-3-3。

表5-3-3　索赔费用的组成内容

费用名称		具体计算说明
索赔费用的组成	人工费	在计算停工损失中的人工费时，通常采用"人工单价×折算系数"
	材料费	应包括运输费、仓储费以及合理的损耗费用。若由于承包商管理不善造成材料损坏失效，则不能列入索赔款项内
	机械费	承包人自有设备：按台班折旧费计算； 承包人租赁设备：按台班租金＋每台班分摊的施工机械进退场费
	现场管理费	索赔的直接成本费用×现场管理费费率
	总部管理费	两种方法：按总部管理费的比率计算；按已获补偿的延期天数为基础计算
	保险费	发包人原因导致工程延期时，承包人必须办理工程保险、施工人员意外伤害保险等各项保险的延期手续，由此而增加的费用，承包人可提出索赔
	保函手续费	因发包人原因导致工程延期时，承包人必须办理相关履约保函的延期手续，对于由此而增加的手续费，承包人可以提出索赔
	利息	具体的利率标准，双方可在合同中约定，无约定或约定不明的，可按中国人民银行发布的同期同类贷款利率计算
	利润	通常与原报价单中利润百分率保持一致
	分包费用	由于发包人的原因导致分包工程费用增加时，分包人只能向总承包人提出索赔，但分包人的索赔款项应当列入总承包人对发包人的索赔款项中

（二）费用索赔计算方法

费用索赔的计算应以赔偿实际损失为原则，包括直接损失和间接损失。常用方法包括实际费用法、总费用法、修正的总费用法。

（1）实际费用法。实际费用法又称分项法，即根据所赔事件所造成的损失或成本增加，按费用项目逐项进行分析，计算索赔金额的方法。这种方法比较复杂，但能客观地反映施工单位的实际损失，比较合理，易于被当事人接受，在国际工程中被广泛采用。

（2）总费用法。总费用法也称总成本法，即当发生多次索赔事件后，重新计算工程的实际总费用，再从该工程总费用中减去投标报价时的估算总费用，即为索赔金额。其计算公式如下：

$$索赔金额＝实际总费用－投标报价估算总费用 \qquad (5\text{-}3\text{-}2)$$

但是在总费用法的计算中，没有考虑实际费用中可能包括由于承包商的原因（如施工组织不善）而增加的费用，投标报价估算也可能由于承包人为谋取中标而导致过低的报价，因此总费用法并不十分科学，只有在难以精确地确定某些索赔事件导致的各项费用增加额时，总费用法才得以采用。

（3）修正的总费用法。修正的总费用法是对总费用法的改进，即在计算总费用的原则上，去掉一些不合理的因素，使其更为合理。修正的内容如下：

1）将计算索赔款的时段局限于受到外界影响的时间，而不是整个施工期；

2）只计算受影响时段内的某项工作所受影响的损失，而不是计算该时段内所有施工工作所受的损失；

3）与该项工作无关的费用不列入总费用中；

4）对投标报价费用重新进行核算：按受影响时段内该项工作的实际单价进行核算，乘以实际完成的该项工作的工程量，得出调整后的报价费用。

【例 5-3-2】 某施工合同约定，施工现场主导施工机械一台，由施工企业租赁，台班单价为 300 元/台班，租赁费为 100 元/台班，人工工资为 40 元/工日，窝工补贴为 10 元/工日，以人工费为基数的综合费率为 35％。施工过程中发生了如下事件：①出现异常恶劣天气导致工程停工 2 天，人员窝工 30 个工日；②因恶劣天气导致场外道路中断，抢修道路用工 20 工日；③场外大面积停电，停工 2 天，人员窝工 10 工日。为此，施工企业可向业主索赔费用多少？

解：①异常恶劣天气导致的停工通常不能进行费用索赔。

②抢修道路用工的索赔额：$20 \times 40 \times (1+35\%)=1\,080$（元）

③停电导致的索赔额：$2 \times 100+10 \times 10=300$（元）

总索赔费用：$1\,080+300=1\,380$（元）

课后巩固

任务 5-3-2
习题解答

【任务 5-3-2】

1. 当施工机械停工导致费用索赔成立时，台班停滞费用正确的计算方法是（ ）。

A. 按照机械设备台班费计算

B. 按照台班费中的设备使用费计算

C. 自有设备按照台班折旧费、人工费和其他费之和计算

D. 租赁设备按照台班租金计算

2. 某工程施工过程中发生如下事件：①因异常恶劣气候条件导致工程停工 2 天，人员窝工 20 个工作日；②遇到不利地质条件导致工程停工 1 天，人员窝工 10 个工日，处理不利地质条件用工 15 个工日。若人工工资为 200 元/工日，窝工补贴为 100 元/工日，不考虑其他因素。根据《标准施工招标文件》（2007 年版）通用合同条款，施工企业可向业主索赔的工期和费用分别是（ ）。

A. 3 天，6 000 元   B. 1 天，3 000 元

C. 3 天，4 000 元   D. 1 天，4 000 元

3. 某房屋基坑开挖后，发现局部有软弱下卧层。甲方代表指示乙方配合进行地质复查，共用工 10 个工日。地质复查和处理费用为 4 万元，同时工期延长 3 天，人员窝工 15 工日。若用工按 100 元/工日、窝工按 50 元/工日计算，则乙方可就该事件索赔的费用是(   )元。
    A. 41 250   B. 41 750
    C. 42 500   D. 45 250

4. 某工程合同价格为 5 000 万元，计划工期是 200 天，施工期间因非承包人原因导致工期延误 10 天，若同期该公司承揽的所有工程合同总价为 2.5 亿元，计划总部管理费为 1 250 万元，则承包人可以索赔的总部管理费为(   )万元。
    A. 7.5   B. 10
    C. 12.5   D. 15

5. 根据我国现行合同条件，关于索赔计算的说法中，下列正确的是(   )。
    A. 人工费索赔包括新增加工作内容的人工费，不包括停工损失费
    B. 发包人要求承包人提前竣工时，可以补偿承包人利润
    C. 工程延期时，保函手续费不应增加
    D. 发包人未按约定时间进行付款的，应按银行同期贷款利率支付延迟付款的利息

六、工期索赔计算

工期索赔一般是指承包人依据合同对由于因非自身原因导致的工期延误向发包人提出的工期顺延要求。

(一)工期索赔中应注意事项

(1)划清施工进度拖延的责任。因承包人的原因造成施工进度滞后，属于不可原谅的延期；只有承包人不应承担任何责任的延误，才是可原谅的延期。有时工期延期的原因中可能包含有双方责任，此时工程师应进行详细分析，分清责任比例，只有可原谅延期部分才能批准顺延合同工期。可原谅延期，又可细分为可原谅并给予补偿费用的延期和可原谅但不给予补偿费用的延期；后者是指非承包人责任的影响并未导致施工成本的额外支出，大多属于发包人应承担风险责任事件的影响，如异常恶劣的气候条件影响的停工等。

工期索赔中的
注意事项

(2)被延误的工作应是处于施工进度计划关键线路上的施工内容。只有位于关键线路上的工作内容的滞后，才会影响到竣工日期。但有时也应注意，既要看被延误的工作是否在批准进度计划的关键路线上，又要详细分析这一延误对后续工作的可能影响。因为若对非关键路线工作的影响时间较长，超过了该工作可用于自由支配的时间，也会导致进度计划中非关键路线转化为关键路线，其滞后将影响总工期的拖延。此时，应充分考虑该工作的自由时间，给予相应的工期顺延，并要求承包人修改施工进度计划。

(3)共同延误下的工期索赔的处理原则。在实际施工过程中，工期拖期很少是只由一方造成的，往往是由多种原因同时发生(或相互作用)而形成的，故称为"共同延误"。在这种情况下，通常应依据以下原则进行处理：

1)首先确定"初始延误"者,即判断最先造成拖期发生的责任方。"初始延误"者应对工程拖期负责。在初始延误发生作用期间,其他并发的延误者不承担拖期责任。

2)如果"初始延误者"是业主,则在业主造成的延误期内,承包商既可得到工期延长,又可得到经济补偿。

3)如果"初始延误者"是承包人,则在承包人造成的延误期内,既得不到工期延长,也得不到经济补偿。

4)如果"初始延误者"是客观原因,则在客观因素发生影响的时间段内,承包商可以得到工期延长,但很难得到费用补偿。

(二)工期索赔计算方法

1. 直接法

如果某干扰事件直接发生在关键线路上,造成总工期的延误,可直接将该干扰事件的实际干扰时间(延误时间)作为工期索赔。

2. 比例计算法

如果某干扰事件仅仅影响某单项、单位或分部分项工程的工期,要分析其对总工期的影响,常采用比例计算法,但该方法有时不符合实际情况,而且不适用于变更施工顺序、加速施工、删减施工量等事件的索赔。

已知受干扰部分工程的延期时间:

$$工程索赔值=受干扰部分工期拖延时间 \times \frac{受干扰部分工程的合同价格}{原合同总价} \qquad (5\text{-}3\text{-}3)$$

已知额外增加工程量的价格:

$$工程索赔值=原合同总工期 \times \frac{额外增加的工程量价格}{原合同总价} \qquad (5\text{-}3\text{-}4)$$

3. 网络图分析法

该方法是利用网络图分析其关键线路,通过分析干扰事件发生前和发生后网络计划的计算工期之差来计算工期索赔值,可以用于各种干扰事件和多种干扰事件共同作用所引起的工期索赔。

(1)如果延误工作为关键工作:索赔工期=延误的时间 $\qquad (5\text{-}3\text{-}5)$

(2)如果延误工作为非关键工作,分两种情况:

1)延误后成关键工作,索赔工期=延误时间—自由时差 $\qquad (5\text{-}3\text{-}6)$

2)延误后仍是非关键工作,不能索赔工期。

【例5-3-3】 某施工合同履行过程中,先后在不同时间发生了如下事件:因业主对隐蔽工程复检而导致某关键工作停工2天,隐蔽工程复检合格;因异常恶劣天气导致工程全面停工3天;因季节性大雨导致工程全面停工4天,则承包人可索赔的工期为多少天?

解: 干扰事件均影响到关键工作,但由于季节性大雨属于承包人可预料的事件,不能获得工期补偿。因此承包人可索赔工期为2+3=5(天)。

【例5-3-4】 某工程项目合同价为2 000万元,施工过程中受到外界的干扰使得工期拖延了20个月,该部分工程的合同价格为160万元,则承包商可提出的工期索赔是多少?

解: 已知受干扰部分工程的延期时间,则工期索赔为

$$20 \times \frac{160}{2\ 000}=1.6(月)$$

【例 5-3-5】 某土方工程业主与施工单位签订了土方施工合同，约定的土方工程量为 8 000 m³，合同工期为 16 天。合同约定：工程量增加 20% 以内为施工方应承担的工期风险。施工过程中，因出现了较弱的软弱下卧层，致使土方量增加了 10 200 m³，则施工方可提出的工期索赔为多少天？

解： 不索赔的土方工程量为 8 000×1.2＝9 600(m³)

工期索赔量为[(8 000＋10 200－9 600)÷9 600]×16＝14(天)

【例 5-3-6】 某施工单位与建设单位按《建设工程施工合同(示范文本)》签订了固定总价承包合同，合同工期为 390 天，合同总价为 5 000 万元。合同中约定按《建筑安装工程费用项目组成》(建标〔2013〕44 号)中综合单价法计价程序计价，其中间接费费率为 20%，规费费率为 5%，取费基数为人工费与机械费之和。

施工前施工单位提交了施工组织设计和施工进度计划，如图 5-3-5 所示。

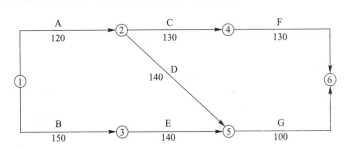

例题 5-3-6 讲解

图 5-3-5 某工程施工进度计划

该工程施工过程中出现了如下事件：

事件 1：因地质勘探报告不详，出现图纸中未标明的地下障碍物，处理该障碍物导致工作 A 持续时间延长 10 天，增加人工费 2 万元、材料费 4 万元、机械费 3 万元。

事件 2：基坑开挖时因边坡支撑失稳坍塌，造成工作 B 持续时间延长 15 天，增加人工费 1 万元、材料费 1 万元、机械费 2 万元。

事件 3：因不可抗力而引起施工单位的供电设施发生火灾，使工作 C 持续时间延长 10 天，增加人工费 1.5 万元，其他损失费用 5 万元。

事件 4：结构施工阶段因建设单位提出工程变更，导致施工单位增加人工费 4 万元、材料费 6 万元、机械费 5 万元，工作 E 持续时间延长 30 天。

事件 5：因施工期间钢材涨价而增加材料费 7 万元。

问题：(1)确定该工程的关键线路，计算工期，并说明按此计划该工程是否能按合同工期要求完工？

(2)对于施工过程中发生的事件，施工单位可以获得工期和费用补偿吗？说明理由。

(3)施工单位可以获得的工期补偿是多少天？

(4)施工单位租赁土方施工机械用于工作 A、B，日租金为 1 500 元/天，则施工单位可以得到的土方租赁机械的租金补偿费用是多少？为什么？

(5)施工单位可得到的企业管理费是多少？

解：(1)关键线路为①③⑤⑥，计算工期为 390 天，按此计划可以按合同工期要求完工。

(2)事件 1：不能获得工期补偿，因为 A 工作是非关键工作，延误时间没有超过其总时差；可以获得费用补偿，因为图纸未标明地下障碍物属于建设单位风险范畴。补偿费用为 2＋4＋3＝9(万元)。

事件2：不能获得工期和费用补偿，因为基坑边坡支护失稳坍塌属于施工单位施工方案有误，应由承包商承担该风险。

事件3：能获得工期补偿，因为由建设单位承担不可抗力的工期风险；不能获得费用补偿，因不可抗力发生的费用应由双方分别承担各自的费用损失。

事件4：能获得工期和费用补偿，因为建设单位工程变更属于建设方责任。补偿费用为4＋6＋5＝15（万元）。

事件5：不能获得费用补偿，因该工程是固定总价合同，物价上涨风险由施工单位承担。

（3）因建设单位应承担责任的事件1工作A延长10天，事件3工作C延长10天，事件4工作E延长30天，重新计算工期为420天，420－390＝30（天），故施工单位可获得的工期补偿为30天。

（4）施工单位应得到10天的租金补偿，补偿费用为10×1 500＝1.5（万元），因为工作A的延长导致该租赁机械在现场的滞留时间增加了10天，工作B不予补偿。

（5）施工单位可以得到的企业管理费补偿为

（2＋4＋3＋5）×（20％－5％）＝2.1（万元）

【任务 5-3-3】

任务 5-3-3
习题解答

1. 采用网络图分析法处理可原谅延期，下列说法中正确的是（   ）。
   A. 只有在关键线路上的工作延误，才能索赔工期
   B. 非关键线路上的工作延误，不应索赔工期
   C. 如延误的工作为关键工作，则延误的时间为工期索赔值
   D. 该方法不适用于多种干扰事件共同作用所引起的工期索赔
2. 工程在施工合同履行期间发生共同延误事件，下列正确的处理方式是（   ）。
   A. 按照延误时间的长短，由责任方共同分担延误带来的损失
   B. 发包人是初始延误者，承包人可得到工期和费用补偿，但得不到利润补偿
   C. 承包人是初始延误者，承包人只能得到工期补偿，但得不到费用补偿
   D. 客观原因造成的初始延误，承包人可得到工期补偿，但很难得到费用补偿

第四节　工程计量与进度款支付

一、预付款支付

根据《建设工程工程量清单计价规范》（GB 50500—2013）的规定，预付款支付流程如图 5-4-1 所示。

用时间轴表示的预付款支付流程如图 5-4-2 所示。

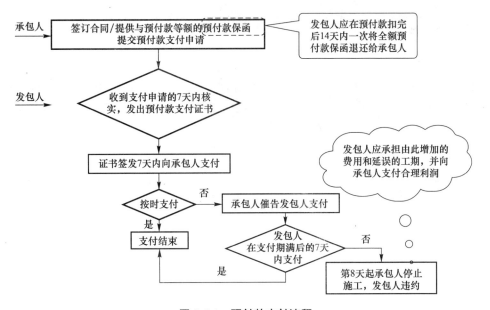

图 5-4-1　预付款支付流程

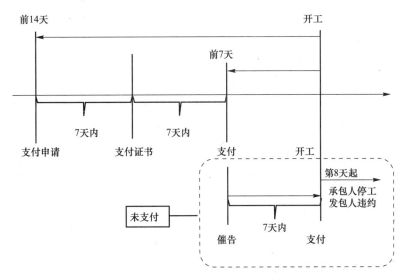

图 5-4-2　预付款支付流程(用时间轴表示)

【企业案例 5-7】　某承包商经公开招标投标,获得某工程的施工承包资格后,与该工程发包人签订了一份《建设工程施工合同》,双方约定了工程预付款的金额及其支付期限和方式。合同签订后即到当地管理部门办理了备案手续。同日,双方又签订了一份补充合同约定:"本工程不付工程预付款"。工程交付发包人使用后,双方因工程结算及拖欠工程款数额等问题发生争议,承包人遂向工程所在地高级人民法院提起诉讼。双方争议的焦点之一就是因工程预付款条款而引发的工程结算中是否应计入名为"贷款利息"的费用项目。

225

工程计量

二、工程计量

招标工程量清单中所列的数量，通常是根据设计图纸计算的数量，是对合同工程的估计工程量。工程施工过程中，通常会由于一些原因导致承包人实际完成的工程量与工程量清单中所列的工程量不一致，例如，招标工程量清单缺项或项目特征描述与实际不符；工程变更；现场施工条件的变化；现场签证；暂估价中的专业工程发包等。因此，在工程合同价款结算前，必须对承包人履行合同义务所完成的实际工程进行准确的计量。

🔊 知识拓展

自然计量单位是以物体本身的自然组成作为计量单位来表示工程项目的数量。如室内消火栓以"套"、阀门以"个"、大便器以"组"、铸铁散热器组成安装以"片"、暖风机安装以"台"等为计量单位。

物理计量单位是以法定计量单位来表示的长度、面积、体积和质量等，如水暖管道以"m"、涂装以"m²"、保温以"m³"、金属构件或支架以"kg"等为计量单位。

(一)工程计量的原则

(1)不符合合同文件要求的工程不予计量。即工程必须满足设计图纸、技术规范等合同文件对其在工程质量上的要求，同时，有关的工程质量验收资料齐全、手续完备，满足合同文件对其在工程管理上的要求。

(2)按合同文件所规定的方法、范围、内容和单位计量。工程计量的方法、范围、内容和单位受合同文件所约束，其中工程量清单(说明)、技术规范、合同条款均会从不同角度、不同侧面涉及这方面的内容。在计量中要严格遵循这些文件的规定，并且一定要结合起来使用。

(3)因承包人原因造成的超出合同工程范围施工或返工的工程量，发包人不予计量。

【例 5-4-1】 某工程基础施工中，施工方为保证工程质量，将施工范围边缘扩大，原计划土方量由 300 m³ 增加到 350 m³，该工程应计量的土方工程量为多少?

解：应按 300 m³ 计量，因承包人原因造成的超出合同工程范围施工的工程量，发包人不予计量。

(二)工程计量的范围与依据

(1)工程计量的范围。包括工程量清单及工程变更所修订的工程量清单的内容；合同文件中规定的各种费用支付项目，如费用索赔、各种预付款、价格调整、违约金等。

(2)工程计量的依据。包括工程量清单及说明；合同图纸；工程变更令及其修订的工程量清单；合同条件；技术规范；有关计量的补充协议；质量合格证书等。

综上所述，在工程计量的过程中，首先要检查现场提交的计量资料即形象进度、验收报告、单价分析、工程变更、签证等是否齐全、有效；工程质量是否合格，能否达到计量要求，从根本上杜绝不合理计量的可能性。

(三)工程计量方法

按《建设工程工程量清单计价规范》(GB 50500—2013)的规定，工程量必须按照相关工程现行国家计量规范规定的工程量计算规则计算。施工中若发现招标工程量清单中出现缺项、工程量偏差，或因工程变更引起工程量的增减，应按承包人在履行合同义务中完成的工程量计算。不同合同类型的计量方法与计量周期见表 5-4-1。

表 5-4-1　不同合同类型的计量方法与计量周期

比较项	单价合同	总价合同	
		清单计价	定额计价
计量方法	按计算规则计算实际完成的工程量，包括招标工程量清单中出现缺项、工程量偏差，或变更引起工程量增减	同单价合同	除变更引起的工程量增减外，合同约定工程量应为结算的最终工程量
计量周期	按合同约定的计量周期和时间	按合同约定的形象目标或时间	

知识拓展

对于单价合同和总价合同来说，实际完成的工程量与结算的最终工程量并不一定相同，关系如下：

单价合同：实际完成的工程量＝结算的最终工程量

总价合同：实际完成的工程量≠结算的最终工程量

结算的最终工程量＝合同中工程量＋变更增减的工程量

(四)工程计量程序

在《建设工程施工合同示范文本》(GF—2017—0201)和《建设工程工程量清单计价规范》(GB 50500—2013)中对工程计量程序有明确规定，如图 5-4-3 所示。

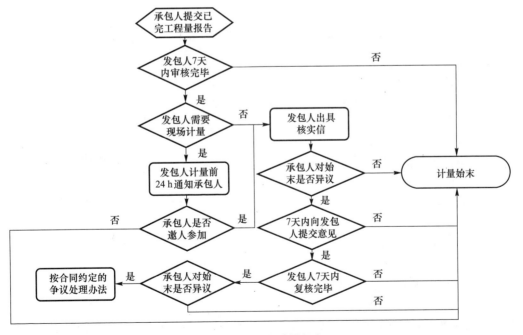

图 5-4-3　工程计量程序

情景剧视频

进度款支付

三、进度款支付

建设工程施工合同是先由承包人完成建设工程，后由发包人支付合同价款的特殊承揽合同，由于建设工程通常具有投资额大、施工期长等特点，合同价款的履行顺序主要通过"阶段小结、最终结清"来实现。当承包人完成了一定阶段的工程量后，发包人就应该按合同约定履行支付工程进度款的义务。

(一)进度款计算方法

在《建设工程工程量清单计价规范》(GB 50500—2013)中对进度款计算方法和支付数额有详细规定，见表5-4-2。

表5-4-2　进度款计算方法和支付数额

项目名称			计算方法	
已完工程合同价款	单价合同	单价项目	已标价工程量清单的综合单价不变(原单价)	工程计量确认的工程量×原单价
			已标价工程量清单的综合单价调整(新单价)	工程计量确认的工程量×新单价
		总价项目	按合同中约定的进度款支付分解，分别列入进度款支付申请中的安全文明施工费和本周期应支付的总价项目的金额中	
	总价合同			
合同价款调整	增加额		本支付周期内发承包双方认可的现场签证、索赔及其他应增加金额	
	扣减额		本支付周期内发承包双方认可的甲供材、预付款、质保金等	
支付比例			按合同约定，按本支付周期结算价款总额计，不低于60%，不高于90% 本支付周期结算价款=已完工程合同价款+合同价款调整	
支付周期			与合同约定的工程计量周期一致	

表中的合同价款调整见第二节、第三节、第四节。进度款计算公式为

本支付周期进度款=已完工程合同价款+合同价款调整

=已计量工程量×清单中原单价+已计量工程量×新单价+

索赔额+签证额+其他应增额-甲供材料-预付款-质保金-其他

应减额

(5-4-1)

式中，新单价计算见本章第一节；索赔额计算见本章第三节；预付款的计算见第四章第三节中预付款的计算。

难例题讲解

例题5-4-2讲解

【例5-4-2】　某工程项目业主与承包商签订了工程施工承包合同。合同中估算工程量为5 300 m³，全费用单价为180元/m³。合同工期为6个月。有关付款条款如下：

(1)开工前业主应向承包商支付估算合同总价20%的工程预付款。

(2)业主自第1个月起从承包商的工程款中扣5%的比例扣留质量保证金。

(3)当实际完成工程量增减幅度超过估算工程量的15%时，可进行调价，调价系数为0.9(或1.1)。

(4)每月支付工程款最低金额为15万元。

(5)工程预付款从累计已完工程款超过估算合同价30%以后的下一个月起，至第5个月均匀扣除。

问题：每月工程款价款为多少？业主应支付给承包商的工程款为多少？

承包商每月实际完成并经签证确认的工程量见表5-4-3。

表5-4-3　承包商每月实际完成并经签证确认的工程量

月份	1	2	3	4	5	6
完成工程量/m³	800	1 000	1 200	1 200	1 200	800
累计完成工程量/m³	800	1 800	3 000	4 200	5 400	6 200

分析：每月工程款＝已完工程合同价款＋合同价款调整＝已计量工程量×清单中原单价＋已计量工程量×新单价＋索赔额＋签证额＋其他应增额－甲供材料－预付款－质保金－其他应减额。本题中不涉及索赔、签证、甲供材料、其他应增税额和其他应减额，每月应扣款包括预付款和质保金，因此，应先计算预付款数额及从第几个月起扣；单价是否调整要根据工程量增减是否超过15%来判断，在计算每月已完工程合同款中考虑。

解：估算合同价：5 300×180＝95.4(万元)

预付款：95.4×20%＝19.08(万元)

预付款应从第3个月起扣。因为第1、2两个月累计已完工程款：1 800×180＝32.4(万元)＞95.4×30%＝28.62(万元)。

每月应扣：19.08÷3＝6.36(万元)

第1个月：800×180＝14.4(万元)

应付款：14.4×(1－5%)＝13.68＜15(万元)，本月不支付。

第2个月：1 000×180＝18.0(万元)

应付款：18.0×(1－5%)＋13.68＝30.78(万元)

第3个月：1 200×180＝21.6(万元)

应付款：21.6×(1－5%)－6.36＝14.16＜15(万元)，本月不支付。

第4个月：1 200×180＝21.6(万元)

应付款：21.6×(1－5%)－6.36＋14.16＝28.32(万元)

第5个月：5 400－5 300＝100(m³)＜15%，1 200×180＝21.6(万元)

应付款：21.6×(1－5%)－6.36＝14.16＜15(万元)，本月不支付。

第6个月：6 200－5 300×(1＋15%)＝105(m³)

105×180×0.9＋(800－105)×180＝14.2(万元)

应付款：14.2×(1－5%)＋14.16＝27.65(万元)

【例5-4-3】 某建设项目施工合同2月1日签订，合同总价为6 000万元，合同工期为6个月，双方约定3月1日正式开工。合同中规定：

(1)预付款为合同总价的30%，工程预付款应从未施工工程尚需主要材料及构配件价值相当于工程预付款数额时起扣，每月以抵充工程款方式陆续收回(主要材料及设备费比重为60%)。

(2)质量保修金为合同总价的3%，从每月承包商取得工程款中按3%比例扣留。保修期满后，保修金剩余部分退还承包商。

(3)当月承包商实际完成工程量少于计划工程量10%以上，则当月实际工程款的5%扣留不予支取，待竣工清算时还回工程款，计算规则不变。

(4)当月承包商实际完成工程量超出计划工程量10%以上的，超出部分按原约定价格的90%计算。

例题5-4-3讲解

(5)每月实际完成工程款少于900万元时,业主方不予支付,转至累计数超出时再予支付。

(6)当物价指数超出2月份物价指数5%以上时,当月应结工程款应采用动态调值公式:

$P = P_0 \times (0.25 + 0.15 A/A_0 + 0.60 B/B_0)$,式中,$P_0$为按2月份物价水平测定的当月实际工程款,0.15为人工费在合同总价中所占比重,0.60为材料费在合同总价中所占比重。人工费、材料费上涨均超过5%时调值。物价指数与各日工程款数据见表5-4-4。

(7)工期延误1天或提前1天应支付误工费或赶工费1万元。

表5-4-4 物价指数与各月工程款数据 （万元）

月 份	3	4	5	6	7	8
计划工程款	1 000	1 200	1 200	1 200	860	600
实际工程款	1 000	800	1 600	1 200	900	580
人工费指数	100	100	100	103	115	120
材料费指数	100	100	100	104	130	130

注:2月份人工费指数与材料费指数为100。

施工过程中出现如下事件(下列事件发生部位均为关键工序):

事件1:预付款延期支付1个月(银行贷款年利率为12%)。

事件2:4月份施工单位采取防雨措施增加费用3万元。月中施工机械故障延误工期1天,费用损失1万元。

事件3:5月份外部供水管道断裂停水2天,施工停止,造成损失3万元。

事件4:6月份施工单位为赶在雨期到来之前完工,经甲方同意采取措施加快进度,增加赶工措施费6万元。

事件5:3、4月每月施工方均使用甲方提供的特殊材料20万元。

事件6:7月份业主方提出施工中必须采用乙方的特殊专利技术施工以保证工程质量,发生费用10万元。

问题: 根据上述背景材料按月写出各月份的实际结算过程。

解:(1)预付款=合同总价×比例=6 000×30%=1 800(万元)。

$$起扣点 = 合同总价 - \frac{预付款数额}{主材比重} = 6\,000 - \frac{1\,800}{0.6} = 3\,000(万元)$$

即累计工程款超过3 000万元时起扣预付款,由于3、4、5三个月累计工程款达到3 400万元,故从5月份起扣。结算过程分析见表5-4-5。

表5-4-5 结算过程分析

月份	发生事项
3	扣保修金,补入延付预付款利息,扣甲方特殊材料费
4	扣保修金,扣未完成进度10%以上款项,扣甲方特殊材料费
5	扣保修金,工程款增加10%以上款项,计价调整,预付款起扣,索赔
6	扣保修金,扣预付款
7	扣保修金,价款调值,扣预付款,增加专利使用费
8	扣保修金,价款调值,扣预付款,补还4月份扣乙方款

(2)各事件分析。

事件1：工程预付款延付属甲方责任，甲方应向乙方支付延付利息。

事件2：4月份施工机械故障属乙方责任，防雨措施属乙方可预见事件。

事件3：5月份外部供水停水属甲方责任，应予索赔。

事件4：6月份增加赶工措施费为乙方施工组织设计中应预见的，不能索赔。

事件5：应从工程款中扣回。

事件6：属甲方责任，应予补偿。

(3)各自月份结算情况如下：

3月份应签证工程款＝$1\,000 \times (1 - 3\%) + 1\,800 \times (12\%/12) - 20 = 968$(万元)。

4月份应签证工程款＝$800 \times (1 - 3\% - 5\%) - 20 = 716$(万元)。按照合同规定(716万元＜900万元)，该月工程款转为5月份支付。

5月份扣预付款＝$(3\,400 - 3\,000) \times 60\% = 240$(万元)。工程款调整＝$1\,200 \times (1 + 10\%) + (1\,600 - 1\,200 \times 1.1) \times 0.9 = 1\,320 + 280 \times 0.9 = 1\,572$(万元)。停水事件造成延误工期2天，每天补偿1万元，损失补偿3万元。应签证工程款＝$716 + (1\,572 + 3) \times (1 - 3\%) - 240 = 2\,003.75$(万元)。

6月份人工费、材料费指数增加3%、4%，未超过5%，不予调值。扣除预付款＝$1\,200 \times 60\% = 720$(万元)。应签证工程款＝$1\,200 \times (1 - 3\%) - 720 = 444$(万元)。因少于900万元，当月不予支付。

7月份扣除预付款＝$900 \times 60\% = 540$(万元)。应签证工程款＝$[900 \times (0.25 + 0.15 \times 1.15 + 0.6 \times 1.3) + 10] \times (1 - 3\%) - 540 + 444 = 963.48$(万元)。

8月份扣除预付款＝$1\,800 - (240 + 720 + 540) = 300$(万元)。应签证工程款＝$[580 \times (0.25 + 0.15 \times 1.2 + 0.6 \times 1.3)] \times (1 - 3\%) - 300 + 800 \times 5\% = 420.75$(万元)。

四、安全文明施工费支付

安全文明施工费是指工程施工期间按照国家现行的环境保护、建筑施工安全、施工现场环境与卫生标准及有关规定，购置和更新施工安全防护用具及设施，改善安全生产条件和作业环境所需要的费用。通常由环境保护费、文明施工费、安全施工费、临时设施费组成。

(1)环境保护费。环境保护费是指施工现场为达到环保部门要求所需要的各项费用。

(2)文明施工费。文明施工费是指施工现场文明施工所需要的各项费用。

(3)安全施工费。安全施工费是指施工现场安全施工所需要的各项费用。

(4)临时设施费。临时设施费是指施工企业为进行建设工程施工所必须搭设的生活和生产用的临时建筑物、构筑物和其他临时设施费用。其包括临时设施的搭设、维修、拆除、清理费或摊销费等。

根据《建设工程工程量清单计价规范》(GB 50500—2013)规定，安全文明施工费支付要求如下：发包人应在工程开工后的28天内预付不低于当年施工进度计划的安全文明施工费总额的60%，其余部分按提前安排的原则进行分解，与进度款同期支付。发包人没有按时支付安全文明施工费的，承包人可催告发包人支付；发包人在付款期满后的7天内仍未支付的，若发生安全事故，发包人应承担连带责任。

进度款支付中安全文明施工费的分解可参照表5-4-6。

表 5-4-6　安全文明施工费的分解

序号	项目名称	总价金额	首次支付	二次支付	三次支付	四次支付	五次支付	
	安全文明施工费							
	夜间施工增加费							
	二次搬运费							
	总承包服务费							
	社会保险费							
	住房公积金							
	合计							

例题 5-4-4 讲解

【例 5-4-4】 某工程项目发包人与承包人签订了施工合同，工期 4 个月，工作内容包括 A、B、C 三项分项工程，综合单价分别为 360.00 元/m³、320.00 元/m³、200 元/m³，规费和增值税为人材机费用、管理费与利润之和的 15%，各分项工程每月计划和实际完成工程量及单价措施项目费用见表 5-4-7。

表 5-4-7　分项工程工程量及单价措施项目费用数据

工程量和费用名称		月份				合计
		1	2	3	4	
A 分项工程/m³	计划工程量	300	400	300	—	1 000
	实际工程量	280	400	320	—	1 000
B 分项工程/m³	计划工程量	300	300	300		900
	实际工程量	—	340	380	180	900
C 分项工程/m³	计划工程量		450	450	300	1 200
	实际工程量	—	400	500	300	1 200
单价措施项目费用/万元		1	2	2	1	6

总价措施项目费用为 8 万元(其中安全文明施工费为 4.2 万元)，暂列金额为 5 万元。合同中有关工程价款估算与支付约定如下：

(1)开工前，发包人应向承包人支付合同价款(扣除安全文明施工费和暂列金额)的 20% 作为工程材料预付款，在第 2、第 3 个月的工程价款中平均扣回。

(2)分项工程项目工程款按实际进度逐月支付；单价措施项目工程款按表 5-4-7 中的数

据逐月支付，不予调整。

(3)总价措施项目中的安全文明施工措施工程款与材料预付款同时支付，其余总价措施项目费用在第1、第2个月平均支付。

(4)C分项工程所用的某种材料采用动态调值公式法结算，该种材料在C分项工程费用中所占比例为12％，基期价格指数为100。

(5)发包人按每次承包人应得工程款的90％支付。

(6)该工程竣工验收过后30日内进行最终结算。扣留总造价的3％作为工程质量保证金，其余工程款全部结清。

施工期间1～4月，C分项工程所用的动态结算材料价格指数依次为105、110、115、120。分部分项工程项目费用、措施项目费用和其他项目费用均为不含税费用。

问题：(1)该工程签约合同价为多少万元？开工前业主应支付给承包商的工程材料预付款和安全文明施工措施项目工程款分别为多少万元？

(2)施工期间每月承包商已完工程价款为多少万元？业主应支付给承包商的工程价款为多少万元？

(3)该工程实际总造价为多少万元？竣工结算款为多少万元？

分析：本案例将进度款支付和动态结算等知识点融入工程量清单计价模式下的工程价款逐月结算中。在分析和求解过程中应注意如下几个问题：

(1)求解问题3时，每月承包商已完分项工程价款等于分项工程已完工程实际投资。在计算已完工程实际投资时，采用动态调值公式对C分项工程所用的某种材料价款进行调整，可调值部分占C分项工程费用的12％，则不调值部分占88％。

(2)该案例工程总造价应等于安全文明施工措施项目工程价款与各月已完工程价款之和。

解：(1)签约合同价＝[(1 000×360＋900×320＋1 200×200)/10 000＋6＋8＋5]×(1＋15％)＝123.97(万元)

材料预付款＝[123.97－(4.2＋5)×(1＋15％)]×20％＝22.678(万元)

应付安全文明施工措施项目工程款＝4.2×(1＋15％)×90％＝4.347(万元)

(2)第1个月：

分项工程价款(已完工程实际投资)＝280×360/10 000×(1＋15％)

＝11.592(万元)

单价措施项目工程价款＝1×(1＋15％)＝1.15(万元)

总价措施项目工程价款＝(8－4.2)×(1＋15％)×50％＝2.185(万元)

承包商已完工程价款＝11.592＋1.15＋2.185＝14.927(万元)

业主应支付工程款＝14.927×90％＝13.434(万元)

第2个月：

分项工程价款(已完工程实际投资)＝[400×360＋340×320＋400×200×(88％＋12％×110/100)]/10 000×(1＋15％)＝38.382(万元)

单价措施项目工程价款＝2×(1＋15％)＝2.3(万元)

总价措施项目工程价款＝(8－4.2)×(1＋15％)/2＝2.185(万元)

承包商已完工程价款＝38.382＋2.3＋2.185＝42.867(万元)

应扣预付款＝22.678/2＝11.339(万元)

业主应支付工程款＝42.867×90％－11.339＝27.241(万元)

第3个月：

分项工程价款(已完工程实际投资)=[320×360+380×320+500×200×(88%+12%×115/100)]/10 000×(1+15%)=38.939(万元)

单价措施项目工程价款=2.3万元

承包商已完工程价款=38.939+2.3=41.239(万元)

应扣预付款=11.339万元

业主应支付工程款=41.239×90%−11.339=25.776(万元)

第4个月：

分项工程价款(已完工程实际投资)=[180×320+300×200×(88%+12%×120/100)]/10 000×(1+15%)=13.690(万元)

单价措施项目工程价款=1.15万元

承包商已完工程价款=13.690+1.15=14.84(万元)

业主应支付工程款=14.84×90%=13.356(万元)

(3)实际总造价=安全文明施工措施项目工程价款+各月已完工程价款
=4.2×(1+15%)+14.927+42.867+41.239+14.84=118.703(万元)

竣工结算款=实际总造价−质保金−安全文明施工费提前支付−各月已付工程价款
=118.703×(1−3%)−4.347−(13.434+27.241+25.776+13.356)
=31.988(万元)

第五节　　工程费用的动态监控

在工程施工阶段，无论建设单位还是施工承包单位，均需进行实际费用(实际投资或成本)与计划费用(计划投资或成本)的动态比较，分析费用偏差产生的原因，并采取有效措施控制费用偏差。

知识小课堂

费用偏差与
进度偏差

一、费用偏差及其表示方法

(一)偏差表示方法

1. 费用偏差(CV)

费用偏差是指费用计划值与实际值之间存在的差异，计算公式如下：

费用偏差 (CV) = 已完工程计划费用 $(BCWP)$ — 已完工程实际费用 $(ACWP)$

$$(5\text{-}5\text{-}1)$$

已完工程计划费用 $(BCWP)=\sum$ 已完工程量(实际工程量)×计划单价 $(5\text{-}5\text{-}2)$

已完工程实际费用 $(ACWP)=\sum$ 已完工程量(实际工程量)×实际单价 $(5\text{-}5\text{-}3)$

当 $CV>0$ 时，表明工程费用节约；当 $CV<0$ 时，表明工程费用超支。

2. 进度偏差(SV)

与费用偏差密切相关的是进度偏差，由于不考虑进度偏差就不能正确反映费用偏差的实际情况，所以，有必要引入进度偏差的概念。其计算公式如下：

进度偏差 $(SV)=$ 已完工程实际时间 — 已完工程计划时间 $(5\text{-}5\text{-}4)$

为了与费用偏差联系起来，进度偏差也可表示为

进度偏差 $(SV)=$ 已完工程计划费用 $(BCWP)$ — 拟完工程计划费用 $(BCWS)$ $(5\text{-}5\text{-}5)$

拟完工程计划费用 $(BCWS)=\sum$ 拟完工程量(计划工程量)×计划单价 $(5\text{-}5\text{-}6)$

当 $SV>0$ 时，表明工程进度超前；当 $SV<0$ 时，表明工程进度拖后。

◀) **知识拓展**

> 所谓拟完工程计划费用，是指根据进度计划安排在某一确定时间内所应完成的工程内容的计划费用。

【**例 5-5-1**】 某机械厂一技改工程计划投资 600 万元，工期为 12 个月，施工单位按投资计划编制的每个月的计划施工费用和实际发生费用见表 5-5-1。

表 5-5-1   每个月的计划施工费用和实际发生费用

月份	1	2	3	4	5	6	7	8	9	10	11	12
拟完工程计划费用	20	40	60	70	80	80	70	60	40	30	30	20
拟完工程计划费用累计	20	60	120	190	270	350	420	480	520	550	580	600
已完工程实际费用	20	40	60	80	90	100	70	60	50	40	30	
已完工程实际费用累计	20	60	120	200	290	390	460	520	570	610	640	
已完工程计划费用	10	20	50	60	70	110	80	70	60	40	30	
已完工程计划费用累计	10	30	80	140	210	320	400	470	530	570	600	

试计算该工程第 1 个月的费用偏差和进度偏差。

解：第 1 个月：进度偏差 $SV=BCWP-BCWS=10-20=-10$(万元)

费用偏差 $CV=BCWP-ACWP=10-20=-10$(万元)

说明合同执行第 1 个月时，费用超支 10 万元，进度拖后 10 万元。

【任务 5-5-1】

1. 在工程施工过程中，费用偏差是指工程项目或成本的(　　)之间的差额。
   A. 预测值与计划值　　　　　　B. 实际值与计划值
   C. 预测值与实际值　　　　　　D. 实际值与最大值
2. 某打桩工程合同约定，某月计划完成工程桩 120 根；单价为 1.2 万元/根。至该月底，经确认的承包商实际完成的工程桩为 110 根；实际单价为 1.3 万元/根。在该月度内，工程的已完工作计划费用 BCWP 为(　　)万元。
   A. 132　　　　　B. 143　　　　　C. 144　　　　　D. 156
3. 已知某分项工程有关数据见表 5-5-2，则该分项工程进度偏差和费用偏差为多少?

表 5-5-2　某分项工程有关数据

拟完工程量	已完工程量	计划单价	实际单价
450 000 m²	580 000 m²	22 元/m²	20 元/m²

(二)偏差参数

1. 局部偏差与累计偏差

局部偏差有两层含义：一是相对于总体建设工程项目而言，是指各单项工程、单位工程和分部分项工程的偏差；二是相对于项目实施的时间而言，是指每一控制周期所发生的偏差。

累计偏差则是在项目已经实施的时间内累计发生的偏差。累计偏差是一个动态概念，其数值总是与具体时间联系在一起，第一个累计偏差在数值上等于局部偏差，最终的累计偏差就是整个工程项目的偏差。

在进行费用偏差分析时，对局部偏差和累计偏差都要进行分析。在每一控制周期内，发生局部偏差的工程内容及原因一般都比较明确，分析结果比较可靠，而累计偏差所涉及的工程内容较多、范围较大，且原因也较复杂。因此，累计偏差的分析必须以局部偏差分析为基础。但累计偏差分析不是对局部偏差分析的简单汇总，需要对局部偏差分析结果进行综合分析，其结果更能显示代表性和规律性，对费用控制工作在较大范围内具有指导作用。

【例 5-5-2】　承例 5-5-1，试分析该工程第 2 个月和第 9 个月的局部偏差和累计偏差。

解：第 2 个月局部偏差：进度偏差 $SV = BCWP - BCWS = 20 - 40 = -20$(万元)

费用偏差 $CV = BCWP - ACWP = 20 - 40 = -20$(万元)

说明第 2 个月费用超支 20 万元，进度拖后 20 万元。

第 2 个月累计偏差：进度偏差 $SV = BCWP - BCWS = 30 - 60 = -30$(万元)

费用偏差 $CV = BCWP - ACWP = 30 - 60 = -30$(万元)

说明合同执行到第 2 个月时，费用超支 30 万元，进度拖后 30 万元。

第 9 个月局部偏差：进度偏差 $SV = BCWP - BCWS = 60 - 40 = 20$(万元)

费用偏差 $CV = BCWP - ACWP = 60 - 50 = 10$(万元)

说明第 9 个月费用节约 10 万元，进度提前 20 万元。

第 9 个月累计偏差：进度偏差 $SV=BCWP-BCWS=530-520=10$（万元）

费用偏差 $CV=BCWP-ACWP=530-570=-40$（万元）

结果说明合同执行到第 9 个月时，费用超支 40 万元，进度提前 10 万元。

【任务 5-5-2】

1. 承任务 5-5-1 问题 3，则该分项工程投资局部偏差为多少？

2. 某工程施工至 2016 年 9 月底，经统计分析得：已完工程计划费用为 1 500 万元，已完工程实际费用为 1 800 万元，拟完工程计划费用为 1 600 万元，则该工程此时的局部偏差为多少？

任务 5-5-2
习题解答

2. 绝对偏差与相对偏差

绝对偏差是指实际值与计划值比较所得到的差额；相对偏差是指偏差的相对数或比例数，通常用绝对偏差与费用计划值的比值来表示。

$$费用相对偏差=\frac{绝对偏差}{费用计划值}=\frac{费用计划值-费用实际值}{费用计划值} \tag{5-5-7}$$

与绝对偏差一样，相对偏差可正可负，且二者符号相同。正值表示费用节约，负值表示费用超支。

【例 5-5-3】 承例 5-5-1，计算第 2 个月和第 9 个月的绝对偏差和相对偏差。

解：第 2 个月绝对偏差：费用计划值－费用实际值＝$20-40=-20$（万元）

相对偏差：绝对偏差÷费用计划值＝$-20\div20=-1$

说明第 2 个月费用超支 100%。

第 9 个月绝对偏差：费用计划值－费用实际值＝$60-50=10$（万元）

相对偏差：绝对偏差÷费用计划值＝$10\div60=0.17$

说明第 9 个月费用节约 17%。

【任务 5-5-3】

某工程 10 月份拟完工程计划投资 50 万元，实际完成工程投资 80 万元，已完工程计划投资 66 万元，则该工程投资相对偏差和进度偏差分别为（ ）。

A. -32%，-16 B. -28%，14 C. -21%，16 D. 32%，14

任务 5-5-3
习题解答

3. 绩效指数

(1)费用绩效指数$(CPI)=\dfrac{已完工程计划费用(BCWP)}{已完工程实际费用(ACWP)}$ （5-5-8）

$CPI>1$，表示实际费用节约；$CPI<1$，表示实际费用超支。

(2)进度绩效指数$(SPI)=\dfrac{已完工程计划费用(BCWP)}{拟完工程计划费用(BCWS)}$ （5-5-9）

$SPI>1$，表示实际进度超前；$SPI<1$，表示实际进度拖后。

【例 5-5-4】 承例 5-5-1，试计算并分析该工程第 2 个月和第 9 个月的费用执行效果指数。

解： 该工程进行到第2个月时：

费用执行效果指数 $CIP=$ 已完工程计划施工成本/已完工程的实际施工成本 $=30/60=50\%$

表示第2个月的费用效益差、效率低。

该工程进行到第9个月时：$CIP=530/570=93\%$

表示9月份的费用效益比2月份有了较大提高，但效率还是偏低。

二、常用偏差分析方法

(一)横道图法

用横道图进行投资偏差分析，是用不同的横道标识拟完工程计划投资、已完工程实际投资和已完工程计划投资，横道线的长度与其数值成正比。然后再根据上述数据分析费用偏差和进度偏差。

横道图法分析
投资偏差

【例 5-5-5】 根据某工程分部分项工程横道图，计算费用偏差和进度偏差，见表 5-5-3。

表 5-5-3 某工程分部分项工程费用偏差和进度偏差计算表

项目编码	项目名称	费用参数数额/万元	费用偏差/万元	进度偏差/万元	原因
011	土方工程	70 50 60	−10	10	
012	打桩工程	80 66 100	20	34	
013	基础工程	80 80 60	−20	−20	
合计		230 196 220	−10	24	

表中：▥ 表示已完工程实际费用；

☐ 表示拟完工程计划费用；

▨ 表示已完工程计划费用。

横道图法具有简单直观的优点，便于掌握工程费用的全貌。但这种方法反映的信息量少，因而其应用具有一定的局限性。

假设某项目共含有两个子项工程：A 子项和 B 子项，各自的拟完工程计划投资、已完工程实际投资和已完工程计划投资见表 5-5-4。分析第 4 周周末的进度偏差和费用偏差。

表 5-5-4　某项目投资表

分项工程	进度计划/周					
	1	2	3	4	5	6
A	8	8	8			
		6	6	6	6	
		5	5	5	5	
B	9	9	9	9		
		9	9	9	9	
		11	10	8	8	

表中：_____ 表示拟完工程计划投资；

------- 表示已完工程计划投资；

～～～ 表示已完工程实际投资。

(二)时标网络图法

应用时标网络图法进行费用偏差分析，是根据时标网络图得到每一时间段拟完工程的计划费用，然后根据实际工作完成情况测得已完工程的实际费用，并通过分析时标网络图中的实际进度前锋线，得出每一时间段已完工程的计划费用，这样既可分析费用偏差又可分析进度偏差。

实际进度前锋线表示整个工程项目目前实际完成的工作情况，将某一确定时点下时标网络图中各项工程的实际进度点相连就可得到实际进度前锋线。

【例 5-5-6】　某工程有 A 至 H 共 8 项工作，计划 5 周完成，时标网络图如图 5-5-1 所示。各工作的计划投资已标注在箭线上，如 A 工作计划投资 4 万元，黑三角符号所在的虚线为实际进度前锋线。则采用时标网络图法进行偏差分析的分析结果中，下列正确的有(　　　)。

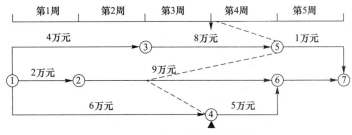

图 5-5-1　某工程时标网络图

A. 第 1 周拟完工作计划投资累计 12 万元

B. 第 3 周拟完工作计划投资 5 万元

C. 第 3 周周末，拟完工作计划投资累计 22 万元

D. 第 3 周周末，已完工作计划投资累计 23 万元

E. 第 3 周周末，已完工作计划投资累计 22 万元

解： 实际进度前锋线左面为已完工作，时标点对应拟完工作。

第 1 周拟完计划投资＝2＋2＋2＝6（万元）

第 3 周拟完计划投资＝4＋3＋2＝9（万元）

第 3 周周末拟完计划投资＝4＋4＋2＋6＋6＝22（万元）

第 3 周周末已完计划投资＝4＋8＋2＋3＋6＝23（万元）

因此，正确的选项为 C 和 D。

(三)表格法

表格法是一种进行偏差分析的最常用方法。应用表格法分析偏差，是将项目编码、名称、各个费用参数及费用偏差值等综合纳入一张表格中，可在表格中直接进行偏差的比较分析。

【例 5-5-7】 某基础工程在一周内的进度偏差和费用偏差计算见表 5-5-5。

利用表格法进行
偏差分析

表 5-5-5　进度偏差和费用偏差计算表

项目编码	(1)	011	012	013
项目名称	(2)	土方工程	打桩工程	基础工程
单　　价	(3)			
计划单价	(4)			
拟完工程量	(5)			
拟完工程计划费用	(6)=(4)×(5)	50	66	80
已完工程量	(7)			
已完工程计划费用	(8)=(4)×(7)	60	100	60
实际单价	(9)			
其他款项	(10)			
已完工程实际费用	(11)=(7)×(9)+(10)	70	80	80
费用局部偏差	(12)=(8)−(11)	−10	20	−20
费用局部偏差程度	(13)=(11)÷(8)	1.17	0.8	1.33
费用累计偏差	(14)=$\sum$(12)			
费用累计偏差程度	(15)=$\sum$(11)÷$\sum$(8)			
进度局部偏差	(16)=(8)−(6)	10	34	−20
进度局部偏差程度	(17)=(6)÷(8)	0.83	0.66	1.33
进度累计偏差	(18)=$\sum$(16)			
进度累计偏差程度	(19)=$\sum$(6)÷$\sum$(8)			

应用表格法进行偏差分析具有如下优点：灵活、适用性强，可根据实际需要设计表格；信息量大，可反映偏差分析所需的资料，从而有利于工程造价管理人员及时采取针对措施，

加强控制；表格处理可借助电子计算机，从而节约大量人力，并提高数据处理速度。

(四)曲线法

曲线法是用费用累计曲线(S 曲线)来分析费用偏差和进度偏差的一种方法。用曲线法进行偏差分析时，通常有三条曲线，即已完工程实际费用曲线 a、已完工程计划费用曲线 b 和拟完工程计划费用曲线 p，如图 5-5-2 所示。图中曲线 a 和曲线 b 的竖向距离表示费用偏差，曲线 b 和曲线 p 的水平距离表示进度偏差。

利用曲线法进行
偏差分析

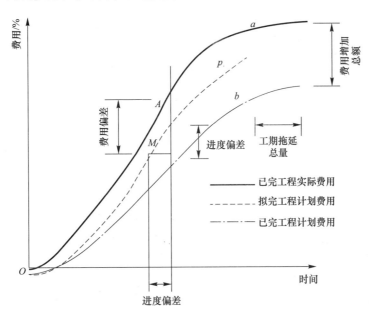

图 5-5-2　费用与进度偏差曲线

三、偏差产生的原因及控制措施

(一)偏差产生原因

偏差分析的一个重要目的就是要找出引起偏差的原因，从而有可能采取有针对性的措施，减少或避免相同原因再次发生。一般来说，产生费用偏差的原因包括以下几项：

(1)客观原因。包括人工费涨价、材料涨价、设备涨价、利率及汇率变化、自然因素、地基因素、交通原因、社会原因、法规变化等。

(2)建设单位原因。包括增加工程内容、投资规划不当、组织不落实、建设手续不健全、未按时付款、协调出现问题等。

(3)设计原因。设计错误或漏项、设计标准变更、设计保守、图纸提供不及时、结构变更等。

(4)施工原因。施工组织设计不合理、质量事故、进度安排不当、施工技术措施不当、与外单位关系协调不当等。

从偏差产生原因的角度，由于客观原因不可避免，施工原因造成的损失由施工单位自己负责，因此，建设单位纠偏的主要对象是自己原因及设计原因造成的费用偏差。

(二)费用偏差的纠正措施

对偏差原因进行分析的目的是有针对性地采取纠偏措施，从而实现费用的动态控制和主动控制。费用偏差的纠正措施通常包括以下四个方面：

（1）组织措施。组织措施是指从费用控制的组织管理方面采取的措施，包括落实费用控制的组织机构和人员，明确各级费用控制人员的任务、职责分工，改善费用控制工作流程等。组织措施是其他措施的前提和保障。

（2）经济措施。经济措施主要是指审核工程量和签发支付证书，包括检查费用目标分解是否合理，检查资金使用计划有无保障，是否与进度计划发生冲突，工程变更有无必要，是否超标等。

（3）技术措施。技术措施主要是指对工程方案进行技术经济比较，包括制订合理的技术方案，进行技术分析，针对偏差进行技术改正等。

（4）合同措施。合同措施在纠偏方面主要是指索赔管理。在施工过程中常出现索赔事件，要认真审查有关索赔依据是否符合合同规定、索赔计算是否合理等，从主动控制的角度，加强日常的合同管理，落实合同规定的责任。

任务 5-5-5
习题解答

【任务 5-5-5】

1．在施工合同履行过程中，下列引起费用偏差产生的原因中，属于施工原因的是（　　）。

　　A．质量事故　　　　　　　　　B．设计标准变更

　　C．建设手续不健全　　　　　　D．设备涨价

2．在建设工程合同实施过程中，用于纠正费用偏差的经济措施是（　　）。

　　A．落实费用控制人员　　　　　B．检查工程变更有无必要

　　C．进行技术分析　　　　　　　D．加强合同日常管理

第六章 建设工程竣工结(决)算的编制

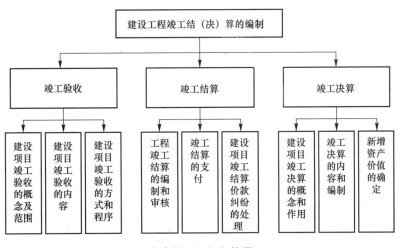

本章核心知识架构图

本章核心知识架构

第一节 竣工验收

竣工验收

知识目标

了解项目竣工验收的概念、条件及范围；

熟悉项目竣工验收的标准、内容、方式和程序。

能力目标

知道如何进行竣工验收。

一、建设项目竣工验收的概念及范围

(一)建设项目竣工验收的概念

建设项目竣工验收是指由发包人、承包人和项目验收委员会，以项目批准的设计任务书和设计文件，以及国家或有关部门颁发的施工验收规范和质量检验标准为依据，按照一定的程序和手续，在项目建成并试生产合格后(工业生产性项目)，对工程项目的总体进行检验和认证、综合评价和鉴定的活动。按照我国建设程序的规定，竣工验收是建设工程的最后阶段，是全面检验建设项目是否符合设计要求和工程质量检验标准、审查投资使用是否合理的重要环节，是投资成果转入生产或使用的标志。只有经过竣工验收，建设项目才能实现由承包人管理向发包人管理的过渡，它标志着建设投资成果投入生产或使用，对促进建设项目及时投产或交付使用、发挥投资效果、总结建设经验有着重要的作用。

建设项目竣工验收，按被验收的对象划分，可分为单位工程验收、单项工程验收及工程整体验收(称为"动用验收")。本章所说的建设项目竣工验收，指的是"动用验收"，是指发包人在建设项目按批准的设计文件所规定的内容全部建成后，向使用单位交工的过程。

(二)建设项目竣工验收的范围

国家颁布的建设法规规定，凡新建、扩建、改建的基本建设项目和技术改造项目(所有列入固定资产投资计划的建设项目或单项工程)，已按国家批准的设计文件所规定的内容建成，符合验收标准，即工业投资项目经负荷试车考核，试生产期间能够正常生产出合格产品，形成生产能力的；非工业投资项目符合设计要求，能够正常使用的，无论是属于何种建设性质，都应及时组织验收，办理固定资产移交手续。

有的工期较长、建设设备装置较多的大型工程，为了及时发挥其经济效益，对其能够独立生产的单项工程，也可以根据建成时间的先后顺序，分期分批地组织竣工验收；对能生产中间产品的一些单项工程，不能提前投料试车，可按生产要求与生产最终产品的工程同步建成竣工后，再进行全部验收。

二、建设项目竣工验收的内容

不同的建设项目竣工验收的内容可能有所不同，但一般包括工程资料验收和工程内容验收两部分。

(1)工程资料验收。包括工程技术资料、工程综合资料和工程财务资料验收三个方面的内容。

(2)工程内容验收。工程内容验收包括建筑工程验收和安装工程验收。

1)建筑工程验收的内容。建筑工程验收主要是运用有关资料进行审查验收，主要包括建筑物的位置、标高、轴线是否符合设计要求；对基础工程中的土石方工程、垫层工程、砌筑工程等资料的审查验收；对结构工程中的砖木结构、砖混结构、内浇外砌结构、钢筋混凝土结构的审查验收；对屋面工程的屋面瓦、保温层、防水层等的审查验收；对门窗工程的审查验收；对装饰工程的审查验收(抹灰、油漆等工程)。

2)安装工程验收的内容。安装工程验收分为建筑设备安装工程、工艺设备安装工程和动力设备安装工程验收。

三、建设项目竣工验收的方式和程序

(一)建设项目竣工验收的方式

为了保证建设项目竣工验收的顺利进行，验收必须遵循一定的程序，并按照建设项目总体计划的要求以及施工进展的实际情况分阶段进行。建设项目竣工验收，按被验收的对象划分，可分为单位工程验收、单项工程验收及工程整体验收(称为"动用验收")，它们的竣工验收条件和组织见表 6-1-1。

表 6-1-1　竣工验收的条件和组织

类型	验收条件	验收组织
单位工程验收（中间验收）	按施工承包合同的约定，施工完成到某一阶段后要进行中间验收	由监理单位组织，业主和承包商派人参加，该部位的验收资料将作为最终验收依据
	主要工程部位施工已完成了隐蔽前的准备工作，该工程部位将置于无法查看的状态	
单项工程验收（交工验收）	建设项目中的某个合同工程已全部完成	由业主组织，会同施工单位、监理单位、设计单位及使用单位等共同进行
	合同内约定有分部分项移交的工程已达到竣工标准，可移交给业主投入试运行	
工程整体验收（动用验收）	建设项目按设计规定全部建成，达到竣工验收条件	大中型和限额以上项目由国家发改委或其委托项目主管部门或地方部门组织验收；小型和限额以下项目由项目主管部门组织验收；业主、监理、施工、设计和使用单位参加验收
	初验结果全部合格	
	竣工验收所需资料已准备齐全	

(二)建设项目竣工验收的程序

通常所说的建设项目竣工验收，指的是"动用验收"，是指发包人在建设项目按批准的设计文件所规定的内容全部建成后，向使用单位交工的过程。竣工验收程序如图 6-1-1 所示。

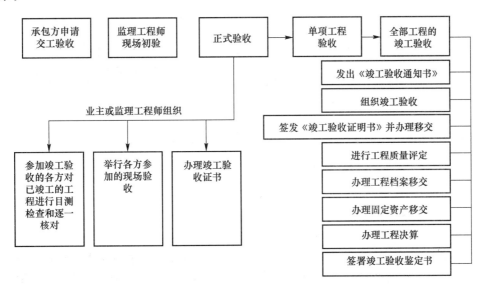

图 6-1-1　竣工验收程序

【任务 6-1-1】

任务 6-1-1
习题解答

1. 关于竣工验收范围的表述，下列正确的是（   ）。

A. 工业项目经负荷试车考核后，可以进行竣工验收

B. 对于能生产中间产品的单项工程，可分期分批组织竣工验收

C. 因少数主要设备不能解决，虽然工程内容未全部完成，也应进行验收

D. 规定内容已完成，但因流动资金不足不能投产的项目，也应进行验收

2. 由发包人组织，会同监理人、设计单位、承包人、使用单位参加工程验收，验收合格后发包人可投入使用的工程验收是指（   ）。

A. 分段验收　　　B. 中间验收　　　C. 交工验收　　　D. 竣工验收

3. 建设项目竣工验收的最小单位是（   ）。

A. 单项工程　　　B. 单位工程　　　C. 分部工程　　　D. 分项工程

4. 大中型和限额以上项目，工程整体验收的组织单位可以是（   ）。

A. 监理单位　　　B. 业主　　　　　C. 使用单位　　　D. 国家发改委

5. 关于建设项目竣工验收的说法中，下列正确的是（   ）。

A. 单位工程的验收由施工单位组织

B. 大型项目单项工程的验收由国家发改委组织

C. 小型项目的整体验收由项目主管部门组织

D. 工程保修书不属于竣工验收的条件

第二节　竣工结算

❋ 知识目标

熟悉国有资金投资和非国有资金投资项目竣工结算的审核流程；
掌握竣工结算的计价原则及竣工结算款支付申请的内容。

≫ 能力目标

能编制和审核竣工结算。

知识小课堂

工程竣工结算的
编制和审核

一、工程竣工结算的编制和审核

工程竣工结算是指工程项目完工并经竣工验收合格后，发承包双方按照施工合同的约定对所完成的工程项目进行的工程价款的计算、调整和确认。工程竣工结算分为单位工程竣工结算、单项工程竣工结算和建设项目竣工总结算。其中，单位工程竣工结算和单项工程竣工结算也可看作是分阶段结算。

单位工程竣工结算由承包人编制，发包人审查；实行总承包的工程，由具体承包人编

246

制，在总包人审查的基础上，发包人审查。单项工程竣工结算或建设项目竣工总结算由总(承)包人编制，发包人可直接进行审查，也可以委托具有相应资质的工程造价咨询机构进行审查。政府投资项目，由同级财政部门审查。单项工程竣工结算或建设项目竣工总结算经发承包人签字盖章后有效。承包人应在合同约定期限内完成项目竣工结算编制工作，未在规定期限内完成的并且提不出正当理由延期的，责任自负(表6-2-1)。

表6-2-1　工程竣工结算的编制和审核

分类	编制人	审查
单位工程	承包人	发包人
	总包工程，具体承包人	在总承包人审查的基础上发包人审查
单项工程或建设项目竣工总结算	总(承)包人	发包人或委托造价咨询机构审查；政府投资项目，由同级财政部门审查，经发承包人签字盖章后有效
时限要求：承包人应在约定期限内完成编制工作，未完成的且提不出正当理由延期的，责任自负		

1. 工程竣工结算的编制依据

工程竣工结算由承包人或受其委托具有相应资质的工程造价咨询人编制，由发包人或受其委托具有相应资质的工程造价咨询人核对。工程竣工结算编制的主要依据有《建设工程工程量清单计价规范》(GB 50500—2013)；工程合同；发承包双方实施过程中已确认的工程量及其结算的合同价款；发承包双方实施过程中已确认调整后追加(减)的合同价款；建设工程设计文件及相关资料；投标文件；其他依据。

2. 工程竣工结算的计价原则

在采用工程量清单计价的方式下，工程竣工结算的编制应当遵照计价原则如下：

(1)分部分项工程和措施项目中的单价项目应依据双方确认的工程量与已标价工程量清单的综合单价计算；如发生调整的，以发承包双方确认调整的综合单价计算。

(2)措施项目中的总价项目应依据合同约定的项目和金额计算；如发生调整的，以发承包双方确认调整的金额计算，其中安全文明施工费必须按照国家或省级、行业建设主管部门的规定计算。

(3)其他项目应按下列规定计价：

1)计日工应按发包人实际签证确认的事项计算；

2)暂估价应由发承包双方按照《建设工程工程量清单计价规范》(GB 50500—2013)的相关规定计算；

3)总承包服务费应依据合同约定金额计算，如发生调整的，以发承包双方确认调整的金额计算；

4)施工索赔费用应依据发承包双方确认的索赔事项和金额计算；

5)现场签证费用应依据发承包双方签证资料确认的金额计算；

6)暂列金额应减去工程价款调整(包括索赔、现场签证)金额计算，如有余额归发包人。

(4)规费和税金应按照国家或省级、行业建设主管部门的规定计算。规费中的工程排污费应按工程所在地环境保护部门规定标准缴纳后按实列入。

另外，发承包双方在合同工程实施过程中已经确认的工程计量结果和合同价款，在竣工结算办理中应直接进入结算。

3. 竣工结算的审核

(1)国有资金投资建设工程的发包人，应当委托具有相应资质的工程造价咨询企业对竣工结算文件进行审核，并在收到竣工结算文件后的约定期限内向承包人提出由工程造价咨询企业出具的竣工结算文件审核意见；逾期未答复的，按照合同约定处理，合同没有约定的，竣工结算文件视为已被认可。

(2)非国有资金投资的建筑工程发包人，应当在收到竣工结算文件后的约定期限内予以答复，逾期未答复的，按照合同约定处理，合同没有约定的，竣工结算文件视为已被认可；发包人对竣工结算文件有异议的，应当在答复期内向承包人提出，并可以在提出异议之日起的约定期限内与承包人协商；发包人在协商期内未与承包人协商或者经协商未能与承包人达成协议的，应当委托工程造价咨询企业进行竣工结算审核，并在协商期满后的约定期限内向承包人提出由工程造价咨询企业出具的竣工结算文件审核意见(图6-2-1)。

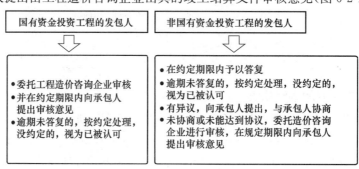

图6-2-1　国有资金投资和非国有资金投资项目竣工结算的审核

(3)发包人委托工程造价咨询机构核对竣工结算的，工程造价咨询机构应在规定期限内核对完毕，核对结论与承包人竣工结算文件不一致的，应提交给承包人复核，承包人应在规定期限内将同意核对结论或不同意见的说明提交工程造价咨询机构。工程造价咨询机构收到承包人提出的异议后，应再次复核，复核无异议的，发承包双方应在规定期限内在竣工结算文件上签字确认，竣工结算办理完毕；复核后仍有异议的，对于无异议部分办理不完全竣工结算；有异议部分由发承包双方协商解决，协商不成的，按照合同约定的争议解决方式处理。

承包人逾期未提出书面异议的，视为工程造价咨询机构核对的竣工结算文件已被承包人认可。

(4)接受委托的工程造价咨询机构从事竣工结算审核工作通常应包括下列三个阶段：

1)准备阶段。准备阶段应包括收集、整理竣工结算审核项目的审核依据资料，做好送审资料的交验、核实、签收工作，并应对资料的缺陷向委托方提出书面意见及要求。

2)审核阶段。审核阶段应包括现场踏勘核实，召开审核会议，澄清问题，提出补充依据性资料和必要的弥补性措施，形成会商纪要，进行计量、计价审核与确定工作，完成初步审核报告。

3)审定阶段。审定阶段应包括就竣工结算审核意见与承包人和发包人进行沟通，召开协调会议，处理分歧事项，形成竣工结算审核成果文件，签认竣工结算审定签署表，提交竣工结算审核报告等工作。

(5)竣工结算审核的成果文件应包括竣工结算审核书封面、签署页、竣工结算审核报告、竣工结算审定签署表、竣工结算审核汇总对比表、单项工程竣工结算审核汇总对比表、单位工程竣工结算审核汇总对比表等。

(6)竣工结算审核应采用全面审核法，除委托咨询合同另有约定外，不得采用重点审核法、抽样审核法或类比审核法等其他方法。

4. 质量争议工程的竣工结算

发包人以对工程质量有异议，拒绝办理工程竣工结算的：

(1)已经竣工验收或已竣工未验收但实际投入使用的工程，其质量争议按该工程保修合同执行，竣工结算按合同约定办理。

(2)已经竣工未验收且未实际投入使用的工程以及停工、停建工程的质量争议，双方应就有争议的部分委托有资质的检测鉴定机构进行检测，根据检测结果确定解决方案，或按工程质量监督机构的处理决定执行后办理竣工结算，无争议部分的竣工结算按合同约定办理。

【任务 6-2-1】

任务 6-2-1
习题解答

1. 关于工程量清单计价方式下竣工结算的编制原则的说法中，下列正确的是(   )。
   A. 措施项目费按双方确认的工程量乘以已标价工程量清单的综合单价计算
   B. 总承包服务费按已标价工程量清单的金额计算，不应调整
   C. 暂列金额应减去工程价款调整的金额，余额归承包人
   D. 工程实施过程中发承包双方已经确认的工程计量结果和合同价款，应直接进入结算

2. 关于建筑安装工程结算的编制说法中，下列正确的是(   )。
   A. 采用固定总价合同的，暂列金额不得调整
   B. 采用固定总价合同的，税率可不按政府部门新公布的税率调整
   C. 规费应按县级建设主管部门规定的费率计算
   D. 现场签证费用应依据发承包双方签证资料确认的金额计算

3. 关于办理有质量争议工程的竣工结算说法中，下列错误的是(   )。
   A. 已实际投入使用工程的质量争议按工程保修合同执行，竣工结算按合同约定办理
   B. 已竣工未投入使用工程的质量争议按工程保修合同执行，竣工结算按合同约定办理
   C. 停工、停建工程的质量争议可在执行工程质量监督机构处理决定后办理竣工结算
   D. 已竣工未验收并且未实际投入使用，其无质量争议部分的工程，竣工结算按合同约定办理

二、竣工结算的支付

工程竣工结算文件经发承包双方签字确认的，应当作为工程结算的依据，未经对方同意，另一方不得就已生效的竣工结算文件委托工程造价咨询企业重复审核。发包方应当按照竣工结算文件及时支付竣工结算款。

1. 承包人提交竣工结算款支付申请

承包人应根据办理的竣工结算文件，向发包人提交竣工结算款支付申请。该申请应包括下列内容：竣工结算合同价格；发包人已支付承包人的款项；应扣留的质量保证金(已缴纳履约保险金的或者提供其他工程量担保方式的除外)；发包人应支付承包人的合同价款。

2. 发包人签发竣工结算支付证书

发包人应在收到承包人提交竣工结算款支付申请后规定时间内予以核实，向承包人签发竣工结算支付证书。

3. 支付竣工结算款

发包人签发竣工结算支付证书后的规定时间内，按照竣工结算支付证书列明的金额向承包人支付结算款。

发包人在收到承包人提交的竣工结算款支付申请后规定时间内不予核实，不向承包人签发竣工结算支付证书的，视为承包人的竣工结算款支付申请已被发包人认可；发包人应在收到承包人提交的竣工结算款支付申请规定时间内，按照承包人提交的竣工结算款支付申请列明的金额向承包人支付结算款。

发包人未按照规定的程序支付竣工结算款的，承包人可催告发包人支付，并有权获得延迟支付的利息。发包人在竣工结算支付证书签发后或者在收到承包人提交的竣工结算款支付申请规定时间内仍未支付的，除法律另有规定外，承包人可与发包人协商将该工程折价，也可直接向人民法院申请将该工程依法拍卖。承包人就该工程折价或拍卖的价款优先受偿。

竣工结算款支付流程如图 6-2-2 所示。

竣工结算的支付

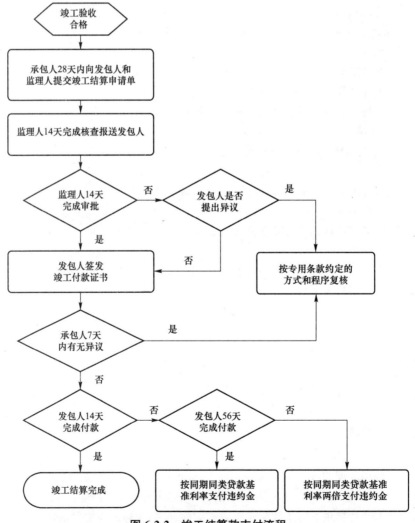

图 6-2-2 竣工结算款支付流程

250

三、竣工结算价款纠纷的处理

建设工程合同价款纠纷，是指发承包双方在建设工程合同价款的确定、调整以及结算等过程中所发生的争议。按照争议合同的类型不同，可以将工程合同价款纠纷分为总价合同价款纠纷、单价合同价款纠纷以及成本加酬金合同价款纠纷；按照纠纷发生的阶段不同，可以分为合同价款确定纠纷、合同价款调整纠纷和合同价款结算纠纷；按照纠纷的成因不同，可以分为合同无效的价款纠纷、工期延误的价款纠纷、质量争议的价款纠纷以及工程索赔的价款纠纷。

第三节　竣工决算

知识目标

熟悉竣工决算的概念和作用；
掌握竣工决算的编制方法；
掌握新增资产价值的确定。

能力目标

知道如何编制竣工决算；
能确定新增资产价值。

一、建设项目竣工决算的概念和作用

(一)竣工决算的概念

竣工决算是以实物数量和货币指标为计量单位，综合反映竣工项目从筹建开始到项目竣工交付使用为止的全部建设费用、投资效果和财务情况的总结性文件，是竣工验收报告的重要组成部分。竣工决算是正确核定新增固定资产价值，考核分析投资效果，建立健全经济责任制的依据，是反映建设项目实际造价和投资效果的文件。竣工决算是建设工程经济效益的全面反映，是项目法人核定各类新增资产价值、办理其交付使用的依据。

通过竣工决算，既能够正确反映建设工程的实际造价和投资结果；又可以通过竣工决算与概算、预算的对比分析，考核投资控制的工作成效，为工程建设提供重要的技术经济方面的基础资料，提高未来工程建设的投资效益。

知识小课堂

竣工决算的内容

(二)竣工决算的作用

(1)建设项目竣工决算是综合、全面地反映竣工项目建设成果及财务情况的总结性文件，它采用货币指标、实物数量、建设工期和各种技术经济指标，综合、全面地反映建设项目自开始建设到竣工为止全部建设成果和财务状况。

(2)建设项目竣工决算是办理交付使用资产的依据，也是竣工验收报告的重要组成部分。建设单位与使用单位在办理交付资产的验收交接手续时，通过竣工决算反映了交付使

用资产的全部价值，包括固定资产、流动资产、无形资产和其他资产的价值。及时编制竣工决算可以正确核定固定资产价值并及时办理交付使用，可缩短工程建设周期，节约建设项目投资，准确考核和分析投资效果。

(3)建设项目竣工决算是分析和检查设计概算的执行情况，考核建设项目管理水平和投资效果的依据。竣工决算反映了竣工项目计划、实际的建设规模、建设工期以及设计和实际的生产能力，反映了概算总投资和实际的建设成本，同时，还反映了所达到的主要技术经济指标。通过对这些指标计划数、概算数与实际数进行对比分析，不仅可以全面掌握建设项目计划和概算执行情况，而且可以考核建设项目投资效果，为今后制订建设项目计划、降低建设成本、提高投资效果提供必要的参考资料。

二、竣工决算的内容和编制

竣工结算与竣工决算的区别

(一)竣工决算的内容

建设项目竣工决算应包括从筹建到竣工投产全过程的全部实际费用，即包括建筑工程费，安装工程费，设备及工、器具购置费及预备费等费用。根据财政部、国家发改委与住房和城乡建设部的有关文件规定，竣工决算是由竣工财务决算说明书、竣工财务决算报表、工程竣工图和工程竣工造价对比分析四部分组成。其中竣工财务决算说明书和竣工财务决算报表两部分又称建设项目竣工财务决算，是竣工决算的核心内容。

1. 竣工财务决算说明书

竣工财务决算说明书主要反映竣工工程建设成果和经验，是对竣工决算报表进行分析和补充说明的文件，是全面考核分析工程投资与造价的书面总结，是竣工决算报告的重要组成部分，其内容主要包括：项目概况；会计账务的处理、财产物资清理及债权债务的清偿情况；项目建设资金计划及到位情况，财政资金支出预算、投资计划及到位情况；项目建设资金使用、项目结余资金等分配情况；项目概(预)算执行情况及分析，竣工实际完成投资与概算差异及原因分析；尾工工程情况；历次审计、检查、审核、稽查意见及整改落实情况；主要技术经济指标的分析、计算情况(概算执行情况分析，根据实际投资完成额与概算进行对比分析；新增生产能力的效益分析，说明交付使用财产占总投资额的比例，不增加固定资产的造价占投资总额的比例，分析有机构成和成果)；项目管理经验、主要问题和建议；预备费动用情况；项目建设管理制度执行情况、政府采购情况、合同履行情况；征地拆迁补偿情况、移民安置情况；需说明的其他事项。

2. 竣工财务决算报表

建设项目竣工决算报表包括：基本建设项目概况表；基本建设项目竣工财务决算表；基本建设项目交付使用资产总表；基本建设项目交付使用资产明细表等。具体格式和内容详见《关于印发〈基本建设项目竣工财务决算报表〉和〈基本建设项目竣工财务决算报表填制说明〉的通知》(财基字〔1998〕498号)。

3. 建设工程竣工图

建设工程竣工图是真实地记录各种地上、地下建筑物、构筑物等情况的技术文件，是工程进行交工验收、维护、改建和扩建的依据，是国家的重要技术档案。编制竣工图的形式和深度，应根据不同情况区别对待：凡按图竣工没有变动的，由承包人(包括总包和分包承包人，下同)在原施工图上加盖"竣工图"标志后，即作为竣工图；凡在施工过程中，虽有一般性设计变更，但能将原施工图加以修改补充作为竣工图的，可不重新绘制，由承包人负责在原施工图(必须是新蓝图)上注明修改的部分,并附以设计变更通知单和施工说明,加盖"竣工图"标志后,作为竣工图;凡结构形式改变、施工工艺改变、平面布置改变、项目改变以及有其他重大改变,不宜再在原施工图上修改、补充时,应重新绘制改变后的竣工图。

4. 工程造价对比分析

批准的概算是考核建设工程造价的依据。在分析时,可先对比整个项目的总概算,然后将建筑安装工程费,设备及工、器具购置费和其他工程费用逐一与竣工决算表中所提供的实际数据和相关资料及批准的概算预算指标、实际的工程造价进行对比分析,以确定竣工项目总造价是节约还是超支,并在对比的基础上,总结先进经验,找出节约和超支的内容和原因,提出改进措施。在实际工作中,应主要分析以下内容:

(1)考核主要实物工程量。对于实物工程量出入比较大的情况,必须查明原因。

(2)考核主要材料消耗量。考核主要材料消耗量,要按照竣工决算表中所列明的三大材料实际超出概算的消耗量,查明是在工程的哪个环节超出量最大,再进一步查明超耗的原因。

(3)考核建设单位管理费、措施费和间接费的取费标准。建设单位管理费、措施费和间接费的取费标准要按照国家和各地的有关规定,根据竣工决算报表中所列的建设单位管理费与概预算所列的建设单位管理费数额进行比较,依据规定查明是否多列或少列的费用项目,确定其节约超支的数额,并查明原因。

(二)竣工决算的编制

为进一步加强基本建设项目竣工财务决算管理,根据财政部《基本建设项目竣工财务决算管理暂行办法》(财办建〔2016〕503号)的规定,项目建设单位应在项目竣工后3个月内完成竣工决算的编制工作,并报主管部门审核。主管部门收到竣工财务决算报告后,对于按规定由主管部门审批的项目,应及时审核批复,并报财政部备案;对于按规定报财政部审批的项目,一般应在收到竣工决算报告后一个月内完成审核工作,并将经过审核后的决算报告报财政部审批。

1. 竣工决算编制要求

为了严格执行建设项目竣工验收制度,正确核定新增固定资产价值,考核分析投资效果,建立健全经济责任制,所有新建、扩建和改建等建设项目竣工后,都应及时、完整、正确地编制好竣工决算。建设单位要做好以下工作:按照规定组织竣工验收,保证竣工决算的及时性;积累、整理竣工项目资料,保证竣工决算的完整性;清理、核对各项账目,保证竣工决算的正确性。

2. 竣工决算编制步骤

(1)收集、整理和分析有关依据资料。在编制竣工决算文件之前,应系统地整理所有的技术资料、工料结算的经济文件、施工图纸和各种变更与签证资料,并分析它们的准确性。完整、齐全的资料,是准确而迅速编制竣工决算的必要条件。

(2)清理各项财务、债务和结余物资。在收集、整理和分析有关资料中,要特别注意建设工程从筹建到竣工投产或使用的全部费用的各项账务,债权和债务的清理,做到工程完毕账目清晰,既要核对账目,又要查点库存实物的数量,做到账与物相等,账与账相符,对结余的各种材料、工器具和设备,要逐项清点核实,妥善管理,并按规定及时处理,收回资金。对各种往来款项要及时进行全面清理,为编制竣工决算提供准确的数据和结果。

(3)核实工程变动情况。重新核实各单位工程、单项工程造价,将竣工资料与原设计图纸进行查对、核实，必要时可实地测量，确认实际变更情况；根据经审定的承包人竣工结算等原始资料，按照有关规定对原概、预算进行增减调整，重新核定工程造价。

（4）编制建设工程竣工决算说明。按照建设工程竣工决算说明的内容要求，根据编制依据材料填写在报表中的结果，编写文字说明。

（5）填写竣工决算报表。按照建设工程决算表格中的内容，根据编制依据中的有关资料进行统计或计算各个项目和数量，并将其结果填到相应表格的栏目内，完成所有报表的填写。

（6）做好工程造价对比分析。

（7）清理、装订好竣工图。

（8）上报主管部门审查存档。

将上述编写的文字说明和填写的表格经核对无误，装订成册，即为建设工程竣工决算文件。将其上报主管部门审查，并把其中财务成本部分送交开户银行签证。竣工决算在上报主管部门的同时，抄送有关设计单位。大中型建设项目的竣工决算还应抄送财政部、建设银行总行和省、市、自治区的财政局和建设银行分行各一份。建设工程竣工决算的文件，由建设单位负责组织人员编写，在竣工建设项目办理验收使用一个月之内完成。

例题 6-3-1 讲解

【例 6-3-1】某大中型建设项目 2010 年开工建设，2012 年年底有关财务核算资料如下：

（1）已经完成部分单项工程，经验收合格后，已经交付使用的资产包括：

1）固定资产价值 95 560 万元。

2）为生产准备的使用期限在一年以内的备品备件、工具、器具等流动资产价值 50 000 万元，期限在一年以上，单位价值在 1 500 元以上的工具 100 万元。

3）建设期间购置的专利权、专有技术等无形资产 2 000 万元，摊销期 5 年。

（2）基本建设支出的未完成项目包括：

1）建筑安装工程支出 16 000 万元。

2）设备及工、器具投资 48 000 万元。

3）建设单位管理费、勘察设计费等待摊销投资 2 500 万元。

4）通过出让方式购置的土地使用权形成的其他投资 120 万元。

（3）非经营性项目发生待核销基建支出 60 万元。

（4）应收生产单位投资借款 1 500 万元。

（5）购置需要安装的器材 60 万元。

（6）货币资金 500 万元。

（7）预防工程款及应收有偿调出器材款 22 万元。

（8）建设单位自用的固定资产原值 60 550 万元，累计折旧 10 022 万元。

（9）反映在"资金平衡表"上的各类资金来源的期末余额为

1）预算拨款 70 000 万元。

2）自筹资金拨款 72 000 万元。

3）其他拨款 500 万元。

4）建设单位向商业银行借入的借款 121 000 万元。

5）建设单位当年完成交付生产单位使用的资产价值中，500 万元属于利用投资借款形成的待冲基建支出。

6）应付器材销售商 80 万元贷款和尚未支付的应付工程款 2 820 万元。

7）未交税金 50 万元。

根据上述有关资料编制该项目竣工财务决算表。

解：该项目竣工财务决算表见表6-3-1。

表 6-3-1　该项目竣工财务决算表　　　　　　　　　　　　　万元

资金来源	金额	资金占用	金额
一、基建拨款	142 500	一、基本建设支出	214 340
1. 预算拨款	70 000	1. 交付使用资产	147 660
2. 基建基金拨款		2. 在建工程	66 620
其中：国债专项资金拨款		3. 待核销基建支出	60
3. 专项建设基金拨款		4. 非经营性项目转出投资	
4. 进口设备转账拨款		二、应收生产单位投资借款	1 500
5. 器材转账拨款		三、拨付所属投资借款	
6. 煤代油专用基本拨款		四、器材	60
7. 自筹资金拨款	72 000	其中：待处理器材损失	20
8. 其他拨款	500	五、货币资金	500
二、项目资本金		六、预付及应收款	22
1. 国家资本		七、有价证券	
2. 法人资本		八、固定资产	50 528
3. 个人资本		固定资产原值	60 550
4. 外商资本			
三、项目资本公积		减：累计折旧	10 022
四、基建借款		固定资产净值	50 528
其中：国债转贷	121 000	固定资产清理	
五、上级拨入投资借款		待处理固定资产损失	
六、企业债券资金			
七、待冲基建支出	500		
八、应付款	2 900		
九、未交款	50		
1. 未交税金	50		
2. 其他未交款			
十、上级拨入资金			
十一、留成收入			
合计	266 950	合计	266 950

【任务 6-3-1】

1. 在竣工决算文件中，真实记录各种地上、地下建筑物、构筑物，特别是基础、地下管线以及设备安装等隐蔽部分的技术文件是（　　）。
   A. 总平面图　　　　　　　　B. 竣工图
   C. 施工图　　　　　　　　　D. 交付使用资产明细表

课后巩固

任务 6-3-1
习题解答

2. 关于建设工程竣工图的绘制和形成说法中，下列正确的是(　　)。

　　A. 凡按图竣工没有变动的，由发包人在原施工图上加盖"竣工图"标志

　　B. 凡在施工过程中发生设计变更的，一律重新绘制竣工图

　　C. 平面布置发生重大改变的，一律由设计单位负责重新绘制竣工图

　　D. 重新绘制的新图，应加盖"竣工图"标志

3. 关于建设工程竣工图的说法中，下列正确的是(　　)。

　　A. 工程竣工图是构成竣工结算的重要组成内容之一

　　B. 改建、扩建项目涉及原有工程项目变更的，应在原项目施工图上注明修改部分，并加盖"竣工图"标志后作为竣工图

　　C. 凡按图竣工没有变动的，由承包人在原施工图加盖"竣工图"标志后，即作为竣工图

　　D. 当项目有重大改变需重新绘制时，不论何方原因造成，一律由承包人负责重绘新图

三、新增资产价值的确定

情景剧视频

新增资产计算

(一)新增资产价值的分类

建设项目竣工投入运营后，所花费的总投资形成相应的资产。按照新的财务制度和企业会计准则，新增资产按资产性质可分为固定资产、流动资产、无形资产和其他资产四大类。

(二)新增资产价值的确定方法

1. 新增固定资产价值的确定

新增固定资产价值是建设项目竣工投产后所增加的固定资产的价值，是以价值形态表示的固定资产投资最终成果的综合性指标。新增固定资产价值的计算是以独立发挥生产能力的单项工程为对象的。新增固定资产价值的内容包括：已投入生产或交付使用的建筑、安装工程造价；达到固定资产标准的设备及工、器具的购置费用；增加固定资产价值的其他费用。在计算时应注意以下几种情况：

(1)对于为了提高产品质量、改善劳动条件、节约材料消耗、保护环境而建设的附属辅助工程，只要全部建成，正式验收交付使用后就要计入新增固定资产价值。

(2)对于单项工程中不构成生产系统，但能独立发挥效益的非生产性项目，如住宅、食堂、医务所、托儿所、生活服务网点等，在建成并交付使用后，也要计算新增固定资产价值。

(3)凡购置达到固定资产标准不需安装的设备及工、器具，应在交付使用后计入新增固定资产价值。

(4)属于新增固定资产价值的其他投资，应随同受益工程交付使用的同时一并计入。

(5)交付使用财产的成本，应按下列内容计算：房屋、建筑物、管道、线路等固定资产的成本，包括建筑工程成果和待分摊的待摊投资；动力设备和生产设备等固定资产的成本，包括需要安装设备的采购成本，安装工程成本，设备基础、支柱等建筑工程成本或砌筑锅炉及各种特殊炉的建筑工程成本，应分摊的待摊投资；运输设备及其他不需要安装的设备、

工具、器具、家具等固定资产一般仅计算采购成本，不计分摊的"待摊投资"。

(6)共同费用的分摊方法。新增固定资产的其他费用，如果是属于整个建设项目或两个以上单项工程的，在计算新增固定资产价值时，应在各单项工程中按比例分摊。一般情况下，建设单位管理费按建筑工程、安装工程、需安装设备价值总额等按比例分摊，而土地征用费、地质勘察和建筑工程设计费等费用则按建筑工程造价比例分摊，生产工艺流程系统设计费按安装工程造价比例分摊。

【例6-3-2】 某工业项目及其总装车间的建筑工程费、安装工程费、需安装设备费以及应摊入费用见表6-3-2，计算总装车间新增固定资产价值。

表6-3-2 分摊费用计算表　　　　　　　　　　　　　　　　万元

项目名称	建筑工程	安装工程	需安装设备	建设单位管理费	土地征用	勘察设计	工艺设计
建设单位竣工决算	5 000	1 000	1 200	105	120	60	40
总装车间竣工决算	1 000	500	600				

解： 应分摊的建设单位管理费：$\dfrac{1\,000+500+600}{5\,000+1\,000+1\,200} \times 105 = 30.625$（万元）

应分摊的土地征用费：$\dfrac{1\,000}{5\,000} \times 120 = 24$（万元）

应分摊的勘察设计费：$\dfrac{1\,000}{5\,000} \times 60 = 12$（万元）

应分摊的工艺设计费：$\dfrac{500}{1\,000} \times 40 = 20$（万元）

总装车间新增固定资产：$(1\,000+500+600)+(30.625+24+12+20)=2\,186.625$（万元）

2. 新增流动资产价值的确定

流动资产是指可以在一年内或者超过一年的一个营业周期内变现或者运用的资产。其包括现金与各种存款、其他货币资金、应收及预付款项、短期投资、存货以及其他流动资产等。

(1)货币性资金。货币性资金是指现金、各种银行存款及其他货币资金。其中现金是指企业的库存现金，包括企业内部各部门用于周转使用的备用金；各种存款是指企业的各种不同类型的银行存款；其他货币资金是指除现金和银行存款以外的其他货币资金，根据实际入账价值核定。

(2)应收及预付款项。应收账款是指企业因销售商品、提供劳务等应向购货单位或受益单位收取的款项；预付款项是指企业按照购货合同预付给供货单位的购货定金或部分货款。应收及预付款项包括应收票据、应收款项、其他应收款、预付货款和待摊费用。一般情况下，应收及预付款项按企业销售商品、产品或提供劳务时的实际成交金额入账核算。

(3)短期投资。短期投资包括股票、债券和基金。股票和债券根据是否可以上市流通分别采用市场法和收益法确定其价值。

(4)存货。存货是指企业的库存材料、在产品、产成品等。各种存货应当按照取得时的实际成本计价。存货的形成，主要有外购和自制两个途径。外购的存货，按照买价加运输费、装卸费、保险费、途中合理损耗、入库前加工整理及挑选费用，以及缴纳的税金等计价；自制的存货，按照制造过程中的各项实际支出计价。

3. 新增无形资产价值的确定

我国作为评估对象的无形资产通常包括专利权、专有技术、商标权、著作权、销售网络、客户关系、供应关系、人力资源、商业特许权、合同权益、土地使用权、矿业权、水域使用权、森林权益、商誉等。无形资产的计价方法如下：

(1)专利权的计价：分为自创和外购两类。前者价值为开发过程中的实际支出，后者价值按其所能带来的超额收益计价。

(2)专有技术(非专利技术)的计价：自创的一般不作为无形资产入账，自创过程中发生的费用，按当期费用处理；对于外购非专利技术，应由法定评估机构确认后再估价，其方法往往通过能产生的收益采用收益法进行估价。

(3)商标权计价：自创的一般不作为无形资产入账，自创过程中发生的费用，计入当期损益；只有当企业购入或转让商标时，才需要对商标权计价，一般根据被许可方新增的收益确定。

(4)土地使用权计价：当建设单位向土地管理部门申请土地使用权并为之支付一笔出让金时，土地使用权作为无形资产核算；当建设单位获得土地使用权是通过行政划拨的，这时土地使用权就不能作为无形资产核算；在将土地使用权有偿转让、出租、抵押、作价入股和投资，按规定补交土地出让价款时，才作为无形资产核算。无形资产的计价表见表6-3-3。

表 6-3-3　无形资产的计价表

分类	计价方法
专利权	自创的，为开发的实际支出，包括研制和交易成本； 转让不能按成本估价，按所能带来的超额收益计价
非专利技术	自创的，一般不作为无形资产入账，按当期费用处理； 外购的，法定评估机构确认后再进行估价，采用收益法估价
商标权	自创的，一般不作为无形资产入账，费用计入当期损益； 购入或转让商标，计价根据被许可方新增的收益确定
土地使用权	通过支付出让金获得的，作为无形资产核算； 通过行政划拨取得的，不能作为无形资产核算； 在将土地使用权有偿转让、出租、抵押、作价入股和投资，按规定补交土地出让价款时，才作为无形资产核算

4. 其他资产价值的确定

其他资产是指不能全部计入当年损益，应当在以后年度分期摊销的各种费用。其包括开办费、租入固定资产改良支出等。

(1)开办费的计价。开办费筹建期间建设单位管理费中未计入固定资产的其他各项费用，如建设单位经费，包括筹建期间工作人员工资、办公费、差旅费、印刷费、生产职工培训费、样品样机购置费、农业开荒费、注册登记费等以及不计入固定资产和无形资产购建成本的汇兑损益、利息支出。按照新财务制度规定，除了筹建期间不计入资产价值的汇兑净损失外，开办费从企业开始生产经营月份的次月起，按照不短于5年的期限平均摊入管理费用中。

(2)租入固定资产改良支出的计价。租入固定资产改良支出是企业从其他单位或个人租入的固定资产，所有权属于出租人，但企业依合同享有使用权。通常双方在协议中规定，租入企业应按照规定的用途使用，并承担对租入固定资产进行修理和改良的责任，即发生的修理和改良支出全部由承租方负担。对租入固定资产的大修理支出，不构成固定资产价值，其会计处理与自有固定资产的大修理支出无区别。对租入固定资产实施改良，因有助于提高固定资产的效用和功能,应当另外确认为一项资产。由于租入固定资产的所有权不属于租入企业,不宜增加租入固定资产的价值而作为其他资产处理。租入固定资产改良及大修理支出应当在租赁期内分期平均摊销。

【任务6-3-2】

1. 某建设项目由两个单项工程组成,其竣工决算的有关费用见表6-3-4。已知该项目建设单位管理费、土地征用费、建筑设计费、工艺设计费分别为100万元、120万元、60万元、40万元,则单项工程B的新增固定资产价值是( )万元。

A. 3 132.5　　　B. 3 135　　　C. 3 137.5　　　D. 3 165

任务6-3-2
习题解答

表6-3-4　无形资产的计价表

项目名称	建筑工程/万元	安装工程/万元	需安装设备/万元
单项工程A	3 000	—	—
单项工程B	1 000	800	1 200

2. 关于新增无形资产价值的确定与计价说法中,下列正确的是( )。

A. 企业接受捐赠的无形资产,按开发中的实际支出计价

B. 专利权转让价格按成本估计进行

C. 自创非专利技术在自创中发生的费用按当期费用处理

D. 行政划拨的土地使用权作为无形资产核算

3. 关于建设项目竣工运营后的新增资产说法中,下列正确的是( )。

A. 新增资产按资产性质分为固定资产、流动资产和无形资产三大类

B. 分期分批交付生产或使用的工程,待工程全部交付使用后,一次性计算新增固定资产价值

C. 凡购置的达到固定资产标准不需安装的工、器具,应在交付使用后计入新增固定资产价值

D. 企业库存现金、存货及建设单位管理费中未计入固定资产的各项费用等,应在交付使用后计入新增流动资产价值

4. 土地使用权的取得方式影响竣工决算新增资产的核定,下列土地使用权的作价应作为无形资产核算的是( )。

A. 通过支付土地出让金取得的土地使用权

B. 通过行政划拨取得的土地使用权

C. 已补交土地出让价款,作价入股的土地使用权

D. 租借房屋的土地使用权

5. 关于新增固定资产价值的确定说法中,下列正确的有( )。

A. 以单位工程为对象计算

B. 以验收合格、正式移交生产或使用为前提

C. 分期分批交付生产的工程,按最后一批交付时间统一计算

D. 包括达到固定资产标准不需要安装的设备和工、器具的价值

E. 是建设项目竣工投产所增加的固定资产价值

参 考 文 献

[1] 全国造价工程师执业资格考试培训教材编审委员会．建设工程计价[M]．北京：中国计划出版社，2016.

[2] 全国造价工程师执业资格考试培训教材编审委员会．建设工程造价管理[M]．北京：中国计划出版社，2017.

[3] 中华人民共和国住房和城乡建设部．GB/T 51095—2015 建设工程造价咨询规范[S]．北京：中国建筑工业出版社，2015.

[4] 中华人民共和国住房和城乡建设部，中华人民共和国国家质量监督检验检疫总局．GB 50500—2013 建设工程工程量清单计价规范[S]．北京：中国计划出版社，2013.

[5] 住房和城乡建设部．GF—2017—0201 建设工程施工合同示范文本[S]．北京：中国建筑工业出版社，2017.

[6] 中国建设工程造价管理协会标准．CECA/GC 10—2014 建设工程造价咨询工期标准（房屋建筑工程）[S]．北京：中国计划出版社，2015.

[7] 国家发展改革委，建设部．建设项目经济评价方法与参数[M]．3 版．北京：中国计划出版社，2006.

[8] 马楠，马永军，张国兴．工程造价管理[M]．2 版．北京：机械工业出版社，2014.

[9] 汪金敏，朱月英．工程索赔 100 招[M]．北京：中国建筑工业出版社，2010.

[10] 李焱．建设工程法律风险防范笔记[M]．北京：法律出版社，2012.